建筑专业"十四五"精品教材

建筑装饰材料

主　编　康　毅　周旭磊　焦玉琳

副主编　吴　俊　廖　炜　魏源朔　单衍可

U0222143

哈尔滨工程大学出版社

Harbin Engineering University Press

内容简介

本书按照技能型人才培养目标以及专业教学改革的需要，本着"必需、够用"的原则，以"讲清概念、强化应用"为主旨进行编写。全书共十一章，主要包括建筑装饰材料的基础、建筑装饰水泥、建筑装饰玻璃、建筑装饰陶瓷、建筑装饰石材、建筑装饰石膏、建筑装饰金属材料、建筑装饰涂料、建筑装饰木材、建筑装饰塑料和建筑装饰饰织物。

本书既可作为应用型本科院校、职业院校土建类相关专业的教材，也可供相关培训机构及土建工程技术人员的学习参考资料。

图书在版编目（CIP）数据

建筑装饰材料 / 康毅，周旭磊，焦玉琳主编. —哈尔滨 : 哈尔滨工程大学出版社，2021.7（2023.8 重印）

ISBN 978-7-5661-3141-6

I. ①建… II. ①康… ②周… ③焦… III. ①建筑材料－装饰材料 IV. ①TU56

中国版本图书馆 CIP 数据核字（2021）第 131837 号

建筑装饰材料
JIANZHU ZHUANGSHI CAILIAO

责任编辑　张　曦
封面设计　赵俊红

出版发行	哈尔滨工程大学出版社
社　　址	哈尔滨市南岗区南通大街 145 号
邮政编码	150001
发行电话	0451-82519328
传　　真	0451-82519699
经　　销	新华书店
印　　刷	唐山唐文印刷有限公司
开　　本	787 mm×1 092 mm　1/16
印　　张	14.25
字　　数	358 千字
版　　次	2021 年 7 月第 1 版
印　　次	2023 年 8 月第 2 次印刷
定　　价	49.80 元

http: //www.hrbeupress.com

E-mail: heupress@hrbeu.edu.cn

前　言

党的二十大报告提出，"建设现代化产业体系，坚持把发展经济的着力点放在实体经济上，推进新型工业化，加快建设制造强国、质量强国、航天强国、交通强国、网络强国、数字中国"。

建筑装饰材料是集材料、工艺、造型设计、美学于一身的材料，它是建筑装饰工程的重要物质基础。建筑装饰的整体效果和建筑装饰功能的实现，在很大程度上受到建筑装饰材料的制约，尤其受到装饰材料的光泽、质地、质感、图案、花纹等装饰特性的影响。因此，只有熟悉各种装饰材料的性能、特点，根据建筑物及使用环境条件，合理选用装饰材料，才能材尽其能、物尽其用，更好地表达设计意图，并与室内其他产品配套来体现建筑装饰性。

本书依据教育部面向建筑学科课程教学和教学内容改革的有关精神，以就业为导向，以学生为中心，在教学中以"必需""够用"为度的原则编写。本书在编写过程中力求做到内容精练、深入浅出、图文并茂，将理论知识与实践技能紧密结合，强调内容的实用性、适用性及可操作性，体现系统性、新颖性、实践性、适用性的特点。

本书共十一章，主要包括建筑装饰材料的基础、建筑装饰水泥、建筑装饰玻璃、建筑装饰陶瓷、建筑装饰石材、建筑装饰石膏、建筑装饰金属材料、建筑装饰涂料、建筑装饰木材、建筑装饰塑料和建筑装饰织物。

本书由康毅（山东理工大学）、周旭磊（上海紫泰物业管理有限公司）和焦玉琳（商丘职业技术学院）担任主编，由吴俊（江西环境工程职业学院）、廖炜（江西环境工程职业学院）、魏源朔（燕京理工学院）和单衍可（单县住房和城乡建设局）担任副主编。本书的相关资料可扫封底微信二维码或登录 www.bjzzwh.com 获得。

本书既可作为应用型本科院校、职业院校土建类相关专业的教材，也可供相关培训机构及土建工程技术人员学习参考。

由于水平有限，书中存在的疏漏和不当之处，敬请各位专家及读者不吝赐教。

编　者
2021年6月

目　录

第一章　建筑装饰材料的基础

【学习目标】

> 能够了解建筑装饰材料的基本知识
> 能够掌握建筑装饰材料化学成分、装饰部位和使用部位的不同的分类
> 能够掌握建筑材料的物理性质、力学性质、与水有关的性质、装饰性和耐久性

第一节　建筑装饰材料的基本知识

建筑装饰材料，又称建筑饰面材料，是指铺设或涂装在建筑物表面起装饰和美化环境作用的材料。建筑装饰材料是集材料、工艺、造型设计、美学于一身的材料，它是建筑装饰工程的重要物质基础。建筑装饰的整体效果和建筑装饰功能的实现，在一定程度上受到建筑装饰材料的制约，尤其受到装饰材料的光泽、质地、质感、图案、花纹等装饰特性的影响。因此，只有熟悉各种装饰材料的的性能、特点，按照建筑物及使用环境条件，合理选用装饰材料，才能材尽其能、物尽其用，更好地表达设计意图，并与室内其他产品配套来体现建筑装饰性。

一、建筑装饰材料的选择

装饰材料的选择直接影响装饰工程的使用功能和装饰效果，因此，装饰材料的选择应在满足保护功能、使用功能和美化功能的基础上充分考虑材料的性能、外观及使用范围，对材料进行必要的搭配使用以达到理想的效果。通常，选择装饰材料时应遵循以下几个原则。

（1）装饰材料外观装饰的空间性质和气氛相协调。装饰材料的外观是指合理选用不同外观的材料可以使装饰工程的环境显出层次，增加生机。

（2）材料的功能应与装饰场合的功能要求相一致。由于不同的建筑空间对声、热、防火、防潮、防水有不同的要求，因此，材料的性能应与空间的功能要求相适应。在人流密集的公共场所，地面应当选择耐磨性能好、易清洁的材料；厨房、卫生间等场所应选择耐污性好、防水性好、防滑性好的材料。

（3）材料的选择应考虑装饰效果与经济性协调。在装饰工程中，材料费用占到一半以上，因此，材料的选择应从长远性、经济性的角度考虑，既要满足装饰场所目前的需要，又要考虑到以后场所的更新变化，保证总体上的经济性，使造价合理经济。

二、建筑装饰材料的功能

建筑装饰材料的功能主要有以下几个。

（一）装饰功能

建筑物的内外墙面装饰是通过装饰材料的质感、线条、色彩来表现的。质感是指材料质地的感觉；色彩既可以影响建筑物的外观和城市面貌，也可以影响人们的心理。

（二）保护功能

使用适合的建筑装饰材料对建筑物表面进行装饰，不仅能起到良好的装饰作用，而且还能有效地提高建筑物的耐久性，降低维修费用。

（三）室内环境改善功能

如内墙和顶棚使用的石膏装饰板，能起到调节室内空气的相对湿度，改善环境的作用；又如木地板、地毯等能起到保温、隔声、隔热的作用，使人感到温暖舒适，改善了室内的生活环境。

（四）使用性能

室内外空间中众多界面的面层装饰，使空间有了具体的使用功能。对墙面、地面和顶棚的装饰，使人们在空间中可以生活、学习、工作和娱乐。这些都是材料使用性能的最好体现。

（五）美学性能

对各种装饰材料的应用、色彩美学的运用和材料特性的掌握，可以充分发挥装饰材料的美学性能，起到装饰空间和美化空间的作用。

三、建筑装饰材料的分类

（一）根据装饰部位的不同分类

根据装饰部位的不同，建筑装饰材料可分为外墙装饰材料、内墙装饰材料、地面装饰材料和顶棚装饰材料等四大类，如表 1-1 所示。

表 1-1　建筑装饰材料按装饰部位分类

外墙装饰材料	包括外墙、阳台、台阶、雨棚等建筑物全部外露部位装饰材料	天然花岗岩、陶瓷装饰制品、玻璃制品、地面涂料、金属制品、装饰混凝土、装饰砂浆
内墙装饰材料	包括内墙墙面、墙裙、踢脚线、隔断、花架等内部构造所用的装饰材料	壁纸、墙布、内墙涂料、织物饰品、人造石材、内墙釉面砖、人造板材、玻璃制品、隔热吸声装饰板
地面装饰材料	指地面、楼面、楼梯等结构所用的装饰材料	地毯、地面涂料、天然石材、人造石材、陶瓷地砖、木地板、塑料地板
顶棚装饰材料	指室内及顶棚装饰材料	石膏板、珍珠岩装饰吸声板、钙塑泡沫装饰吸声板、聚苯乙烯泡沫塑料装饰吸声板、纤维板、涂料

（二）根据化学成分的不同分类

根据化学成分的不同，建筑装饰材料可分为无机装饰材料、有机装饰材料和复合装饰材料三大类，如表 1-2 所示。

表 1-2　建筑装饰材料的化学成分分类

无机装饰材料	金属装饰材料	黑色金属	钢、不锈钢、彩色涂层钢板等
		有色金属	铝及铝合金、铜及铜合金等
	非金属装饰材料	胶凝材料	气硬性胶凝材料
			石膏、石灰、装饰石膏制品
			水硬性胶凝材料
			白水泥、彩色水泥等
		装饰混凝土及装饰砂浆、白色及彩色硅酸盐制品	
		天然石材	花岗石、大理石等
		烧结与熔融制品	烧结砖、陶瓷、玻璃及制品、岩棉及制品等
有机装饰材料	植物材料	木材、竹材、藤材等	
	合成高分子材料	各种建筑塑料及其制品、涂料、胶粘剂、密封材料等	
复合装饰材料	无机材料基复合材料	装饰混凝土、装饰砂浆等	
	有机材料基复合材料	树脂基人造装饰石材、玻璃钢等	
		胶合板、竹胶板、纤维板、保丽板等	
	其他复合材料	塑钢复合门窗、涂塑钢板、涂塑铝合金板等	

（三）根据使用部位的不同分类

装饰材料按其使用部位不同分为两大部分：一部分为室外材料；另一部分为室内材料。

1. 室内材料

室内材料分为实材，板材、片材、型材、线材五个类型。

（1）实材。也就是原材，主要指原木及原木制成。常用的原木有杉木、红松、榆木、水曲柳，香樟、椴木，比较贵重的有花梨木、榉木、橡木等。在装修中所用木方主要由杉木制成，其他木材主要用于配套家具和雕花配件。在装修预算中，实材以立方为单位。

（2）板材。是把各种木材或石膏加工成块的产品，统一规格为 1 220 mm×2 440 mm。常见的有防火石膏板（厚薄不一）、三夹板（3 mm 厚）和五夹板（5 mm 厚）；九夹板（9 mm 厚）、刨花板（厚薄不一）、复合板（10 mm 厚）和花色板；有水曲柳、花梨板、白桦板、白杉王、宝丽板等，其厚度都均为 3 mm；还有比较贵重的红榉板，白榉板、橡木板、柚木板等。在装修预算中，板材以块为单位。

（3）片材。主要是把石材及陶瓷、木材、竹材加工成块的产品。石材以大理石、花岗岩为宅，其厚度基本上为 15 mm～20 mm，品种繁多，花色不一。陶瓷加工的产品也就是我们常见的地砖及墙砖，可分为六种：一是釉面砖，面滑有光泽，花色繁多；二是耐磨砖，也称玻璃砖，防滑无釉；三是仿大理石镜面砖，也称抛光砖，面滑有光泽；四是防滑砖，也称通体砖，暗红色带格；五是马赛克；六是墙面砖，基本上为白色或带浅花。

（4）型材。主要是钢、铝合金和塑料制品。其统一长度为 4 m 或 6 m。钢材用于装修方面是角钢、圆条、扁铁。扁管、方管等适用于防盗门窗的制作和栅栏、铁花的造型。铝材主要是扣板，宽度为 100 mm，表面处理均为烤漆，颜色分红、黄。蓝、绿、白等。铝合金材主要有两色，一为银白、一为茶色，不过也出现了彩色铝合金，它的主要用途为门窗料。铝合金扣板宽度为 110 mm，在家庭装修中主要用于卫生间、厨房吊顶。塑料扣板宽度为 160 mm、180 mm、200 mm，花色很多，有木纹、浅花，底色均为浅色。塑料开发出的装修材料有配套墙板、墙裙板、门片、门套、窗套、角线、踢脚线等，品种齐全。在装修预算中，型材以根为单位。

（5）线材。主要是指木材、石膏或金属加工而成的产品。木线种类很多，长度不一，主要由松木、梧桐木、椴木、榉木等、材质好点儿的如椴木、榉木加工而成。其品种有：指甲线（半圆带边）、半圆线、外角线、内角线、墙裙线、踢脚线，还有雕花线等。宽度小至 10 mm（指甲线），大至 120 mm（踢脚线、墙角线）。石膏线分平线、角线两种，铸模中产，一般配有欧式花纹。平线配角花，宽度为 5 cm 左右，角花大小不一。角线一般用于墙角和吊顶级差，大小不一，种类繁多。除此之外，还有不锈钢、钛金板制成的槽条、包角线等，长度 1.4 m。在装修预算中，线材以米为单位。

2．室外材料

墙面或顶面处理材料主要有 308 涂料、888 涂料、乳胶漆等。软包材料主要有各种装饰布、绒布、窗帘布、海棉等。各色墙纸宽度为 540 mm，每卷长度为 10 m，花色品种多。

室外材料还有油漆类。油漆分为有色漆、无色漆两大类。有色漆有各色酚醛油漆、聚安酯漆等；无色漆包括酚醛清漆、聚安酯清漆、哑光清漆等。在装修预算中，涂料、软包、墙纸和漆类均以平方米为单位，漆类有的也以桶为单位。

四、建筑装饰材料的发展

建筑材料从古代的石土木陶砖发展到水泥混凝土、钢材，再到新型有机材料及人工合成材料等。目前建筑材料性能各异，用途不同。

（1）随着人类环保意识的增强，装饰材料在生产和使用的过程中将更加注重对生态环境的保护，向营造更安全更健康的居住环境的方向发展。

（2）随着市场对装饰空间的要求不断升级，装饰材料的功能也由单一向多元发展。

（3）随着人口居住的密集和土地资源的紧缺，建筑日益向框架性的高层发展。高层建筑在材料的重量强度等方面都有新的发展，为便于施工和安全，装饰材料的规格越来越大，质量越来越轻，强度越来越高，现代建筑装饰工程中已大量采用人造大理石等材料。

（4）随着人口的急剧增加，装饰工程量的加大和对装饰工程质量的要求不断提高，为保证装饰工程的工作效率，装饰材料向着成品化、安装标准化方向发展。

（5）随着计算机技术的发展和普及，装饰工程向智能化方向发展，装饰材料也向着与之相适应的方向发展。

第二节　建筑装饰材料的基本性质

一、材料的物理性质

（一）材料的密度、表观密度、堆积密度

1. 密度

密度是指材料在绝对密实状态下，单位体积的质量。用式（1-1）表示：

$$\rho = \frac{m}{v} \qquad (1\text{-}1)$$

式中　ρ——密度，g/cm^3；

　　　m——材料在干燥状态的质量，g；

　　　v——材料在绝对密实状态下的体积，cm^3。

材料在绝对密实状态下的体积是指不包括孔隙在内的体积。除了钢材、玻璃等少数材料外，绝大多数材料内部都存在一些孔隙。因此，在测定有孔隙的材料密度时，应把材料磨成细粉，来测定其在绝对密实状态下的体积。材料磨得越细，测得的密度值越精确。

2. 表观密度

表观密度是指材料在自然状态下，单位体积的质量。用式（1-2）表示：

$$\rho_0 = \frac{m}{v_0} \qquad (1\text{-}2)$$

式中　ρ_0——表观密度，g/cm^3 或 kg/m^3；

　　　m——在自然状态下材料的质量，g 或 kg；

　　　v_0——材料在自然状态下的体积，cm^3 或 m^3。

材料在自然状态下的体积又称表观体积，是指包含材料内部孔隙在内的体积。几何形状规则的材料，可直接按外形尺寸计算出表观体积；几何形状不规则的材料，可用排液法测量其表观体积。

当材料含有水分时，其质量和体积将发生变化，影响材料的表观密度，故在测定表观密度时，应注明其含水情况。一般情况下，材料的表观密度是指在烘干状态下的表观密度，又称为干表观密度。

3. 堆积密度

堆积密度是指粉状（水泥、石灰等）或散粒材料（砂子、石子等）在堆积状态下，单位体积的质量。用式（1-3）表示：

$$\rho_0' = \frac{m}{v_0'} \qquad (1\text{-}3)$$

式中　ρ_0'——堆积密度，kg/m^3；

　　m——材料的质量，kg；

　　v_0'——材料的堆积体积，m^3。

材料的堆积体积包含了颗粒内部的孔隙和颗粒之间的空隙。测定材料的堆积密度时，按规定的方法将散粒材料装入一定容积的容器中，材料质量是指填充在容器内的材料质量，材料的堆积体积则为容器的容积。

（二）材料的孔隙率和密实度

孔隙率是指在材料体积内，孔隙体积所占的比例，以 P 表示。可按式（1-4）计算：

$$P=\frac{v_0-v}{v_0}=1-\frac{v}{v_0}=(1-\frac{\rho_0}{\rho})\times100\% \tag{1-4}$$

孔隙率的大小直接反映了材料的致密程度。孔隙率越小，说明材料越密实。

同一材料：密实度＋孔隙率＝1

材料内部孔隙可分为连通孔隙和封闭孔隙两种构造。连通孔隙不仅彼此连通而且与外界相通，封闭孔隙不仅彼此封闭且与外界相隔绝。孔隙按其孔径尺寸大小可分为细小孔隙和粗大孔隙。材料的许多性能，如表观密度、强度、吸湿性、导热性、耐磨性、耐久性等，都与材料孔隙率的大小和孔隙特征有关。

（三）材料的空隙率

散粒状材料，在一定的疏松堆放状态下，颗粒之间空隙的体积，占堆积体积的百分率，称为空隙率。空隙率用 P' 可写作式（1-5）：

$$P'=\frac{v_0'-v}{v_0'}\times100\%=(1-\frac{\rho_0'}{\rho})\times100\% \tag{1-5}$$

式中　P'——颗粒状材料在堆积状态下的空隙率，%；

　　v'——材料在包含闭口孔隙条件下的体积，cm^3 或 m^3；

　　v_0'——材料堆积体积，cm^3 或 m^3。

空隙率和填充度的大小，都能反映出散粒材料颗粒之间相互填充的致密状态。

问题：某工地所用卵石材料的密度为 2.65 g/cm^3、表观密度为 2.61 g/cm^3、堆积密度为 1 680 kg/cm^3。计算此石子的孔隙率和空隙率？

答：孔隙率是指材料中，孔隙体积所占整个体积的比例。因此石子的孔隙率 P 为：

$$p=\frac{v_0-v}{v_0}\times100\%=1-\frac{v}{v_0}=1-\frac{\rho_0}{\rho}=1-\frac{2.61}{2.65}=1.51\%$$

空隙率是指散粒材料的堆积体积中，颗粒之间空隙体积占材料堆积体积的百分率，以 P' 表示。因此石子的空隙率 P' 为：

$$P' = \frac{V'_0 - V_0}{V'_0} = 1 - \frac{V_0}{V'_0} = 1 - \frac{\rho_0}{\rho'_0} = 1 - \frac{1.68}{2.61} = 35.63\%$$

（四）导热性

导热系数越小，材料传导热量的能力就越差，其保温隔热性能越好。通常把 0.23 W/（mK）的材料叫作绝热材料。材料的导热系数与材料的成分、孔隙构造、含水率等因素有关。一般金属材料、无机材料的导热系数分别大于非金属材料、有机材料。材料孔隙率越大，导热系数越小；在孔隙率相同的情况下，材料内部细小孔隙、封闭孔隙越多，导热系数越小。材料含水或含冰时，会使导热系数急剧增加，这是因为空气的导热系数仅为 0.023 W/（mK），而水的导热系数为 0.58 W/（mK），冰的导热系数为 2.33 W/（mK）。因此，保温绝热材料在使用和保管过程中应注意保持干燥，以避免吸收水分降低保温效果。

（五）材料的燃烧性能

近年来，我国发生的重大伤亡性火灾几乎都与建筑装修和建筑装饰材料有关。因此，在选择建筑装饰材料时，对材料的燃烧性能应给予足够的重视。

1. 建筑装饰材料燃烧所产生的破坏和危害

（1）燃烧作用：在建筑物发生火灾时，燃烧可将金属结构红软、熔化，可将水泥混凝土脱水粉化及爆裂脱落，可将可燃材料烧成灰烬，可使建筑物开裂破坏、坠落坍塌、装修报废等，同时燃烧产生的高温作用对人也有巨大的危害。

（2）发烟作用：材料燃烧时，尤其是有机材料燃烧时，会产生大量的浓烟。浓烟会使人迷失方向，且造成心理恐惧，妨碍及时逃生和救援。

（3）毒害作用：部分建筑装饰材料，尤其是有机材料，燃烧时会产生剧毒气体，这种气体可在几秒至几十秒内，使人窒息而死亡。

2. 建筑材料的燃烧性能分级

建筑材料按其燃烧性能分为四个等级，如表 1-3 所示。

表 1-3　建筑材料的燃烧性能分级

等级	燃烧性能	燃烧特征
A	不燃性	在空气中受到火烧或高温作用时不起火、不燃烧、不碳化的材料，如金属材料及无机矿物材料等
B1	难燃性	在空气中受到火烧或高温作用时难起火、难燃烧、难碳化，当离开火源后燃烧或微燃立即停止的材料，如沥青混凝土、水泥刨花板等
B2	可燃性	在空气中受到火烧或高温作用时立即起火或微燃，且离开火源后仍能继续燃烧或微燃的材料，如木材、部分塑料制品等
B3	易燃性	在空气中受到火烧或高温作用时立即起火，并迅速燃烧，且离开火源后仍能继续燃烧的材料，如部分未经阻燃处理的塑料、纤维织物等

在选用建筑装饰材料时，应优先考虑采用不燃或难燃的材料。对有机建筑装饰材料，应考虑其阻燃性及其阻燃剂的种类和特性。如必须采用可燃型的建筑材料，应采取相应的消防措施。

3．材料的耐火性

材料的耐火性是指材料抵抗高温或火的作用，保持其原有性质的能力。金属材料、玻璃等虽属于不燃性材料，但在高温或火的作用下在短时间内就会变形、熔融，因而不属于耐火材料。建筑材料或构件的耐火性常用耐火极限来表示。耐火极限是指按规定方法，从材料受到火的作用起，直到材料失去支持能力或完整性被破坏或失去隔火作用的时间，以 h（小时）或 min（分钟）计。

（六）材料的声学性质

声音是靠振动的声波来传播的，当声波到达材料表面时产生三种现象：反射、透射、吸收。反射容易使建筑物室内产生噪音或杂音，影响室内音响效果；透射容易对相邻空间产生噪音干扰，影响室内环境的安静。通常当建筑物室内的声音大于 50 dB（分贝），就应该考虑采取措施；声音大于 120 dB，将危害人体健康。因此，在建筑装饰工程中，应特别注意材料的声学性能，以便于给人们提供一个安全、舒适的工作和生活环境。

1．材料的吸声性

吸声性是指材料吸收声波的能力。吸声性的大小用吸声系数表示。

当声波传播到材料表面时，一部分被反射，另一部分穿透材料，其余的部分则传递给材料，在材料的孔隙中引起空气分子与孔壁的摩擦和粘滞阻力，使相当一部分的声能转化为热能而被材料吸收掉。当声波遇到材料表面时，被材料吸收的声能与全部入射声能之比，称为材料的吸声系数。用公式表示如下：

$$\alpha = \frac{E}{E_0} \tag{1-6}$$

材料的吸声系数越大，吸声效果越好。材料的吸声性能除与声波的入射方向有关外，还与声波的频率有关。同一种材料，对于不同频率的吸声系数不同，通常取 125 Hz、250 Hz、500 Hz、1 000 Hz、2 000 Hz、4 000 Hz 等六个频率的吸声系数来表示材料吸声的频率特征。凡六个频率的平均吸声系数均大于 0.2 的材料，称为吸声材料。

2．材料的隔声性

声波在建筑结构中的传播主要通过空气和固体来实现，因而隔声可分为隔绝空气声（通过空气传播的声音）和隔绝固体声（通过固体的撞击或振动传播的声音）两种。

隔绝空气声，主要服从声学中的"质量定律"，即材料的表观密度越大，质量越大，隔声性能越好。因此，应选用密度大的材料作为隔空气声材料，如混凝土、实心砖、钢板等。如采用轻质材料或薄壁材料，则需辅以多孔吸声材料或采用夹层结构，如夹层玻璃就是一种很好的隔空气声材料。弹性材料，如地毯、木板、橡胶片等具有较高的隔固体声能力。

（七）材料的光学性质

当光线照射在材料表面上时，一部分被反射，一部分被吸收，一部分透过。根据能量守恒定律，这三部分光通量之和等于入射光通量，通常将这三部分光通量分别与入射光通量的比值称为光的反射比、吸收比和透射比。材料对光波产生的这些效应，在建筑装饰中会带来不同的装饰效果。

1. 光的反射

当光线照射在光滑的材料表面时，会产生镜面发射，使材料具有较强的光泽；当光线照射在粗糙的材料表面时，使反射光线呈现无序传播，会产生漫反射，使材料表现出较弱的光泽。在装饰工程中，往往采用光泽较强的材料，使建筑外观显得光亮和绚丽多彩，使室内显得宽敞明亮。

2. 光的透射

光的透射又称为折射，光线在透过材料的前后，在材料表面处会产生传播方向的转折。材料的透射比越大，表明材料的透光性越好。如 2 mm 厚的普通平板玻璃的透射比可达到 88%。

当材料表面光滑且两表面为平行面时，光线束透过材料只产生整体转折，不会产生各部分光线间的相对位移，如图 1-1（a）所示。此时，材料一侧景物所散发的光线在到达另一侧时不会产生畸变，使景象完整地透过材料，这种现象称之为透视。大多数建筑玻璃属于透视玻璃。当透光性材料内部不均匀、表面不光滑或两表面不平行时，入射光束在透过材料后就会产生相对位移，如图 1-1（b）所示，使材料一侧景物的光线到达另一侧后不能正确地反映出原景象，这种现象称为透光不透视。在装饰工程中根据使用功能的不同要求也经常采用透光不透视材料，如磨砂玻璃、压花玻璃等。

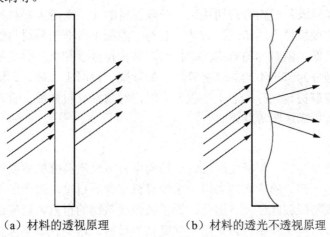

（a）材料的透视原理　　　　（b）材料的透光不透视原理

图 1-1　表面状态不同材料的透光折射性质

3. 光的吸收

光线在透过材料的过程中，材料能够有选择地吸收部分波长的能量，这种现象称为光的吸收。材料对光吸收的性能在建筑装饰等方面具有广阔的应用前景。例如，吸热玻璃就是通过添加某些特殊氧化物，使其选择吸收阳光中携带热量最多的红外线，并将这些热量向外散发，可保持室内既有良好的采光性能，又不会产生大量热量；有些特殊玻璃还会通过吸收大量光能，将其转变为电能、化学能等；太阳能热水器就是利用吸热涂料等材料的吸热效果使水温升高的。

二、材料的力学性质

（一）材料的强度与比强度

1. 强度

材料在外力（荷载）作用下抵抗破坏的能力称为强度。当材料承受外力作用时，内部产生应力，随着外力增大，内部应力也相应增大。直到材料不能够再承受时，材料即被破坏，此时材料所承受的极限应力值就是材料的强度。根据所受外力的作用方式不同，材料强度有抗压强度、抗拉强度、抗弯强度及抗剪强度等。各种强度指标均要根据国家规定的标准方法来测定。常用建筑材料的强度值如表 1-4 所示。

表 1-4　常用建筑材料的强度

材料名称	抗压强度/MPa	抗拉强度/MPa	抗弯强度/MPa	抗剪强度/MPa
钢材	215～1 600	215～1 600	215～1 600	200～355
普通混凝土	10～100	1～8	—	2.5～3.5
烧结普通砖	7.5～30	—	1.8～4.0	1.8～4.0
花岗岩	100～250	5～8	10～14	13～19
松木（顺纹）	30～50	80～120	60～100	6.3～6.9

材料的强度与其组成及结构有密切关系。一般材料的孔隙率越大，材料强度越低。不同种类的材料具有不同的抵抗外力的特点，如砖、石材、混凝土等非匀质材料的抗压强度较高，而抗拉和抗折强度却很低；钢材为匀质的晶体材料，其抗拉强度和抗压强度都很高。建筑材料常根据其强度的大小划分为若干不同的强度等级，如砂浆、混凝土、砖、砌块等常按抗压强度划分强度等级等。将建筑材料划分为若干个强度等级，对掌握材料性能、合理选用材料、正确进行设计和控制工程质量都是非常重要的。

2. 比强度

比强度是材料强度与其表观密度的比值，是衡量材料轻质高强的重要指标。对建筑物的大部分材料来说，相当一部分的承载能力用于承受材料本身的自重，对于装饰材料来说，其自重越大，对建筑物造成的荷载就越大。因此，为了减轻建筑物的自重，就应选择轻质高强材料。在高层建筑及大跨度结构工程中也常采用比强度高的材料，这类轻质高强材料是未来建筑材料发展的主要方向。

（二）材料的变形性质

1. 弹性与塑性

材料在外力作用下产生变形，当外力取消后，材料变形即可消失并能完全恢复原来形状的性质称为弹性。这种可恢复的变形称为弹性变形。材料在外力作用下产生变形，当外力取消后不能自动恢复到原来形状的性质称为塑性。这种不可恢复的变形称为塑性变形。

工程实际中，完全的弹性材料或完全的塑性材料是不存在的，大多数材料的变形既有弹性变形，也有塑性变形。例如建筑钢材在受力不大的情况下，仅产生弹性变形；当受力超过一定限度后产生塑性变形。再如混凝土在受力时弹性变形和塑性变形同时发生，当取消外力后，弹性变形可以恢复，而塑性变形则不能恢复。

2．材料的脆性与韧性

当外力作用达到一定程度后，材料突然被破坏且破坏时无明显的塑性变形，材料的这种性质称为脆性。具有这种性质的材料称为脆性材料，如混凝土、砖、石材、陶瓷、玻璃等。一般脆性材料的抗压强度很高，但抗拉强度低，抵抗冲击荷载和振动作用的能力差。

材料在冲击或振动荷载作用下，能产生较大的变形而不致破坏的性质称为韧性。具有这种性质的材料称为韧性材料，如建筑钢材、木材等。韧性材料抵抗冲击荷载和振动作用的能力强，可用于桥梁、吊车梁等承受冲击荷载的结构和有抗震要求的结构。

3．材料的硬度和耐磨性

（1）硬度。硬度是材料抵抗较硬物体压入或刻划的能力。为了保持建筑物装饰的使用性能或外观，常要求材料具有一定的硬度，以防止其他物体对装饰材料磕碰、刻划造成材料表面破损或外观缺陷。

工程中用于表示材料硬度的指标有多种。对金属、木材、混凝土等多采用压入法检测其硬度，其表示方法有洛氏硬度（HRA、HRB、HRC，以金刚石圆锥或圆球的压痕深度计算求得）、布氏硬度（HB，以压痕直径计算求得）等。天然矿物如大理石、花岗岩等脆性材料的硬度常用莫氏硬度表示，莫氏硬度是以金刚石、滑石等 10 种矿石作为标准，根据划痕深浅的比较来确定硬度等级。

（2）耐磨性。材料的耐磨性，是指材料表面抵抗磨损的能力。材料的耐磨性用磨损率表示，磨损率计算公式为：

$$G = \frac{M_1 - M_2}{A}$$ （1-7）

式中　G——材料的磨损率，g/cm^2；

　　　M_1——材料磨损前的质量，g；

　　　M_2——材料磨损后的质量，g；

　　　A——材料试件的受磨面积，cm^2。

材料的磨损率越低，表明材料的耐磨性越好。一般硬度较高的材料，耐磨性也较好。楼地面、楼梯、走道、路面等经常受到磨损作用的部位，应选用耐磨性好的材料。

三、材料与水有关的性质

（一）材料的吸水性和吸湿性

1．吸水性

材料在水中吸收水分的性质称为吸水性。材料吸水性的大小常用质量吸水率表示。质量吸水率是指材料在吸水饱和时，所吸收水分的质量占材料干燥质量的百分率。质量吸水率的计算公式为：

$$w_m = \frac{m_1 - m}{m} \times 100\%$$ （1-8）

式中　w_m——材料的质量吸水率，%；

　　　m_1——材料在吸水饱和状态下的质量，g 或 kg；

　　　m——材料在干燥状态下的质量，g 或 kg。

材料吸水性的大小主要取决于材料孔隙率和孔隙特征。一般孔隙率越大，吸水性也越强。封闭孔隙水分不易渗入，粗大孔隙水分只能润湿表面而不易在孔内存留，故在相同孔隙率的情况下，材料内部的封闭孔隙、粗大孔隙越多，吸水率越小；材料内部细小孔隙、连通孔隙越多，吸水率越大。

各种材料由于孔隙率和孔隙特征不同，质量吸水率相差很大。如花岗岩等致密岩石的质量吸水率仅为 0.5%～0.7%，普通混凝土为 2%～3%，普通粘土砖为 8%～20%，而木材及其他轻质材料的质量吸水率常大于 100%。

2. 吸湿性

材料在潮湿空气中吸收水分的性质称为吸湿性。吸湿性的大小用含水率表示。含水率是指材料含水的质量占材料干燥质量的百分率，可按式（1-9）计算：

$$w_{含} = \frac{m_{含} - m}{m} \times 100\% \qquad (1-9)$$

式中　$w_{含}$——材料的含水率，%；

　　　$m_{含}$——材料含水时的质量，g 或 kg；

　　　m——材料在干燥状态下的质量，g 或 kg。

当较干燥的材料处于较潮湿的空气中时，会吸收空气中的水分；而当较潮湿的材料处于较干燥的空气中时，便会向空气中释放水分。在一定的温度和湿度条件下，材料与周围空气湿度达到平衡时的含水率称为平衡含水率。

材料含水率的大小，除与材料的孔隙率、孔隙特征有关外，还与周围环境的温度和湿度有关。一般材料孔隙率越大，材料内部细小孔隙、连通孔隙越多，材料的含水率越大；周围环境温度越低，相对湿度越大，材料的含水率也越大。

（二）耐水性、抗渗性和抗冻性

1. 耐水性

材料长期在饱和水作用下不被破坏，其强度也不显著降低的性质称为耐水性。材料耐水性的大小用软化系数表示，软化系数的计算公式如下：

$$k_{软} = \frac{f_{饱}}{f_{干}} \qquad (1-10)$$

式中　$k_{软}$——材料的软化系数；

　　　$f_{饱}$——材料在吸水饱和状态下的抗压强度，MPa；

$f_干$——材料在干燥状态下的抗压强度，MPa。

软化系数的值在 0～1 之间，软化系数越小，说明材料吸水饱和后的强度降低越多，其耐水性就越差。通常将软化系数大于 0.85 的材料称为耐水性材料，耐水性材料可以用于水中和潮湿环境中的重要结构；用于受潮较轻或次要结构时，材料的软化系数也不宜小于 0.75。处于干燥环境中的材料可以不考虑软化系数。

2．抗渗性

材料抵抗压力水（也可指其他液体）渗透的性质称为抗渗性。建筑工程中许多材料常含有孔隙、空洞或其他缺陷，当材料两侧的水压差较高时，水可能从高压侧通过材料内部的孔隙、空洞或其他缺陷渗透到低压侧。这种压力水的渗透不仅会影响工程的使用，而且渗入的水还会带入腐蚀性介质或将材料内的某些成分带出，造成材料的破坏。

材料抗渗性的大小用抗渗等级表示。抗渗等级是以规定的试件、在标准试验方法下所能承受的最大水压力来确定。抗渗等级以符号"P"和材料可承受的最大水压力值（以 0.1 MPa 为单位）来表示，如混凝土的抗渗等级为 P6、P8、P12、P16，表示分别能够承受 0.6 MPa、0.8 MPa、1.2 MPa、1.6 MPa 的水压力而不渗水。材料的抗渗等级越高，其抗渗性越强。

3．抗冻性

材料的抗冻性是指材料在吸水饱和状态下，能经受多次冻融循环作用而不被破坏，同时也不严重降低强度的性质。冰冻的破坏作用是由于材料孔隙内的水分结冰而引起的，水结冰时体积约增大 9%，从而对孔隙产生压力而使孔壁开裂。当冰被融化后，某些被冻胀的裂缝中还可能再渗入水分，再次受冻结冰时，材料会受到更大的冻胀和裂缝扩张。如此反复冻融循环，最终导致材料被破坏。

材料的抗冻性主要与孔隙率、孔隙特性、抵抗胀裂的强度等有关，工程中常从这些方面改善材料的抗冻性。对于室外温度低于−15 ℃的地区，其主要工程材料必须进行抗冻性试验。

（三）亲水性与憎水性

材料与水接触时能被水润湿的性质称为称为亲水性。具备这种性质的材料称为亲水性材料。大多数建筑材料，如砖、混凝土、木材、砂、石、钢材、玻璃等都属于亲水性材料。

材料与水接触时不能被水润湿的性质称为称为憎水性。具备这种性质的材料称为憎水性材料，如沥青、石蜡、塑料等。憎水性材料一般能阻止水分渗入毛细管中，因而可用作防水材料，也可用于亲水性材料的表面处理，以降低其吸水性。

四、材料的装饰性和耐久性

（一）材料的装饰性

材料的装饰性是装饰材料主要性能要求之一。材料的装饰性是指材料对所覆盖的建筑物外观美化的效果。建筑不仅仅是人类赖以生存的物质空间，更是人们进行精神文化交流和情感生活的重要空间。合理而艺术地使用装饰材料的不仅能将建筑物的室内外环境装饰得层次分明，情趣盎然，而且能给人美的精神感受。如西藏的布达拉宫在修缮的过程中，大量地使用金箔、琥珀等材料进行装饰，使这座建筑显得富丽堂皇、流光溢彩，增加了人们对宗教神秘莫测的心理感受。

材料的装饰性涉及环境艺术与美学的范畴，不同的工程和环境对材料装饰性能的要求差别很大，难以用具体的参数反映其装饰的优劣。建筑物对材料装饰效果的要求主要体现在材料的色彩、光泽、质感、透明性、形状尺寸等方面。

1. 材料的色彩

色彩是指颜色及颜色的搭配。在建筑装饰设计和工程中，色彩是材料装饰性的重要指标。不同的颜色可以使人产生冷暖、大小、远近、轻重等感觉，会对人的心理产生不同的影响。如红、橙、黄等暖色使人看了联想到太阳、火焰而感到热烈、兴奋、温暖；绿、蓝、紫等冷色使人看了会联想到大海、蓝天、森林而感到宁静、幽雅、清凉。

不同功能的房间有不同的色彩要求。如幼儿院活动室宜采用暖色调，以适合儿童天真活泼的心理；医院的病房宜采用冷色调，使病人感到宁静。因此设计师在装饰设计时应充分考虑色彩给人的心理作用，合理利用材料的色彩，注重材料颜色与光线及周围环境的统一和协调，创造出符合实际要求的空间环境，从而提高建筑装饰的艺术性。

2. 材料的光泽和透明性

不同的光泽度会极大地影响材料表面的明暗程度，造成不同的虚实对比感受。在常用的材料中，釉面砖、磨光石材、镜面不锈钢等材料具有较高的光泽度，而毛面石材、无釉陶瓷等材料的光泽度较低。

透明性是光线透过物体所表现的光学特征。装饰材料可分为透明体（透光、透视）、半透明体（透光、不透视）、不透明体（不透光、不透视）。利用材料的透明性不同，可以调节光线的明暗，改善建筑内部的光环境。如发光天棚的罩面材料一般采用半透明体，这样既能将灯具外形遮住，又能透过光线，既能满足室内照明需要又美观。商场的橱窗就需要用透明性非常高的玻璃，使顾客能清楚看到陈列的商品。

3. 材料的质感

质感是材料的色彩、光泽、透明性、表面组织结构等给人的一种综合感受。不同材料的质感给人的心理诱发作用是非常明显和强烈的。例如，光滑、细腻的材料富有优美、雅致的感情基调，当然也会给人以冷漠、傲然的心理感受；金属能使人产生坚硬、沉重、寒冷的感觉；皮毛、丝织品会使人感到柔软、轻盈和温暖；石材可使人感到坚实、稳重而富有力度；而未加修饰的混凝土等毛面材料使人具有粗犷豪迈的感觉。选择饰面材料的质感，不能只看材料本身装饰效果如何，必须正确把握材料的性格特征，使之与建筑装饰的特点相吻合，从而赋予材料以生命力。

4. 材料的花纹图案（肌理）

材料的花纹图案是指材料表面天然形成或人工刻画的图形、线条、色彩等构成的画幅。

如天然石材表面的层理条纹及木材纤维呈现的花纹，构成天然图案；采用人工图案时，则有更多的表现技艺和手法。建筑装饰材料的图案常采用几何图形、花木鸟兽、山水云月、风竹桥厅等具有文化韵味的元素来表现传统、崇拜、信仰等文化观念和艺术追求。

花纹图案的对称、重复、叠加等变换组合，可体现材料质地及装饰技艺的价值和品位。

材料表面的花纹图案，能引起人们的注意力，吸引人们对材料及装饰的细部欣赏，还可以拉近人与材料的空间关系，起到人与物近距离相互交流的作用。

5．材料的形状和尺寸

材料的形状和尺寸能给人带来空间尺寸的大小和使用上是否舒适的感觉。一般块状材料具有稳定感，而板状材料则有轻盈的视觉感受。在装饰设计和施工时，可通过改变装饰材料的形状和尺寸，配合花纹、颜色、光泽等特征可以创造出各种类型的图案，以满足不同的建筑形体和功能的要求，最大限度地发挥材料的装饰性，从而获得不同的装饰效果。

（二）材料的耐久性

装饰材料的耐久性是指材料在使用过程中能抵抗周围各种介质的侵蚀而不被破坏，并能长期保持原有性能的性质。在实际工程中，由于各种原因，建筑材料常会因耐久性不足而过早遭到破坏，因此，耐久性是建筑装饰材料的一项重要技术性质。

装饰材料在使用过程中，除受到各种外力的作用外，还经常受到周围环境中各种因素的破坏作用，这些破坏作用包括物理作用、化学作用、生物作用等。物理作用包括温度、湿度的变化、冻融循环、压力水的作用等，物理作用主要使材料体积发生胀缩，长期或反复作用会使材料逐渐被破坏；化学作用包括各种液体和气体与材料发生化学反应，使材料变质而被破坏；生物作用主要指材料发生虫蛀、腐朽而被破坏。

材料遭到破坏往往是几个因素同时作用引起的，很少是某一个孤立的因素造成的；此外，由于各种材料的化学组成和组织构造差异很大，因此各种破坏因素对不同材料的破坏作用是不同的。如金属材料主要受化学作用被腐蚀；木材、竹材等植物纤维组成的材料，常因虫、菌的蛀蚀而腐朽破坏；沥青、高分子材料在阳光、空气及热的作用下变得硬脆老化等。

材料的耐久性是一项综合性质，包括强度、抗老化性、抗渗性、耐磨性、大气稳定性、耐化学侵蚀性、耐沾污性、易洁性、色彩稳定性等。因此无法用一个统一的指标去衡量所有材料的耐久性，应根据材料的种类和建筑物所处的环境条件提出不同的耐久性要求，如处于冻融环境的工程，要求材料具有良好的抗冻性，水工建筑物所用的材料要求有良好的抗渗性和耐化学腐蚀性等。

本 章 小 结

本章主要介绍了建筑装饰材料的基本知识和建筑装饰材料的基本性质。

1．建筑装饰材料的选择直接影响装饰工程的使用功能和装饰效果，因此，装饰材料的选择应在满足保护功能、使用功能和美化功能的基础上充分考虑材料的性能、外观及使用范围，对材料进行必要的搭配使用以达到理想的效果。

2．建筑装饰材料的功能主要包括：装饰功能、保护功能、室内环境改善功能、使用性能和美学性能。

3．建筑装饰材料的分类。

（1）根据化学成分的不同，建筑装饰材料可分为无机装饰材料、有机装饰材料和复合装饰材料三大类。

（2）根据装饰部位的不同，建筑装饰材料可分为外墙装饰材料、内墙装饰材料、地面装饰材料和顶棚装饰材料等四大类。

（3）按其使用部位不同分为室外材料和室内材料。

4．建筑装饰材料的基本性质。

（1）材料的物理性质：材料的密度、表观密度、堆积密度；材料的孔隙率和密实度；材料的空隙率；导热性；材料的燃烧性能；材料的声学性质；材料的光学性质。

（2）材料的力学性质：材料的强度与比强度和材料的变形性质。

（3）材料与水有关的性质：材料的吸水性和吸湿性；耐水性、抗渗性和抗冻性和亲水性与憎水性。

（4）材料的装饰性和耐久性：材料的装饰性包括材料的色彩、材料的光泽和透明性、材料的质感、材料的花纹图案（肌理）；材料的耐久性是一项综合性质，包括强度、抗老化性、抗渗性、耐磨性、大气稳定性、耐化学侵蚀性、耐沾污性、易洁性、色彩稳定性等。

复习思考题

1．建筑装饰材料按照化学成分的不同分为哪几类？

2．建筑装饰材料的功能包括哪几个方面？

3．材料表观密度的计算公式是什么？

4．室内装饰材料分为哪几种类型？

5．无机装饰材料分为哪两大类？

第二章 建筑装饰水泥

【学习目标】

➢ 能够掌握水泥的分类、组成成分、适用范围
➢ 能够掌握水泥的验收和保管
➢ 能够熟悉掺混和材料的硅酸盐水泥和装饰用水泥

第一节 通用硅酸盐水泥

通用硅酸盐水泥是一般土木工程通常采用的水泥，是以硅酸盐水泥熟料和适量的石膏及规定的混合材料制成的水硬性胶凝材料，包括硅酸盐水泥、普通硅酸盐水泥、矿渣硅酸盐水泥、火山灰硅酸盐水泥、粉煤灰硅酸盐水泥和复合硅酸盐水泥。

一、水泥的分类

水泥是一种细磨成粉末状，加入适量水后成为塑性的浆体，既能在空气中硬化，又能在水中硬化，并能将砂、石等材料牢固地胶结成具有一定强度的整体的水硬性胶凝材料。

（一）按用途和性能分类

水泥按用途和性能可分为通用水泥、专用水泥和特性水泥三种，如图 2-1 所示。

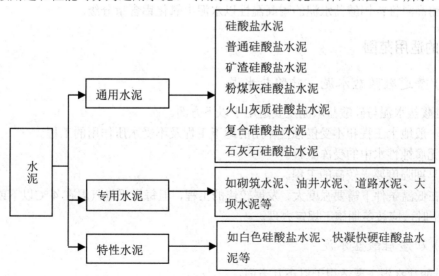

图 2-1　水泥按用途和性能分类

（二）按主要水硬性物质分

水泥按主要水硬性物质分可分为硅酸盐水泥、铝酸盐水泥、硫铝酸盐水泥、铁铝酸盐水泥、氟铝酸盐水泥等，如表 2-1 所示。

表 2-1 水泥按主要水硬性物质分类

水泥种类	主要水硬性物质	主要品种
硅酸盐水泥	硅酸钙	绝大多数通用水泥、专用水泥和特性水泥
铝酸盐水泥	铝酸钙	高铝水泥、自应力铝酸盐水泥、快硬高强铝酸盐水泥等
硫铝酸盐水泥	无水硫铝酸钙硅酸二钙	有自应力硫铝酸盐水泥、低碱度硫铝酸盐水泥、快硬硫铝酸盐水泥
铁铝酸盐水泥	铁相、无水硫铝酸钙、硅酸二钙	有自应力硫铝酸盐水泥、膨胀铁铝酸盐水泥、快硬铁铝酸盐水泥等
氟铝酸盐水泥	氟铝酸钙、硅酸二钙	氟铝酸盐水泥等
以火山灰或潜在水硬性材料以及其他活性材料为主要组分的水泥	活性二氧化硅 活性氧化铝	石灰火山灰水泥、石膏矿渣水泥、地热钢渣矿渣水泥等

（三）水泥按主要技术特性分

水泥按主要技术特性可分为以下几种。

（1）快硬性（水硬性）：分为快硬和特快硬两类。

（2）水化热：分为中热和低热两类。

（3）抗硫酸盐性：分中抗硫酸盐腐蚀和高抗硫酸盐腐蚀两类。

（4）膨胀性：分为膨胀和自应力两类。

（5）耐高温性：铝酸盐水泥的耐高温性以水泥中氧化铝含量分级。

二、水泥的适用范围

（一）普通硅酸盐水泥、硅酸盐水泥

普通硅酸盐水泥与硅酸盐水泥主要适用于以下方面。

（1）一般地上工程和不受侵蚀性作用的地下工程及不受水压作用的工程。

（2）无腐蚀性水中的受冻工程。

（3）早期强度要求较高的工程。

（4）在低温条件下需要强度大、发展较快的工程，但每日平均气温在 4 ℃以下或最低气温在 -3 ℃以下时，应按冬期施工规定办理。

（二）矿渣硅酸盐水泥

矿渣硅酸盐水泥主要适用于以下几方面。

（1）地下、水中及海水中的工程以及经常受高水压的工程。

（2）大体积混凝土工程。

（3）蒸汽水养护的工程。

（4）受热工程。

（5）代替普通硅酸盐水泥用于地上工程，但应加强养护，亦可用于不常受冻融交替作用的受冻工程。

（三）火山灰硅酸盐水泥

火山灰硅酸盐水泥主要适用于以下几方面。

（1）地下、水中工程及经常受高水压的工程。

（2）受海水及含硫酸盐类溶液侵蚀的工程。

（3）大体积混凝土工程。

（4）蒸汽养护的工程。

（5）远距离运输的砂浆和混凝土。

（四）粉煤灰硅酸盐水泥

粉煤灰与其他天然火山灰相比，结构较致密，内比表面积小，有很多球形颗粒，吸水能力较弱。所以粉煤灰硅酸盐水泥需水量比较低，抗裂性较好，尤其适合于大体积水工混凝土以及地下和海港工程等。

（五）复合硅酸盐水泥

复合硅酸盐水泥早期强度高于矿渣硅酸盐水泥、火山灰硅酸盐水泥和粉煤灰硅酸盐水泥，与普通硅酸盐水泥相同甚至略高。其他性质与矿渣硅酸盐水泥、火山灰硅酸盐水泥相近或略好，能广泛应用于工业和民业建筑的工程中。

三、水泥的组成成分

（一）硅酸盐水泥熟料

由主要含 CaO、SiO_2、Al_2O_3、Fe_2O_3 的原料，按适当比例磨成细粉烧至部分熔融所得以硅酸钙为主要矿物成分的水硬性胶凝物质。其中硅酸钙矿物不小于 66%，氧化钙和氧化硅的质量比不小于2.0。

生料在燃烧过程中，首先是石灰石和黏土分别分解出 CaO、SiO_2、Al_2O_3 和 Fe_2O_3，然后在 800 ℃～1 200 ℃的温度范围内相互反应，经过一系列的中间反应过程后，生成硅酸二钙（$2CaO \cdot SiO_2$）、铝酸三钙（$3CaO \cdot Al_2O_3$）和铁铝酸四钙（$4CaO \cdot Al_2O_3 \cdot Fe_2O_3$）；在 1 400 ℃～1 450 ℃的温度范围内，硅酸二钙又与 CaO 在熔融状态下发生反应生成硅酸三钙（$3CaO \cdot SiO_2$）。这些经过反应形成的化合物有硅酸三钙、硅酸四钙、铝酸三钙和铁铝酸四钙，统称为水泥熟料的矿物组成。

（二）石膏

石膏主要分为天然石膏和工业副产石膏两种。

（1）天然石膏：符合规定 G 类、 M 类或者 A 类二级（含）以上的石膏、混合石膏或硬石膏。

（2）工业副产石膏：工业生产中以硫酸钙为主要成分的副产品。

（三）混合材料

混合材料是指在粉磨水泥时与熟料、石膏一起加入用以提高水泥产量，降低水泥生产成本，增加水泥品种，改善水泥性能的矿物质材料。按其活性可分为活性混合材料和非活性混合材料。按其品种可分为粒化高炉矿渣、石灰石、粉煤灰、火山灰质混合材料等。

1. 活性混合材料

活性混合材料是指具有火山灰性或潜在的水硬性，或兼有火山灰性和水硬性的矿物质材料，其绝大多数为工业废料或天然矿物，应用时不需再煅烧。活性混合材料的主要作用是改善水泥的某些性能、扩大水泥强度等级范围、降低水化热、增加产量和降低成本的作用。活性混合材料的种类如下。

（1）粒化高炉矿渣与粒化高炉矿渣粉。粒化高炉矿渣是高炉炼铁的熔融矿渣，经水或水蒸气急速冷却处理所得到的质地疏松、多孔的粒状物，也称水淬矿渣。将符合规定要求的粒化高炉矿渣经干燥、粉磨，达到一定细度并且符合活性指数的粉体，称为粒化高炉矿渣粉。粒化高炉80%渣在急冷过程中，熔融矿渣的黏度增加很快，来不及结晶，大部分呈玻璃态（一般占80%以上），潜存较高的化学能，即潜在活性。如熔融矿渣任其自然冷却，凝固后呈结晶态活性很小，则属非活性混合材料。粒化高炉渣的活性来源主要是其中的活性氧化硅和活性氧化铝。矿渣的化学成分与硅酸盐水泥熟料相近，差别在于氧化钙含量比熟料低，氧化硅含量较高。粒化高炉矿渣中氧化铝和氧化钙含量越高，氧化硅含量越低，则矿渣活性越高，所配制的矿渣水泥强度亦越高。

（2）火山灰质混合材料。火山灰质混合材料泛指以活性氧化硅及活性氧化铝为主要成分的活性混合材料。它的应用是从天然火山灰开始的，故而得名，其实并不限于火山灰。火山灰质混合材料的结构特点是疏松多孔、内比表面积大，易产生反应。

按混合材料活性的主要来源又分为如下三类。

①含水硅酸质混合材料。此类混合材料主要有硅藻土、蛋白质、硅质渣等。其活性来源为活性氧化硅。

②烧黏土质混合材料。此类混合材料主要有烧黏土、炉渣、燃烧过的煤矸石等。其活性来源是活性氧化铝和活性氧化硅。掺入这种混合材料的水泥水化后水化铝酸钙含量较高，其抗硫酸盐腐蚀性差。

③铝硅酸玻璃质混合材料。此类混合材料主要是火山爆发喷出的熔融岩浆在空气中急速冷却所形成的玻璃质多孔的岩石，如火山灰、浮石、凝灰岩等。其活性来源于活性氧化硅和活性氧化铝。

（3）粉煤灰。粉煤灰是煤粉锅炉吸尘器所吸收的微细粉尘，又称飞灰。粉煤灰以氧化硅和氧化铝为主要成分，经熔融、急冷成为富含玻璃体的球状体。从化学组分分析，粉煤灰属于火山灰质混合材料一类，其活性主要取决于玻璃体的含量以及无定形 Al_2O_3 及 SiO_2 含量，但粉煤灰结构致密，并且颗粒形状及大小对其活性也有较大影响，其细小球形玻璃体含量越高，则活性越高。

2．非活性混合材料

非活性混合材料是指在水泥中主要起填充作用，而对水泥的基本物理化学性能无影响的矿物质材料。它在常温下不能与氢氧化钙和水发生反应或反应甚微，也不能发生凝结硬化。它掺在水泥中的主要作用是：扩大水泥强度等级范围、降低水化热、增加产量、降低成本等。常用的非活性混合材料主要有石灰石（$Al_2O_3 \leqslant 2.5\%$）、砂岩以及不符合质量标准的活性混合材料等。

（四）助磨剂

水泥粉磨时，允许加入助磨剂，其加入量应不大于水泥质量的 0.5%，技术要求应符合规定标准。

四、水泥的水化、凝结硬化

硅酸盐水泥加水拌和后成为既有可塑性又有流动性的水泥浆，同时产生水化反应，随着水化反应的进行，逐渐失去流动能力达到"初凝"。待完全失去可塑性，开始产生强度时，即为"终凝"。随着水化、凝结的继续，浆体逐渐转变为具有一定强度的坚硬固体水泥石，这一过程称为水泥的硬化。由此可见，水化是水泥产生凝结硬化的前提，而凝结硬化则是水泥水化的结果。

（一）硅酸盐水泥的水化

水泥加水拌和后，水泥颗粒立即分散于水中并与水发生化学反应，生成水化产物并放出热量。水泥水化的主要反应式可近似表示如下：

C_3S、C_2S 与水反应生成水化硅酸钙和氢氧化钙，即

$$3CaO \cdot SiO_2 + nH_2O \rightarrow xCaO \cdot SiO_2 \cdot yH_2O + (3-x)Ca(OH)_2$$

$$2CaO \cdot SiO_2 + mH_2O \rightarrow xCaO \cdot SiO_2 \cdot yH_2O + (2-x)Ca(OH)_2$$

式中 x——钙硅比，即 C/S；

y——结合水量。

在 CaO 饱和液下且温度较高时，C_3A 与水反应形成水化铝酸钙，反应式如下：

$$3CaO \cdot Al_2O_3 + 6H_2O \rightarrow 3CaO \cdot Al_2O_3 \cdot 6H_2O$$

由于在施工中 C_3A 的快速反应，加上 C_3S 的反应释放出大量的热，使温度急剧上升，上述反应迅速进行且出现不可逆的固化现象，此现象称为急凝，使用时无法施工。因此在水泥粉磨时都需掺入适量的石膏，以延缓水泥的凝结时间，防止急凝的发生。其反应式如下：

$$3CaO \cdot Al_2O_3 \cdot 6H_2O + 3(CaSO_4 \cdot 2H_2O) + 19H_2O \rightarrow 3CaO \cdot Al_2O_3 \cdot 3CaSO_4 \cdot 31H_2O$$

（三硫型水化硫铝酸钙）

铁铝酸钙的水化反应及产物与 C_3A 极为相似。

硅酸盐水泥水化后的主要水化产物是为凝胶胶体的水化硅酸钙（占 70%）和水化铁酸钙，为晶体的氢氧化钙（占 20%）和三硫型水化硫铝酸钙（占 7%），此外还有单硫型水化硫铝酸钙、水化硫铁铝酸钙、水化铝酸钙、水化铁酸钙等。

硅酸盐水泥水化反应为放热反应，其放出的热量称为水化热。硅酸盐水泥的水化热大，且放热的周期较长，但大部分（50%以上）热量是在 3 天以内，特别是在水泥浆发生凝结硬化的初期放出。水化放热量的大小与水泥的细度、水灰比、养护温度等有关，水泥颗粒越细，早期放热越显著。

（二）硅酸盐水泥的凝结硬化

硅酸盐水泥的凝结硬化过程是一个连续的、复杂的物理化学变化过程。当前，常把硅酸盐水泥凝结硬化看作是经如下几个过程完成的，如图2-2所示。

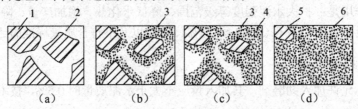

（a）分散在水中未水化的水泥颗粒；（b）在水泥颗粒表面形成水化物膜层；
（c）膜层长大并互相连续（凝结）；（d）水化物进一步发展，填充毛细孔（硬化）
1-水泥颗粒；2-水分；3-凝胶；4-晶体；5-未水化水泥颗粒；6-毛细孔

图2-2 硅酸盐水泥凝结硬化过程示意图

当水泥与水拌和后，水泥颗粒表面开始与水化合，生成水化物，其中结晶体溶解于水中，凝胶体以极细小的质点悬浮在水中，成为水泥浆体。此时，水泥颗粒周围的溶液很快成为水化产物的过饱和溶液，如图2-2（a）所示。

随着水化的继续进行，新生水化产物增多，自由水分减少，凝胶体变稠，包有凝胶层的水泥颗粒凝结成多孔的空间网络，形成凝聚结构。由于此时水化物尚不多，包有水化物膜层的水泥颗粒之间还是分离的，相互间引力较小，如图2-2（b）所示。

水泥颗粒不断水化，水化产物不断生成，水化凝胶体含量不断增加，氢氧化钙、水化铝酸钙结晶与凝胶体各种颗粒互相连接成网，不断充实凝聚结构的空隙，浆体变稠，水泥逐渐凝结，也就是水泥的初凝，水泥此时尚未具有强度，如图2-2（c）所示。

水化后期，由于凝胶体的形成与发展，水化越来越困难，未水化的水泥颗粒吸收胶体内的水分水化，使凝聚胶体脱水而更趋于紧密，而且各种水化产物逐渐填充原来水分所占的空间，胶体更加紧密，水泥硬化，强度产生，如图2-2（d）所示。

以上就是水泥的凝结硬化过程。水泥与水拌和凝结硬化后成为水泥石。水泥石是由凝胶、晶体、未水化水泥颗粒、毛细孔（毛细孔水）和凝胶孔等组成的不匀质结构体。

由上述过程可以看出，硅酸盐水泥的水化是从颗粒表面逐渐深入内层，水泥的水化速度表现为早期快、后期慢，特别是在最初的3～7天内水泥的水化速度最快。所以硅酸盐水泥的早期强度发展最快，大致28天可完成这个过程的基本部分。随后，水分渗入越来越困难，所以水化作用就越来越慢。实践证明，若温度和湿度适宜，则未水化水泥颗粒仍将继续水化，水泥石的强度在几年甚至几十年后仍缓慢增长。水泥石的硬化程度越高，凝胶体含量越多，未水化的水泥颗粒和毛细孔含量越少，水泥石的强度越高。

五、水泥生产的流程

生产硅酸盐水泥的原料主要是石灰质原料和黏土质原料。石灰质原料如石灰石、白垩等，主要提供氧化钙（CaO）；黏土质原料如黏土、页岩等，主要提供氧化硅（SiO_2）、氧化铝（Al_2O_3）与氧化铁（Fe_2O_3）。有时为调整化学成分，还需加入少量辅助原料，如铁矿石。为调整硅酸盐水泥的凝结时间，在生产的最后阶段还要加入石膏。其工艺流程如图2-3所示。

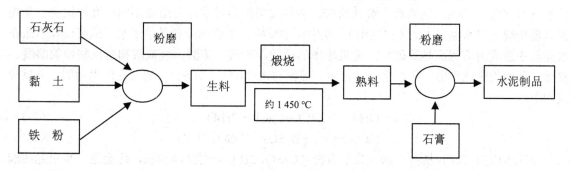

图2-3　硅酸盐水泥生产工艺流程图

硅酸盐水泥熟料的生产是以适当比例的几种原料共同磨制成生料，将生料送入水泥窑（立窑或回转窑）中进行高温煅烧（约1 450 ℃），生料经烧结成为熟料。概括地讲，水泥生产主要工艺就是"两磨"（磨细生料、磨细熟料）"一烧"（生料煅烧成熟料）。

六、水泥石的腐蚀与防治

在通常使用条件下，硅酸盐水泥石有较好的耐久性。当硅酸盐水泥石长时间处于侵蚀性介质（如流动的淡水、酸和酸性水、硫酸盐和镁盐溶液、强碱等）中，会逐渐受到侵蚀，变得疏松，强度下降甚至受到破坏。

环境对硅酸盐水泥石结构的腐蚀可分为物理腐蚀与化学腐蚀。物理腐蚀是指各类盐溶液渗透到水泥石结构内部，并不与水泥石成分发生化学反应，而是产生结晶使体积膨胀，对水泥石产生破坏作用。在干湿交替的部位，物理腐蚀尤为严重。化学腐蚀是指外界各类腐蚀介质与水泥石内部的某些成分发生化学反应，并生成易溶于水的矿物和体积显著膨胀的矿物或无胶结能力的物质，从而导致水泥石结构的解体。

（一）硅酸盐水泥石腐蚀的类型

引起硅酸盐水泥石腐蚀的原因很多，下面介绍几种典型的硅酸盐水泥石腐蚀。

1. 酸类侵蚀（溶解性侵蚀）

硅酸盐水泥水化生成物呈碱性，其中含有较多的 $Ca(OH)_2$，当遇到酸类或酸性水时会发生中和反应，生成比 $Ca(OH)_2$ 溶解度大的盐类，导致水泥石受损破坏。

（1）碳酸的侵蚀。在工业污水、地下水中常溶解有较多的二氧化碳，这种碳酸水对水泥石的侵蚀作用如下：

$$Ca(OH)_2 + CO_2 + H_2O \rightarrow CaCO_3 + 2H_2O \tag{2-1}$$

最初生成的 $CaCO_3$ 溶解度不大，若继续处于浓度较高的碳酸水中，则碳酸钙与碳酸水进一步反应，其反应式如下：

$$CaCO_3 + CO_2 + H_2O \rightarrow Ca(HCO_3)_2 \tag{2-2}$$

此反应为可逆反应，当水中溶有较多的 CO_2 时，上述反应向右进行，所生成的碳酸氢钙溶解度大。水泥石中的 $Ca(OH)_2$ 因与碳酸水反应生成碳酸氢钙而溶失，$Ca(OH)_2$ 浓度的降低又会导致其他水化产物的分解，腐蚀作用加剧。

（2）一般酸的腐蚀。工业废水、地下水、沼泽水中常含有多种无机酸、有机酸。工业窑炉的烟气中常含有 SO_2，遇水后生成亚硫酸。各种酸类都会对水泥石造成不同程度的损害。其损害原理是酸类与水泥石中的 $Ca(OH)_2$ 发生化学反应，生成物或者易溶于水，或者体积膨胀在水泥石中造成内应力而导致破坏。无机酸中的盐酸、硝酸、硫酸、氢氟酸和有机酸中的醋酸、蚁酸、乳酸的腐蚀作用尤为严重。以盐酸、硫酸与水中的 $Ca(OH)_2$ 的发生作用为例，其反应式如下：

$$Ca(OH)_2 + 2HCl \rightarrow CaCl_2 + 2H_2O \qquad (2-3)$$

$$Ca(OH)_2 + H_2SO_4 \rightarrow CaSO_4 \cdot 2H_2O \qquad (2-4)$$

反应生成的 $CaCl_2$ 易溶于水，二水石膏（$CaSO_4 \cdot 2H_2O$）则结晶膨胀，还会进一步引起硫酸盐的腐蚀作用。

2. 盐类腐蚀

（1）硫酸盐腐蚀（膨胀性腐蚀）。在海水、湖水、盐沼水、地下水、某些工业污水及流经高炉矿渣或煤渣的水中，常含钾、钠、氨的硫酸盐，它们很容易与水泥石中的氢氧化钙产生置换反应而生成硫酸钙。所生成的硫酸钙又会与硬化水泥石结构中的水化铝酸钙作用生成高硫型水化硫铝酸钙，其反应式为：

$$3(CaSO_4 \cdot 2H_2O) + 3CaO \cdot Al_2O_3 \cdot 6H_2O + 19H_2O \rightarrow 3CaO \cdot Al_2O_3 \cdot 3CaSO_4 \cdot 31H_2O \qquad (2-5)$$

该反应所生成的高硫型水化硫铝酸钙含有大量结晶水，且比原有体积增加 1.5 倍以上，很容易产生内部应力，对水泥石有极大的破坏作用。这种高硫型水化硫铝酸钙多呈针状晶体，对于水泥石结构的破坏十分严重，因此也将其称为"水泥杆菌"。

（2）镁盐腐蚀（双重侵蚀）。在海水及地下水中常含有大量的镁盐，主要是硫酸镁和氯化镁。它们容易与水泥石中的氢氧化钙产生置换反应而引起复分解反应，其反应式如下：

$$MgSO_4 + Ca(OH)_2 + 2H_2O \rightarrow CaSO_4 \cdot 2H_2O + Mg(OH)_2 \qquad (2-6)$$

$$Ca(OH)_2 + MgCl_2 \rightarrow CaCl_2 + Mg(OH)_2 \qquad (2-7)$$

由于反应生成氢氧化镁和氯化钙，氢氧化镁不仅松散而且无胶凝性能，氯化钙又易溶于水，会引起溶出性腐蚀。同时，二水石膏又将引起膨胀腐蚀。因此，硫酸镁、氯化镁对水泥石起硫酸盐和镁盐的双重侵蚀作用，危害更严重。

3. 强碱腐蚀

硅酸盐水泥水化产物呈碱性，一般碱类溶液浓度不大时不会造成明显损害。但铝酸盐（C_3A）含量较高的硅酸盐水泥遇到强碱（如 NaOH）会发生反应，生成的铝酸钠易溶于水。其反应式如下：

$$3CaO \cdot Al_2O_3 + 6NaOH \rightarrow 3Na_2O \cdot Al_2O_3 + 3Ca(OH)_2 \qquad (2-8)$$

若水泥石被氢氧化钠浸透后又在空气中干燥，则溶于水的铝酸钠会与空气中的 CO_2 反应生成碳酸钠。由于失去水分，碳酸钠在水泥石毛细管中结晶膨胀，引起水泥石疏松、开裂。

除上述三种腐蚀类型外，对水泥石有腐蚀作用的还有糖、酒精、脂肪、氨盐和含环烷酸的石油产品等。上述各类型腐蚀作用，可以概括为下列三种破坏形式。

（1）破坏形式是溶解浸析。主要是介质将水泥石中的某些组分逐渐溶解带走，造成溶失性破坏。

（2）破坏形式是离子交换。侵蚀性介质与水泥石的组分发生离子交换反应，生成容易溶解或是没有胶结能力的产物，破坏了原有的结构。

（3）破坏形式是形成膨胀组分。在侵蚀性介质的作用下，所形成的盐类结晶长大时体积增加，产生有害的内应力，导致膨胀性破坏。

4．软水侵蚀（溶出性侵蚀）

氢氧化钙结晶体是构成水泥石结构的主要水化产物之一，它需在一定浓度的氢氧化钙溶液中才能稳定存在。如果水泥石结构所处环境的溶液（如软水）中氢氧化钙浓度低于其饱和浓度，其中的氢氧化钙将被溶解或分解，从而造成水泥石结构的破坏。

软水是不含或仅含少量钙、镁等可溶性盐的水。雨水、雪水、蒸馏水、工厂冷凝水以及含重碳酸盐甚少的河水与湖水等均属软水。软水能使水化产物中的 $Ca(OH)_2$ 溶解，并促使水泥石中其他水化产物发生分解，故软水侵蚀又称为溶析。

当环境水中含有碳酸氢盐时，碳酸氢盐可与水泥石中的氢氧化钙产生反应，并生成几乎不溶于水的碳酸钙，其反应式为：

$$Ca(OH)_2 + Ca(HCO_3)_2 \rightarrow 2CaCO_3 + 2H_2O \qquad (2\text{-}9)$$

所生成的碳酸钙沉积在已硬化水泥石中的孔隙内起密实作用，从而可阻止外界水的继续浸入及内部氢氧化钙的扩散析出。因此，对需与软水接触的混凝土，若预先在空气中硬化和存放一段时间，可使其经碳化作用而形成碳酸钙外壳，这将对溶出性侵蚀起到一定的阻止作用。

（二）硅酸盐水泥石腐蚀的原因

水泥石的腐蚀往往是多种腐蚀介质同时存在的一个极其复杂的物理化学作用过程。引起水泥石腐蚀的外部因素是侵蚀介质，内在因素有两个：一是水泥石中含有易引起腐蚀的组分，即 $Ca(OH)_2$ 和水化铝酸钙（$3CaO \cdot Al_2O_3 \cdot 6H_2O$）；二是水泥石不密实。水泥水化反应理论需水量仅为水泥质量的 23%，而实际应用时拌合用水量多为 40%～70%，多余水分会形成毛细管和孔隙存在于水泥石中。侵蚀介质不仅在水泥石表面起作用，而且易于进入水泥石内部引起严重破坏。

由于硅酸盐水泥（PI、PII）水化生成物中 $Ca(OH)_2$ 和水化铝酸钙含量较多，所以其耐侵蚀性较其他品种水泥差。掺混合材料的水泥水化反应生成物中 $Ca(OH)_2$ 明显减少，其耐侵蚀性比硅酸盐水泥（PI、PII）有显著改善。

（三）水泥石腐蚀的防护措施

针对水泥石腐蚀的原理，防止水泥石腐蚀的措施有以下几种。

（1）合理选择水泥品种。如在软水或浓度很小的一般酸侵蚀条件下的工程，宜选用水化生成物中 $Ca(OH)_2$ 含量较少的水泥（即掺大量混合材料的水泥）；在有硫酸盐侵蚀的工程中，宜选用铝酸三钙（C_3A）含量低于 5%的抗硫酸盐水泥。通用水泥中，硅酸盐水泥（PI、PII）是耐侵蚀性最差的一种，有侵蚀情况时，如无可靠防护措施，应尽量避免使用。

（2）提高水泥石密实度。水泥石中的毛细管、孔隙是引起水泥石腐蚀加剧的内在原因之一。因此，采取适当措施，如强制搅拌、振动成型、真空吸水、掺加外加剂等，或在满足施工操作要求的前提下，努力减少水胶比，提高水泥石密实度，都将使水泥石的耐侵蚀性得到改善。

（3）表面加做保护层。在腐蚀作用较大时设置保护层，可在混凝土或砂浆表面加上耐腐蚀性高、不透水的保护层，如塑料、沥青防水层，或喷涂不透水的水泥浆面层等，以防止腐蚀性介质与水泥石直接接触。

七、水泥的验收与保管

（一）水泥的验收

水泥的验收主要包括品种的验收、数量的验收，质量验收，同时要有判定规则。

1. 品种的验收

水泥包装袋上应清楚标明：执行标准、水泥品种、代号、强度等级、生产者名称、生产许可证标志（QS）及编号、出厂编号、包装日期、净含量。包装袋两侧应根据水泥的品种采用不同的颜色印刷水泥名称和强度等级。硅酸盐水泥和普通硅酸盐水泥采用红色，矿渣硅酸盐水泥采用绿色，火山灰硅酸盐水泥、粉煤灰硅酸盐水泥和复合硅酸盐水泥采用黑色和蓝色。散装水泥发运时应提交与袋装标志相同内容的卡片。

2. 数量验收

水泥可以是袋装或者散装，袋装水泥每袋净含量为 50 kg，且应不少于标志质量的 99%，随机抽取 20 袋总含量（含包装袋）应不少于 1 000 kg。其他包装形式由买卖双方协商确定。

3. 质量验收

（1）检验报告。检验报告内容应包括出厂检验项目（化学指标、凝结时间、安定性、强度）、细度、混合材料品种和掺加量、石膏和助磨剂的品种及掺加量、属悬窑或立窑生产及合同约定的其他技术要求。当用户需要时，生产者应在水泥发出之日起 7 天内寄发除 28 天强度以外的各项检验结果，32 天内的补报 28 天强度的检验结果。

（2）质量验收。交货时水泥的质量验收可抽取实物试样以其检验结果为依据，也可以生产者同编号水泥的检验报告为依据。采用何种方法验收由买卖双方商定，并在合同或协议中注明。

以抽取实物试验的检验结果作为验收依据时，买卖双方应在发货前或交货地共同取样或签封。取样数量为 20 kg，缩分为二等份。一份由卖方保存 40 天，一份由买方按标准规定的项目和方法进行检验。在 40 天以内，买方检验认为产品质量不符合标准要求，而卖方又有异议时，则双方应将卖方保存的另一份试样送省级或省级以上国家认可的水泥质量监督检验机构进行检验。水泥安定性检验应在取样之日 10 天内完成。

以生产者同编号水泥的检验报告作为试验依据时，在发货前或交货时买方在同编号水泥中取样，双方共同签封后由卖方保存 90 天，或认可卖方自行取样，签封并保存 90 天的同编号水泥的封存样。在 90 天内，买方对水泥质量有疑问时，则买卖双方应将共同认可的试样送省级或省级以上国家认可的水泥质量监督机构进行检验。

4. 判定规则

检验结果符合标准《通用硅酸盐水泥》（175－2007）的化学指标、凝结时间、安定性、强度规定为合格品；检验结果不符合国家标准的化学指标、凝结时间、安定性、强度中的任何一项技术要求为不合格品。

（二）水泥的保管

水泥在运输和储存时不得受潮和混入杂物，不同品种和强度等级的水泥在储运中避免混杂。

散装水泥应分库存放。袋装水泥堆放时应考虑防水防潮，堆置高度一般不超过 10 袋，使用时应遵照现存现用的原则。存期一般不应超过 3 个月，因为即使在储存条件良好的情况下，水泥也会吸收空气中的水分缓慢水化而降低强度。袋装水泥储存 3 个月后，强度降低约 10%～20%；6 个月后，约降低 15%～30%；一年后约降低 25%～40%。通用水泥的有效储存期为三个月，储存期超过三个月的水泥在使用前必须重新鉴定其技术性能。

第二节　掺混合材料的硅酸盐水泥

在硅酸盐水泥中掺加一定量的混合材料，能改善硅酸盐水泥的性能，增加水泥品种，提高产量，调节水泥强度等级，扩大水泥的使用范围。通常，把加到水泥中的矿物质材料称为混合材料。

一、混合材料的种类

常用的水泥混合材料分为活性混合材料和非活性混合材料两大类。

（一）活性混合材料

常温下能与氢氧化钙和水发生水化反应，生成水硬性水化产物，并能逐渐凝结硬化产生强度的混合材料称为活性混合材料。活性混合材料的主要作用是改善水泥的某些性能，同时还具有扩大水泥强度等级范围、降低水化热、增加产量和降低成本的作用。常用活性混合材料如下。

1. 粒化高炉矿渣

粒化高炉矿渣是高炉炼铁的熔融矿渣，经水或水蒸气急速冷却处理所得到的质地疏松、多孔的粒状物，也称水淬矿渣。粒化高炉矿渣在急冷过程中，熔融矿渣的黏度增加很快，来不及结晶，大部分呈玻璃态，储存有潜在的化学能；熔融矿渣任其自然冷却，凝固后呈结晶态，活性很小，属非活性混合材料。粒化高炉矿渣的活性来源主要是活性氧化硅和活性氧化铝。

2. 火山灰质混合材料

火山灰质混合材料泛指以活性氧化硅及活性氧化铝为主要成分的活性混合材料。它的应用是从火山灰开始的，因而得名，但也并不限于火山灰。火山灰质混合材料结构上的特点是疏松多孔，内比表面积大，易反应。按其活性主要来源，又分为以下三类。

（1）含水硅酸质混合材料。主要有硅藻土、蛋白质、硅质渣等。活性来源为活性氧化硅。

（2）铝硅玻璃质混合材料。主要是火山爆发喷出的熔融岩浆在空气中急速冷却所形成的玻璃质多孔的岩石，如火山灰、浮石、凝灰岩等。活性来源于活性氧化硅和活性氧化铝。

（3）烧黏土质混合材料。主要有烧黏土、炉渣、燃烧过的煤矸石等。其活性来源是活性氧化铝和活性氧化硅。掺这种混合材料的水泥水化后水化铝酸钙含量较高，其抗硫酸盐腐蚀性差。

3. 粉煤灰

粉煤灰是煤粉锅炉吸尘器所吸收的微细粉土。灰粉经熔融、急冷，成为富含玻璃体的球状体。从化学成分上讲，粉煤灰属于火山灰质混合材料一类，但粉煤灰结构致密，性质与火山灰质混合材料有所不同，且又是一种工业废料，所以单独列出。

（二）非活性混合材料

常温下不能与氢氧化钙和水发生反应或与氢氧化钙和水反应甚微，也不能产生凝结硬化的混合材料，称为非活性混合材料。它掺在水泥中主要起填充作用，扩大水泥强度等级范围、降低水化热、增加产量、降低成本等。

常用的非活性混合材料主要有石灰石、石英砂、自然冷却的矿渣等。

二、活性混合材料在激发剂作用下的水化

磨细的活性混合材料与水调合后，本身不会硬化或硬化极为缓慢，但在氢氧化钙溶液中，会发生显著水化。其水化反应式为：

$$x\text{Ca（OH）}_2 + \text{SiO}_2 + m\text{H}_2\text{O} \rightarrow x\text{CaO·SiO}_2·n\text{H}_2\text{O} \tag{2-10}$$

$$y\text{Ca（OH）}_2 + \text{Al}_2\text{O}_3 + m\text{H}_2\text{O} \rightarrow y\text{Ca（OH）}_2·\text{Al}_2\text{O}_3·n\text{H}_2\text{O} \tag{2-11}$$

式中：x、y 值取决于混合材料的种类、石灰和活性氧化硅及活性氧化铝的比例、环境温度以及作用所延续的时间等；m 值一般为 1 或稍大；n 值一般为 1～2.5。反应生成的水化硅酸钙和水化铝酸钙是具有水硬性的水化物。当有石膏存在时，水化铝酸钙还可以和石膏进一步反应，生成水硬性产物水化硫铝酸钙。

当活性混合材料掺入硅酸盐水泥中，与水拌和后，首先的反应是硅酸盐水泥熟料水化，生成氢氧化钙，然后，以掺入的石膏作为活性混合材料的激发剂，产生前述的反应（称二次反应）。二次反应的速度较慢，受温度影响敏感。温度高，水化加快，强度增长迅速；反之，水化减慢，强度增长缓慢。

三、普通硅酸盐水泥

普通硅酸盐水泥简称普通水泥，代号为 PO。水泥中掺活性混合材料时，掺量应大于 5%且小于或等于 20%，其中允许用不超过水泥质量 5%的窑灰或不超过水泥质量 8%的非活性混合材料来代替。

（一）普通硅酸盐水泥的技术要求

国家标准《通用硅酸盐水泥》（GB 175—2007）对普通硅酸盐水泥的技术要求如下。

（1）细度。以比表面积表示，不小于 300 m^2/kg。

（2）凝结时间。初凝不得早于 45 分钟，终凝不得迟于 600 分钟。

（3）安定性。用沸煮法检验必须合格。为了保证水泥长期安定性，水泥中氧化镁含量不得超过 5.0%，如果水泥经压蒸安定性试验合格，那么水泥中氧化镁含量允许放宽到 6.0%；水泥中三氧化硫含量不得超过 3.5%。

（4）强度。根据 3 天和 28 天龄期抗折和抗压强度，将普通硅酸盐水泥划分为 42.5、42.5R、52.5、52.5R 四个强度等级。

（二）普通硅酸盐水泥的性质与应用

普通硅酸盐水泥中掺入少量混合材料的主要作用是扩大强度等级范围，以利于合理选用。由于混合材料掺量较少，其矿物组成的比例仍在硅酸盐水泥的范围内，所以其性能、应用范围与同强度等级的硅酸盐水泥相近。与硅酸盐水泥比较，其早期硬化速度稍慢、强度略低，抗冻性、耐磨性及抗碳化性稍差，而耐腐蚀性稍好，水化热略有降低。

四、矿渣、火山灰质、粉煤灰硅酸盐水泥

（一）三种水泥的代号及组分

（1）矿渣硅酸盐水泥。矿渣硅酸盐水泥简称矿渣水泥，代号 P·S·A、P·S·B。其中，P·S·A 型水泥中粒化高炉矿渣的掺量按质量分数计应大于 20%且小于或等于 50%，P.S.B 型水泥中粒化高炉矿渣的掺量按质量分数计应大于 50%且小于或等于 70%。矿渣水泥中粒化高炉矿渣的含量允许用符合要求的活性混合材料、非活性混合材料或窑灰中的任一种代替，其替代数量不得超过水泥质量的 8%。

（2）火山灰质硅酸盐水泥。火山灰质硅酸盐水泥简称火山灰水泥，代号为 P·P。火山灰水泥中火山灰质混合材料掺加量按质量分数计应大于 20%且小于或等于 40%。

（3）粉煤灰硅酸盐水泥。粉煤灰硅酸盐水泥简称粉煤灰水泥，代号为 P·F。粉煤灰水泥中粉煤灰掺加量按质量分数计应大于 20%且小于或等于 40%。

（二）三种水泥的技术要求

《通用硅酸盐水泥》（GB 175—2007）规定的技术要求如下。

（1）细度。以筛余表示，80 μm 方孔筛筛余不得超过 10.0%或 45 μm 方孔筛筛余不超过 30%。

（2）凝结时间。初凝不得早于 45 分钟，终凝不得迟于 600 分钟。

（3）安定性。用沸煮法检验必须合格。

（4）强度等级。矿渣水泥、火山灰质水泥、粉煤灰水泥按 3 天、28 天龄期抗压强度及抗折强度分为 32.5、32.5R、42.5、42.5R、52.5、52.5R 六个强度等级。各强度等级、各龄期的强度值不得低于如表 2-2 所示中的数值。

表 2-2　矿渣、火山灰质、粉煤灰水泥各强度等级、各龄期强度值

单位：MPa

强度等级	抗压强度		抗折强度	
	3 天	28 天	3 天	28 天
32.5	≥10.0	≥32.5	≥2.5	≥5.5
32.5R	≥15.0	≥32.5	≥3.5	≥5.5
42.5	≥15.0	≥42.5	≥3.5	≥6.5
42.5R	≥19.0	≥42.5	≥4.0	≥6.5
52.5	≥21.0	≥52.5	≥4.0	≥7.0
52.5R	≥23.0	≥52.5	≥4.5	≥7.0

注：R 表示早强型。

（三）三种水泥特性和应用的异同

由于三种水泥均掺入大量混合材料，所以这些水泥有许多共同特性，又因掺入的混合材料品种不同，故各品种水泥性质也有一定差异。

1. 共同特性

（1）早期强度低，后期强度高。掺入大量混合材料的水泥凝结硬化慢，早期强度低，但硬化后期强度可以赶上甚至超过同强度等级的硅酸盐水泥。因其早期强度较低，不宜用于早期强度要求高的工程。

（2）水化热低。由于水泥中熟料含量较少，水化放热高的 C_3S、C_3A 矿物含量较少，且二次反应速度慢，所以水化热低，此类水泥不宜用于冬期施工。但水化热低，不致引起混凝土内外温差过大，所以此类水泥适用于大体积混凝土工程。

（3）耐蚀性较好。此类水泥硬化后，在水泥石中 $Ca(OH)_2$、C_3A 含量较少，抵抗软水、酸类、盐类侵蚀的能力明显提高。此类水泥用于有一般侵蚀性要求的工程时，比硅酸盐水泥耐久性好。

（4）蒸汽养护效果好。在高温高湿环境中，蒸汽养护活性混合材料参与的二次反应会加速进行，强度提高幅度较大，效果好。

（5）抗碳化能力差。此类水泥硬化后的水泥石碱度低、抗碳化能力差，对防止钢筋锈蚀不利，不宜用于重要钢筋混凝土结构和预应力混凝土。

（6）抗冻性、耐磨性差。与硅酸盐水泥相比，此类水泥的抗冻性、耐磨性差，不适用于受反复冻融作用的工程和有耐磨性要求的工程。

2. 各自特性

（1）矿渣水泥。矿渣为玻璃态的物质，难磨细，对水的吸附能力差，故矿渣水泥保水性差、泌水性大。在混凝土施工中由于泌水而形成毛细管通道及水囊，水分的蒸发又容易引起干缩，影响混凝土的抗渗性、抗冻性及耐磨性等。由于矿渣经过高温，矿渣水泥硬化后氢氧化钙的含量又比较少，因此矿渣水泥的耐热性比较好。

（2）火山灰质水泥。火山灰质混合材料的结构特点是疏松多孔，内比表面积大。火山灰质水泥的特点是易吸水、易反应。在潮湿的条件下养护，可以形成较多的水化产物，水泥石结构致密，从而具有较高的抗渗性和耐水性。如处于干燥环境中，所吸收的水分会蒸发，体积收缩，产生裂缝。因此，火山灰质水泥不宜用于长期处于干燥环境和水位变化区的混凝土工程。火山灰质水泥抗硫酸盐性能随成分而异，如活性混合材料中氧化铝的含量较多，熟料中又含有较多的 C_3A 时，其抗硫酸盐能力较差。

（3）粉煤灰水泥。粉煤灰与其他天然火山灰相比，结构较致密，内比表面积小，有很多球形颗粒，吸水能力较弱。因此，粉煤灰水泥需水量比较低、抗裂性较好，尤其适合于大体积水工混凝土以及地下和海港工程等。

五、复合硅酸盐水泥

复合硅酸盐水泥简称复合水泥，代号为 P·C。复合水泥中混合材料总掺量按质量分数应大于 20%且不超过 50%。水泥中允许用不超过 8%的窑灰代替部分混合材料，掺入矿渣时，混合材料掺量不得与矿渣硅酸盐水泥重复。

（一）复合硅酸盐水泥的技术要求

《通用硅酸盐水泥》（GB 175—2007）中规定的技术要求主要有以下几个。

（1）细度。以筛余表示，80 μm 方孔筛，筛余不得超过 10.0%；45 μm 方孔筛，筛余不得超过 30%。

（2）凝结时间。初凝不得早于 45 分钟，终凝不得迟于 600 分钟。

（3）安定性。用沸煮法检验必须合格。

（4）强度等级。强度等级分为 32.5、32.5R、42.5、42.5R、52.5、52.5R。

（二）复合硅酸盐水泥的性能

复合水泥中掺入两种或两种以上混合材料，可以明显改善水泥性能，如单掺矿渣，水泥浆容易泌水；单掺火山灰质，往往水泥浆黏度大；两者混掺则水泥浆工作性好，有利于施工。若掺入惰性石灰石，则可起微集料作用。复合水泥早期强度高于矿渣水泥、火山灰质水泥和粉煤灰水泥，与普通水泥相同甚至略高，其他性质与矿渣水泥、火山灰质水泥相近或略好。其使用范围一般与掺入大量混合材料的其他水泥相同。

第三节　装饰用水泥

一、白色硅酸盐水泥

白色硅酸盐水泥是由氧化铁含量少的硅酸盐水泥熟料、适量石膏及混合材料，磨细制成的水硬性胶凝材料，简称"白水泥"，代号 P·W。

（一）材料要求

（1）白色硅酸盐水泥熟料。以适当成分的生料烧至部分熔融，所得以硅酸钙为主要成分，氧化铁含量少的熟料。

熟料中氧化镁的含量不宜超过 5.0%；如果水泥经压蒸安定性试验合格，那么熟料中氧化镁的含量允许放宽到 6.0%。

（2）石膏。天然石膏：符合规定的 G 类或 A 类二级（含）以上的石膏或硬石膏。工业副产石膏：工业生产中以硫酸钙为主要成分的副产品。采用工业副产石膏时应经过试验证明对水泥性能无影响。

（3）混合材料。混合材料是指石灰石或窑灰。混合材料掺量为水泥质量的 0%～10%。石灰石中的三氧化二铝含量应不超过 2.5%。

（4）助磨剂。水泥粉磨时允许加入助磨剂，加入量应不超过水泥质量的 1%。

（二）生产工艺

白色硅酸盐水泥的生产工艺与硅酸盐水泥相似，其区别在于降低熟料中氧化铁的含量。此外对于其他着色氧化物的含量也要加以控制。硅酸盐水泥通常呈灰黑色，主要是由熟料中氧化铁的含量所引起的，随着氧化铁含量的高低，水泥熟料的颜色就发生变化，如表 2-3 所示。

表 2-3 水泥熟料中氧化铁含量与水泥熟料颜色的关系

水泥熟料中 Fe_2O_3	3~4	0.45~0.70	0.35~0.45
熟料颜色	暗灰色	淡绿色	白色（略带淡绿色）

（三）技术要求

（1）白色硅酸盐水泥物理化学指标如表 2-4 所示。

表 2-4 白色硅酸盐水泥物理化学指标

项目	三氧化硫含量	细度（80 μm 方孔筛余余量）	凝结时间		安定性（沸煮法）	白度值
			初凝	终凝		
指标	≤3.5%	≤10%	≥45 分钟	10 小时	合格	≥87

（2）白色硅酸盐水泥强度等级分为 32.5、42.5、52.5。水泥强度等级按规定的抗压强度和抗折强度来划分，各强度等级的各龄期强度应不低于如表 2-5 所示的数值。

表 2-5 白色硅酸盐水泥强度

单位：MPa

强度等级	抗压强度		抗折强度	
	3d	28d	3d	28d
32.5	12.0	32.5	3.0	6.0
42.5	17.0	42.5	3.5	6.5
52.5	22.0	52.5	4.0	7.0

（四）白水泥白度测定

（1）仪器。白度仪、标准白板和工作白板；标准白板采用氧化镁标准白板。

（2）试样板的制备。从按规定方法取得的样品中取出测定白度的试样。试样应装入带有磨口塞的玻璃瓶中或用双导塑料袋严密包装，质量不得少于 200 g。称取白水泥试样适量放入压样器中，压制成表面平整的试样板，不得有裂缝和污点。每个试样同时压制三块试样板。

（3）试验。将压制好的白板置于白度仪中，测量其对红、绿、蓝三原色光的反射率，以此反射率与氧化镁标准反射率相比的百分率表示。

（4）白度计算。

试样白度（W）按式（2-12）计算：

$$W = \frac{B_{480} + G_{520} + R_{620}}{3} \tag{2-12}$$

式中 W——试样的白度，%；

B_{480}——蓝光绝对反射比；

G_{520}——绿光绝对反射比；

R_{620}——红光绝对反射比。

白度结果以三块试样板平均值计算，取小数点后一位。当三块试样板的白度值中有一个超过平均值的±0.5时，应予剔除，以其余两个测定值的平均值作为白度结果；如有两个超过平均值的±0.5时，应重做测定，白度测定的允许误差为±0.5。

二、彩色水泥

（一）彩色水泥的生产

生产彩色水泥的常用方法是将硅酸盐水泥熟料、适量石膏与碱性矿物颜料共同磨细，也可用颜料与水泥粉直接混合制成。彩色水泥的生产方法有两种：间接法和直接法生产。

1. 间接生产法

间接生产法是指白色硅酸盐水泥或普通硅酸盐水泥在粉磨时（或现场使用时）将彩色颜料掺入，混匀成为彩色水泥。常用的颜料有氧化铁（红、黄、褐红）、氧化锰（黑、褐色）、氧化铬（绿色）、赭石（赭色）、群青（蓝色）和炭黑（黑色）等。制造红、褐、黑色较深的彩色水泥，一般用硅酸盐水泥熟料；浅色的彩色水泥，一般用白色硅酸盐水泥熟料。颜料必须着色性强，不溶于水，分散性好，耐碱性强，对光和大气稳定性好，掺入后不能显著降低水泥的强度。间接生产法较简单，水泥色彩较均匀，颜色较多，但颜料用量较大。

2. 直接生产法

直接生产法是指在白水泥生料中加入着色物质，煅烧成彩色水泥热料，然后再加适量石膏磨细制成彩色水泥。着色物质为金属氧化物或氢氧化物，颜色深浅随着色剂掺量（0.1%～2.0%）而变化。

直接生产法着色剂用量少，有时可使用工业副产品，成本较低，但目前生产的色泽有限，窑内气体变化会造成熟料颜色不均匀。由彩色熟料磨制成的彩色水泥，在使用过程中会因彩色熟料矿物的水化易出现"白霜"，使颜色变淡。

（二）彩色水泥的应用

1. 配制彩色水泥浆

彩色水泥浆是以各种彩色水泥为基料，掺入适量氧化钙促凝剂和皮胶液胶结料配制成的刷浆材料。可作为彩色水泥涂料用于建筑物内、外墙、顶棚和柱子的粉刷，还广泛应用于贴面装饰工程的擦缝和勾缝工序，具有很好的辅助装饰效果。

2. 配制彩色混凝土

彩色混凝土是以白色、彩色水泥为胶凝材料，加入适当品种的骨料制得白色、彩色混凝土，根据不同的施工工艺可达到不同的装饰效果。也可制成各种制品，如彩色砌块、彩色水泥砖等。

3. 配制彩色水泥砂浆

彩色水泥砂浆是以各种彩色水泥与细骨料配制而成的装饰材料，主要用于建筑物内、外墙装饰。

本 章 小 结

本章主要介绍了通用硅酸盐水泥、掺混和材料的硅酸盐水泥和装饰用水泥。

1. 通用硅酸盐水泥。通用硅酸盐水泥是一般土木工程通常采用的水泥，其是以硅酸盐水泥熟料和适量的石膏及规定的混合材料制成的水硬性胶凝材料，包括硅酸盐水泥、普通硅酸盐水泥、矿渣硅酸盐水泥、火山灰硅酸盐水泥、粉煤灰硅酸盐水泥和复合硅酸盐水泥。

2. 掺混和材料的硅酸盐水泥。掺混合材料的硅酸盐水泥是由硅酸盐水泥熟料，加入适量混合材料及石膏共同磨细而制成的水硬性胶凝材料。

3. 装饰用水泥。白色硅酸盐水泥简称白水泥，是由氧化铁含量少的硅酸盐水泥熟料、适量石膏及混合材料，白水泥具有可调色的特征，并具有一般水泥的特性。彩色水泥的生产方式有两种：间接法和直接法生产。常用的方法是将硅酸盐水泥熟料（白色水泥熟料和普通水泥熟料）、适量石膏与碱性抗物颜料共同磨细，也可用颜料与水泥粉直接混合制成。

彩色水泥主要用于建筑物内外的装饰，如地面、楼面、墙柱、台阶和建筑里面的线条、装饰图案、雕塑等。配以彩色大理石、白云石石子和石英石砂为粗、细骨料，可拌制成彩色砂浆和混凝土，制成水磨石、水刷石、斩假石等饰面，能起到艺术装饰的效果。

复 习 思 考 题

1. 通用硅酸盐水泥有哪几种分类方法？
2. 普通硅酸盐水泥的技术要求有哪些？
3. 简述水泥生产的过程。
4. 简述水泥的腐蚀和防治方法。
5. 水泥的验收包括哪几个方面？
6. 矿渣、火山灰质、粉煤灰硅酸盐水泥的技术要求有哪些？
7. 复合硅酸盐水泥的技术要求有哪些？
8. 彩色水泥的用途有哪些？

第三章　建筑装饰玻璃

【学习目标】

➢ 能够掌握玻璃的分类、组成和特性
➢ 能够掌握平板玻璃、节能玻璃和玻璃装饰制品知识
➢ 能够了解玻璃幕墙工程装饰的构造和施工知识
➢ 能够掌握玻璃马赛克的基础知识

第一节　建筑装饰玻璃基本知识

玻璃是一种透明的半固体，半液体物质，在熔融时形成连续网络结构，冷却过程中黏度逐渐增大并硬化而不结晶的硅酸盐类非金属材料。普通玻璃化学氧化物的组成（$Na_2O \cdot CaO \cdot 6SiO_2$），主要成分是二氧化硅。广泛应用于建筑物，用来隔风透光，属于混合物。另有混入了某些金属的氧化物或者盐类而显现出颜色的有色玻璃，和通过特殊方法制得的钢化玻璃等。有时把一些透明的塑料（如聚甲基丙烯酸甲酯）也称作有机玻璃。

玻璃是建筑工程中一种装修材料，具有透光、透视、隔绝空气流通、隔音和隔热保温等性能。建筑工程中应用的玻璃种类很多，有平板玻璃、磨砂玻璃、磨光玻璃及钢化玻璃等，其中平板玻璃应用最广。随着人们生活水平的提升，玻璃越来越多地被应用在了建筑装饰之中。玻璃的主要化学成分是二氧化硅、氧化钙、氧化钠以及少量的氧化镁和氧化锦等。这些氧化物可以改善玻璃的性能并由此来满足不同的建筑内外需求。

玻璃的主要原料包括纯碱、石灰石、石英砂和长石等。加工玻璃时，先将原料进行粉碎，按适当的比率混合，经过 1 550 ℃～1 600 ℃的高温熔铸成型后，再急冷而制成固体材料。

一、玻璃的分类

玻璃按主要化学成分通常分为氧化物玻璃和非氧化物玻璃。非氧化物玻璃的品种和数量很少，主要有硫系玻璃和卤化物玻璃。氧化物玻璃又分为硅酸盐玻璃、硼酸盐玻璃和磷酸盐玻璃等。硅酸盐玻璃指基本成分为二氧化硅的玻璃，其品种多，用途广。

通常按玻璃中二氧化硅以及碱金属和碱土金属氧化物的不同含量，又分为石英玻璃、高硅氧玻璃、钠钙玻璃、铝硅酸盐玻璃、铅硅酸盐玻璃和硼硅酸盐玻璃；按性能特点又分为平板玻璃、装饰玻璃、节能玻璃、安全玻璃和特种玻璃等；按生产工艺可分为普通平板玻璃、浮法玻璃、钢化玻璃、压花玻璃、夹丝玻璃、中空玻璃、彩色玻璃、吸热玻璃、热反射玻璃、磨砂玻璃、电热玻璃和夹层玻璃等。

玻璃的种类很多,按玻璃的化学组成成分可分为钠玻璃、钾玻璃、铝镁玻璃、铅玻璃、硼硅玻璃和石英玻璃等。

按制造方法可将建筑玻璃分为平板玻璃、深加工玻璃和熔铸成形玻璃。

根据玻璃的功能和用途,还可以分为如表 3-1 所示的几类。

表 3-1　建筑玻璃按功能和用途分类

类别	玻璃品种
平板玻璃	普通平板玻璃、高级平板玻璃(浮法玻璃)
声、光、热控制玻璃	热反射膜镀膜玻璃、低辐射镀膜玻璃、导电膜镀膜玻璃、磨砂玻璃、喷砂玻璃、压花玻璃、中空玻璃、泡沫玻璃、玻璃空心砖
安全玻璃	夹丝玻璃、夹层玻璃、钢化玻璃
装饰玻璃	彩色玻璃、压花玻璃、磨花玻璃、喷花玻璃、冰花玻璃、刻花玻璃、磨光玻璃、镜面玻璃、彩釉钢化玻璃、玻璃大理石、激光玻璃
特种玻璃	防辐射玻璃(铅玻璃)、防盗玻璃、电热玻璃、防火玻璃
玻璃纤维及制品	玻璃棉、毡、板,玻璃纤维布、带、纱等

二、玻璃的特性

根据种类不同,玻璃有不同的特性。

(一)镜片

(1)良好的透视、透光性能(3 mm、5 mm 厚的净片玻璃的可见光透射比分别为87%和84%)。对太阳光中近红外热射线的透过率较高,但对可见光折射到室内墙顶地面和家具、织物而反射产生的远红外长波热射线却有效阻挡,故可产生明显的"暖房效应"。净片玻璃对太阳光中紫外线的透过率较低。

(2)隔声、有一定的保温性能。

(3)抗拉强度远小于抗压强度,是典型的脆性材料。

(4)有较高的化学稳定性。通常情况下,对酸碱盐及化学试剂或气体都有较强的抵抗能力,但长期遭受侵蚀性介质的作用也能导致变质和破坏,如玻璃的风化和发霉都会导致外观破损和透光性能降低。

(5)热稳定性较差,极冷极热均容易发生炸裂。

(二)装饰

(1)彩色平板玻璃可以拼成各类图案,并有耐腐蚀抗冲刷、易清洗等特点。

(2)釉面玻璃具有良好的化学稳定性和装饰性。

(3)压花玻璃、喷花玻璃、乳花玻璃、刻花玻璃、冰花玻璃根据各自制作花纹的工艺不同,各有不同色彩、观感、光泽效果,富有装饰性。

(三)安全

(1)钢化玻璃机械强度高、弹性好、热稳定性好、碎后不易伤人、可发生自爆。

（2）夹丝玻璃受冲击或温度骤变后碎片不会飞散；可短时防止火焰蔓延；有一定的防盗、防抢作用。

（3）夹层玻璃透明度好、抗冲击性能高、夹层 PVB 胶片粘合作用保护碎片不散落伤人、耐久、耐热、耐湿、耐寒性高。

（四）装饰性

（1）着色玻璃有效吸收太阳辐射热，达到蔽热节能效果；吸收较多可见光，使透过的光线柔和；较强吸收紫外线，防止紫外线对室内影响；色泽艳丽耐久，增加建筑物外形美观。

（2）镀膜玻璃保温隔热效果较好，易对外面环境产生光污染。

（3）中空玻璃光学性能良好、保温隔热性能好、防结露、具有良好的隔声性能。

三、玻璃的基本性质

玻璃的基本性质主要包括玻璃的密度、玻璃的光学性质、玻璃的热工性质、玻璃的力学性质和玻璃的化学性质。

（一）玻璃的密度

玻璃内几乎无孔隙，属于致密材料。其密度与化学成分有关，含有重金属离子时密度较大，含大量氧化铅的玻璃密度可达 $6\,500\,kg/m^3$，普通玻璃的密度为 $2\,500\sim2\,600\,kg/m^3$。

（二）玻璃的光学性质

当光线入射玻璃时，可分为透射、吸收和反射三部分。透光能力的大小，以可见光透射比表示。对光的反射能力，以反射比表示。对光线的吸收能力，用吸收比表示。它们的值分别为透射、反射和吸收的光能占入射光总能量的百分比，其和为 100%。

（三）玻璃的热工性质

玻璃的热工性质主要是指其导热性、热膨胀性和热稳定性。玻璃是热的不良导体，玻璃的比热一般为 $(0.33\sim1.05)\times10^3J/(g\cdot K)$。在通常情况下，玻璃的比热随温度升高而增加，它还与化学成分有关，当含 Li_2O、SiO_2、B_2O_3 等氧化物时比热增大；含 PbO、BaO 时其值降低。

玻璃的热膨胀性比较明显，不同成分的玻璃热膨胀性差别很大。可以制得与某种金属膨胀性相近的玻璃，以实现与金属之间紧密封接。玻璃的热稳定性主要受热膨胀系数影响，玻璃热膨胀系数越小，热稳定性越高。此外，玻璃越厚、体积越大，热稳定性越差；带有缺陷的玻璃，特别是带结石、条纹的玻璃，热稳定性也差。

（四）玻璃的力学性质

玻璃的抗压强度高，一般可达 $600\sim1\,200$ MPa。而抗拉强度很小，为 $40\sim80$ MPa。故玻璃在冲击力作用下易破碎，是典型的脆性材料。

玻璃的弹性模量受温度的影响很大，玻璃在常温下具有弹性，普通玻璃的弹性模量为 $(6\sim7.5)\times10^4$ MPa，为钢的 1/3，而与铝相接近。但随着温度升高，弹性模量下降，出现塑性变形。一般玻璃的莫氏硬度为 $6\sim7$。

（五）玻璃的化学性质

玻璃具有较高的化学稳定性，通常情况下，对酸、碱以及化学试剂或气体等具有较强的抵抗能力，并能抵抗氢氟酸以外的各种酸类的侵蚀。但是长期受到侵蚀介质的腐蚀，也能导致玻璃损坏，如风化、发霉等都会导致玻璃外观的破坏和透光能力的降低。

四、玻璃的工艺

玻璃的生产工艺主要包括以下几方面。

（1）原料预加工。将块状原料粉碎，使潮湿原料干燥，对含铁原料进行除铁处理，从而保证玻璃的质量。

（2）配合料制备。

（3）熔制玻璃配合料。在池窑或坩埚内进行高温加热，使之形成无气泡、均匀，并符合成型要求的液态玻璃。

（4）成型。将液态坡璃加工成所需的形状，如平板、各种器皿等。

（5）热处理。通过淬火、退火等工艺，消除玻璃内部的应力，产生分相或晶化，改变玻璃的结构状态。

五、玻璃安装和使用中的注意事项

玻璃安装和使用中注意事项如下。

（1）玻璃在运输过程中，务必要注意固定并加软护垫。一般建议采用竖立的方法运输。运输车辆在行驶过程中也应该注意保持中慢速，以保证稳定的行驶状态。

（2）安装玻璃的另一面需要封闭的，应注意在安装前清洁好表面。最好使用专用的玻璃清洁剂，待其干透后检验没有污痕方可安装，安装时最好使用干净的建筑手套。

（3）玻璃要使用硅酮密封胶进行固定安装，在窗户等安装中，还需要与橡胶密封条等配合使用。

（4）在安装完毕后，要注意加贴防撞标志，一般可以用不干贴、彩色电工胶布等予以提示。

第二节　平板玻璃

平板玻璃是指未经其他加工的平板玻璃制品，也称白片玻璃或净片玻璃。具有透光、隔热、隔声、耐磨和耐气候变化的特点，有的还有保温、吸热和防辐射等特性。按生产方法的不同，可分为无色透明平板玻璃和本体着色平板玻璃。平板玻璃主要用于一般建筑的门窗，起采光、围护、保温和隔声作用，同时也是深加工为具有特殊功能玻璃的基础材料，是建筑玻璃中生产量最大、使用最多的一种。

一、平板玻璃的分类

按厚度可分为薄玻璃、厚玻璃、特厚玻璃；按表面状态可分为普通平板玻璃、压花玻璃、磨光玻璃、浮法玻璃等。平板玻璃还可以通过着色、表面处理、复合加工等工艺制成具有不同色彩和各种特殊性能的制品，如吸热玻璃、热反射玻璃、选择吸收玻璃、中空玻璃、钢化玻璃、夹层玻璃、夹丝网玻璃、颜色玻璃等。

普通平板玻璃：即窗玻璃，一般指用有槽垂直引上、平拉、无槽垂直引上及旭法等工艺生产的平板玻璃。根据国家标准《平板玻璃》（GB11614—2009）的规定，净片玻璃按其公称厚度可分为 2 mm、3 mm、5 mm、6 mm、8 mm、10 mm、12 mm、15 mm、19 mm、22 mm 和 25 mm，共 11 种规格。用于一般建筑、厂房、仓库等，也可用于加工成毛玻璃、彩色釉面玻璃等，厚度在 5 mm 以上的可以作为生产磨光玻璃的毛坯。

常见平板有磨光玻璃和浮法玻璃，是用普通平板玻璃经双面磨光、抛光或采用浮法工艺生产的玻璃。一般用于民用建筑、商店、饭店、办公大楼、机场、车站等建筑物的门窗、橱窗及制镜等，也可用于加工制造钢化、夹层等安全玻璃。

二、平板玻璃的特性

（1）平板玻璃具有良好的透视，透光性能好（3 mm 和 5 mm 厚的无色透明平板玻璃的可见光透射比分别为 88%和 86%），对太阳中近红热射线的透过率较高，但对可见光甚至室内墙顶地面和家具、织物而反射产生的远红外长波热射线却有效阻挡，故可产生明显的"暖房效应"。无色透明平板玻璃对太阳光中紫外线的透过率较低。

（2）平板玻璃具有隔声和保温性能，抗拉强度远小于抗压强度，是典型的脆性材料。

（3）平板玻璃具有较高的化学稳定性，通常情况下，对酸、碱、盐及化学试剂及气体有较强的抵抗能力，但长期遭受侵蚀介质的作用也能导致质变和损坏，如玻璃的风化和发霉都会导致外观的损坏和透光能力的降低。

（4）平板玻璃热稳性较差，急冷、急热易发生爆裂。

三、平板玻璃的生产工艺

玻璃的生产主要由选料、混合、熔融、成型、煺火等工序组成。普通平板玻璃的成形均用机械拉制，通常采用的是垂直引上法和浮法。垂直引上法是我国生产玻璃的传统方法，它是利用引拉机械从玻璃溶液表面垂直向上引拉成玻璃带，再经急冷而成。其主要缺点是产品易产生波纹和波筋。采用浮法工艺的成型过程是在通入保护气体（N_2 及 H_2）的锡槽中完成的，是现代最先进的平板玻璃生产办法，它具有产量高、质量好、品种多、规模大、生产效率高和经济效益好等优点。

四、平板玻璃的透射比

光线在透过平板玻璃时，一部分被玻璃表面反射，一部分被玻璃吸收，从而使透过光线的强度降低。平板玻璃的透射比用式（3-1）表示：

$$\tau = \frac{\phi_2}{\phi_1} \qquad (3\text{-}1)$$

式中　τ——玻璃的透射比；

ϕ_1——光线透过玻璃前的光通量；

ϕ_2——光线透过玻璃后的光通量。

无色透明玻璃可见光透射比最小值如表 3-2 所示。

表 3-2　无色透明平板玻璃可见光透射比最小值

公称厚度/mm	可见光透射比最小值/%
2	89
3	88
4	87
5	86
6	85
8	83
10	81
12	79
15	76
19	72
22	69
25	67

五、平板玻璃的用途

平板玻璃的用途有两个方面：3～5 mm 厚的平板玻璃一般直接用于门窗的采光，8～12 mm 厚的平板玻璃可用于隔断、制作玻璃构件。另外的一个重要用途是作为钢化、夹层、镀膜、中空等深加工玻璃的原片。

普通建筑玻璃分为普通平板玻璃和装饰平板玻璃。其中，普通平板玻璃包括引上法普通平板玻璃、平行引拉法普通玻璃和浮法玻璃；装饰平板玻璃包括毛玻璃、彩色玻璃、花纹玻璃、印刷玻璃、冰花玻璃、镭射玻璃等。

问题：某大型综合医院装修工程，由于房屋对光线的要求各有不同，所以对玻璃的要求也有严格要求。普通建筑玻璃的分类有哪些？并简述其特点。

答：普通建筑玻璃分为普通平板玻璃和装饰平板玻璃。其中普通平板玻璃包括引上法普通平板玻璃、平行引拉法普通玻璃和浮法玻璃；装饰平板玻璃包括毛玻璃、彩色玻璃、花纹玻璃、印刷玻璃、冰花玻璃、镭射玻璃等。

平板玻璃的特点如下。

（1）普通的平板玻璃。具有良好的透光透视性能，透光率可达 85% 左右，紫外线透光率较低，隔声，略具保温性能，有一定的机械强度，为脆性材料。

（2）浮法玻璃。表面平整光滑，厚度均匀，极小光学畸变，具有机械磨光玻璃的特点。

（3）毛玻璃。具有透光不透视，具有漫射光，可制成各种图案的特点。

（4）花纹玻璃。具有立体感强，图案丰富，透光不透视，具有漫射光，装饰效果好。

（5）印刷玻璃。特殊装饰效果。

（6）冰花玻璃。透光不透视，具有各种色彩。

（7）镭射玻璃。表面呈现艳丽色彩和图案，色彩又随入射光角度的改变而不断变化，产生一种梦幻般的感觉。

第三节　节　能　玻　璃

节能玻璃包括中空玻璃、吸热玻璃、热反射玻璃和低辐射镀膜玻璃等。

一、中空玻璃

中空玻璃是由两层或两层以上的平板玻璃原片构成，在玻璃原片与铝合金框和橡皮密封条四周，用高强气密性复合胶粘剂将其密封，中间充入干燥剂和干燥气体，还可敷贴涂抹各种颜色和性能的薄膜。

（一）中空玻璃的结构

中空玻璃的结构如图 3-1 所示。

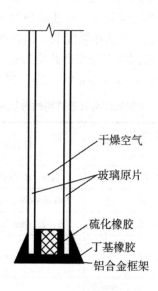

图 3-1　中空玻璃的构造图

中空玻璃原片可使用平板、压花、钢化、热反射、吸热或夹丝等玻璃。其制造方法为分焊接法、胶结法和熔接法三种。

（二）中空玻璃的规格及技术要求

中空玻璃一般为正方形或长方形，也可做成异形（如圆形或半圆形）等。中空玻璃的密封露点、紫外线照射、气候循环和高温、高湿性能按《中空玻璃》（GB/T11944—2002）进行检验，必须满足如表 3-3 所示的要求。

表 3-3　中空玻璃的性能要求

试验项目	试验条件	性能要求
密封	在试验压力低于环境气压（10±0.5）kPa，厚度增长必须≥0.8 mm。在该气压下保持 2.5 小时后，厚度增长偏差＜15%为不渗漏	全部试样不允许有渗漏现象
露点	将露点仪温度降低到≤-40℃，使露点仪与试样表面接触 3 分钟	全部试样内表面无结露或结霜
紫外线照射	紫外线照射 168 小时	试样内表面上不得有结露或污染的痕迹
气候循环及高温、高湿	气候试验经 320 次循环，高温、高湿试验经 224 次循环，试验后进行露点测试	总计 12 块试样，至少 11 块无结露或结霜

（三）中空玻璃的特点

（1）隔声性能。中空玻璃具有较好的隔声性能，一般可使噪声下降 30～40 dB，即能将街道汽车噪声降低到学校教室的安静程度。

（2）避免冬季窗户结露。在室内一定的相对湿度下，当玻璃表面达到某一温度时，出现结露，直至结霜（0 ℃以下）。这一结露的温度叫作露点。玻璃结露后将严重地影响透视和采光，并引起其他不良效果。中空玻璃的露点很低，在通常情况下，中空玻璃接触室内高湿度空气的时候，玻璃表面温度较高，而外层玻璃虽然温度低，但接触的空气湿度也低，所以不会结露。

（3）隔热性能好。中空玻璃内密闭的干燥空气是良好的保温隔热材料。其导热系数与常用的 3～6 mm 单层透明玻璃相比大大降低。如表 3-4 所示是中空玻璃与其他材料的导热系数的比较。

表 3-4　中空玻璃与其他材料的导热系数的比较

材料名称	导热系数 /[W·(m·K)⁻¹]	材料名称	导热系数 /[W·(m·K)⁻¹]
3 mm 透时平板玻璃	6.45	100 mm 厚混凝土墙	3.26
5 mm 透明平板玻璃	6.34	240 mm 厚一面抹灰砖墙	2.09
6 mm 透明平板玻璃	6.28	20 mm 厚木板	2.67
12 mm 双层透明中空玻璃	3.59	21 mm 三层透明中空玻璃	2.67
22 mm 双层透明中空玻璃	3.17	33 mm 三层透明中空玻璃	2.43

（四）中空玻璃的用途

中空玻璃具有优良的隔热、隔声和防结露性能。在建筑的维护结构中可代替部分围护墙，并以中空玻璃单层窗取代传统的单层玻璃窗，可有效地减轻墙体重量。中空玻璃主要用于需要采暖、空调、防噪声、控制结露、调节光照等建筑物上，或要求较高的建筑场所如宾馆、住宅、医院、商场、写字楼等，也可用于需要空调的车、船的门窗等处。但中空玻璃是在工厂按尺寸生产的，现场不能切割加工，所以使用前必须先选好尺寸。

二、吸热玻璃

吸热玻璃是能吸收大量红外线辐射能并保持较高可见光透过率的平板玻璃。生产吸热玻璃的方法有两种：一种是在普通钠钙硅酸盐玻璃的原料中加入一定量的有吸热性能的着色剂；另一种是在平板玻璃表面喷镀一层或多层金属或金属氧化物薄膜而制成。

吸热玻璃有灰色、茶色、蓝色、绿色、古铜色、青铜色、粉红色和金黄色等。我国目前主要生产前三种颜色的吸热玻璃，厚度有 2 mm、3 mm、5 mm、6 mm 四种。吸热玻璃还可以进一步加工制成磨光、钢化、夹层或中空玻璃。

（一）吸热玻璃的特点

吸热玻璃的特点主要有以下几个。

（1）吸收太阳辐射热。如 6 mm 厚的透明浮法玻璃，在太阳光照下总透过热为 84%，而同样条件下吸热玻璃的总透过热量为 60%。吸热玻璃的颜色和厚度不同，对太阳辐射热的吸收程度也不同。

（2）吸收太阳可见光。减弱太阳光的强度，起到反眩作用。

（3）具有一定的透明度，能吸收一定的紫外线。由于上述特点，吸热玻璃已广泛用于建筑物的门窗、外墙以及用作车、船挡风玻璃等，起到隔热、防眩、采光及装饰等作用。吸收一部分太阳可见光使刺目的阳光变得柔和，起防眩作用。

我国对 5 mm 不同颜色吸热玻璃要求的可见光透过率和太阳光直接透过率如表 3-5 所示。

表 3-5　吸热玻璃的透过率

颜色	可见光透过率/%	太阳光直接透过率/%
茶色	≥45	≤60
灰色	≥30	≤60
蓝色	≥50	≤70

（二）常用吸热玻璃的研制

1. 中性灰色或青铜色的吸热玻璃

所谓中性灰色吸热玻璃，过去是使普通钠钙玻璃含有吸热成分的 Fe_2O_3，因而生产的玻璃呈绿色，为了使其呈中性化，要在玻璃组成中添加适当比例的 CaO、NiO 和 Se 等成分。用浮法生产平板玻璃时，由于在还原环境中为了保护熔融的金属槽，玻璃成分中的 NiO 的大部分被锡槽的还原性保护气体所还原，因此在玻璃板中残留有黑色缺陷。

为此应减少或完全不用 NiO，而使 Fe_2O_3、CaO 和 Se 三种成分达到平衡，即可制成中性灰色的微晶玻璃。

2. 蓝灰色的吸热玻璃

蓝灰色吸热玻璃具有控制阳光和热能辐射透过的性能，其色泽典雅、光线柔和，给人以幽静舒适之感，特别适用于热带和亚热带地区。安装此种玻璃后，在室内有一种清爽、素雅古朴之感。在家俱领域内用途也较广，近年来在国际国内市场上用户开始有所认识。目前，这种玻璃在东南亚地区应用非常广泛。

按蓝灰色吸热玻璃所要求的性质和颜色来看，铁、钴、镍、硒、铬能够具备吸热和着色的条件，这些元素除硒外在玻璃中均属于离子着色。

为使玻璃具有良好的吸热性能和呈现出满意的颜色，二价铁的吸收主要在 1 100～1 500 nm 处，产生红外吸收；钴的最大吸收峰在 600～700 nm 处，使玻璃着成蓝色；镍主要在 400～500 nm 处有一最大吸收峰，使玻璃呈灰色或棕色；硒在 500 nm 附近产生吸收呈现粉红色；铬在玻璃中以 Cr^{6+} 和 Cr^{3+} 两种形式存在。$Cr6+$ 使玻璃着成黄色，Cr^{3+} 使玻璃着翠绿色，两种铬离子间的平衡使玻璃产生黄绿色。这几种物质在玻璃中的组合，能使玻璃的颜色更为典雅、柔和。

铁是以 Fe^{2+} 离子和 Fe^{3+} 离子两种状态同时存在于玻璃中。因为 Fe^{2+} 离子在红外区 1 000 nm 处产生吸收，可以大量吸收太阳能辐射热，所以在蓝灰色吸热玻璃中应尽量使铁以 Fe^{2+} 离子状态存在。理论上虽如此，但实际在玻璃中 Fe^{2+} 和 Fe^{3+} 的比例是根据熔化时的环境而定的。

三、热反射玻璃

热反射玻璃是在普通平板玻璃的表面用一定的工艺将金、银、铝、铜等金属氧化物喷涂上去形成金属薄膜，或用电浮法、等离子交换法向玻璃表面渗入金属离子替换原有的离子而形成薄膜，又称阳光控制镀膜玻璃。

生产这种镀膜玻璃的方法有热分解法、喷涂法、浸涂法、金属离子迁移法、真空镀膜、真空磁控溅射法、化学浸渍法等。

热反射玻璃与本体着色平板玻璃（吸热玻璃）的区分可用下式表示：

$$S＝A/B \tag{3-2}$$

式中　A——玻璃整个光通量的吸收系数；

　　　B——玻璃整个光通量的反射系数。

注：当 S＞1 时为本体着色平板玻璃，当 S＜1 时为热反射玻璃。

（一）热反射玻璃的规格及技术性能

热反射玻璃常用厚度为 6 mm，尺寸规格有 1 600 mm×2 100 mm、1 800 mm×2 000 mm 和 2 100 mm×3 600 mm 等。热反射玻璃的光学、热工性能如表 3-6 所示。

表 3-6　热反射玻璃光学、热工性能

性能		指标	性能	指标
紫外光	透光率	0.08	遮蔽系数	0.48
	反射率	0.47	冬天 U 值 ［W・（m・K）$^{-1}$］	0.49
可见光	透光率	0.12	夏天 U 值 ［W・（m・K）$^{-1}$］	0.57
	反射率	0.55	相对增热	104
热辐射	透光率	0.11	隔音平均/dB	29
	反射率	0.59	热风压强度	与透明浮法玻璃相同
	吸收率	0.30		

注：玻璃厚度为 5 mm。

热反射玻璃性能要求如表 3-7 所示。

表 3-7　热反射玻璃的技术性能

项目	指标
反射率高	200～2500 mm 的光谱反射率高于 30%，最大可达 60%
耐擦洗性好	用软纤维或动物毛刷任意刷洗，涂层无明显改变
耐急冷急热性好	在 −40～50℃温度变化范围内急冷急热涂层无明显改变
化学稳定性好	在 5%的 HCl 溶液或 5%的 NaOH 溶液中浸泡 24 小时，表面涂层无明显改变

（二）热反射玻璃的分类

热反射玻璃从颜色上分有灰色、青铜色、茶色、金色、浅蓝色、棕色、古铜色和褐色等，从性能结构上分有热反射、减反射、中空热反射和夹层热反射玻璃等。

（三）热反射玻璃的用途

热反射玻璃具有良好的节能和装饰效果，主要用于避免由于太阳辐射而增热及设置空调的建筑。适用于各种建筑物的门窗、汽车和轮船的玻璃窗、玻璃幕墙以及各种艺术装饰。采用热反射玻璃还可制成中空玻璃或夹层玻璃窗，以提高其绝热性能。如用热反射玻璃与透明玻璃组成带空气层的隔热玻璃幕墙，其遮蔽系数仅有 0.1 左右。这种玻璃幕墙的导热系数约为 1.74 W/（m·K），比一砖厚两面抹灰的砖墙保温性还好。但热反射玻璃幕墙使用不恰当或使用面积过大会造成光污染和建筑物周围温度升高，影响环境的和谐。

（四）热反射玻璃的性能

（1）对太阳辐射热有较强的反射能力。普通平板玻璃的辐射热反射率为 7%～8%，而热反射玻璃可达 30%左右。

（2）具有单向透像的特性。热反射玻璃表面的金属膜极薄，使它在迎光面具有镜子的特性，而在背光面则又像窗玻璃那样透明。当人们站在镀膜玻璃幕墙建筑物前，展现在眼前的是一幅连续的反映周围景色的画面，却看不到室内的景象，对建筑物内部起到遮蔽及帷幕的作用，因此建筑物内可不设窗帘。

但当进入内部时，人们看到的是内部装饰与外部景色融合在一起，形成一个无限开阔的空间。热反射玻璃具有以上两种优秀的特性，为建筑设计的创新和立面设计的灵活性提供了极佳的条件。

（五）热反射玻璃的特点

（1）对光线的反射和遮蔽作用（也称阳光控制能力）。热反射玻璃对可见光的透过率在 20%～65%的范围内，它对阳光中热作用强的红外线和近红外线的反射率可高达 50%，而普通玻璃只有 15%。这种玻璃可在保证室内采光柔和的条件下，有效地屏蔽进入室内的太阳辐射能。

（2）单向透像性。镀金属膜的热反射玻璃，具有单向透像的特性。镀膜热反射玻璃的表面金属层极薄，使它的迎光面具有镜子的特性，而在背面侧又如窗玻璃那样透明。即在白天能在室内看到室外景物，而在室外却看不到室内的景象，对建筑物内部起到遮蔽及帷幕的作用。而在晚上的情形则相反，室内的人看不到外面，而室外却可清楚地看到室内。这对商店等的装饰很有意义。用热反射玻璃做幕墙和门窗，可使整个建筑变成一座闪闪发光的玻璃宫殿。热反射玻璃为建筑设计的创新和立面的处理、构图提供了良好的条件。

（3）镜面效应。热反射玻璃具有强烈的镜面效应。因此也称为镜面玻璃。用这种玻璃作玻璃幕墙，可将周围的景观及天空的云彩映射在幕墙之上，构成一幅绚丽的图画，使建筑物与自然环境达到完美和谐。

四、低辐射镀膜玻璃

低辐射镀膜玻璃是镀膜玻璃的一种，一般不单独使用，往往与平板玻璃、钢化玻璃等配合，制成高性能的中空玻璃。它有较高的透过率，可以使 70%以上的太阳可见光和近红外光透过，有利于自然采光，节省照明费用；但这种玻璃的镀膜具有很低的热辐射性，室内被阳光加热的物体所辐射的远红外光很难通过这种玻璃辐射出去，可以保持 90%的室内热量，因而具有良好的保温效果。此外，低辐射镀膜玻璃还具有较强的阻止紫外线透射的功能，可以有效地防止室内陈设物品、家具等受紫外线照射产生老化、褪色等现象。

低辐射镀膜玻璃的规格主要有：1 500 mm×900 mm，1 500 mm×1 200 mm，1 800 mm×750 mm，1 800 mm×1 200 mm，1 800 mm×1 600 mm，2 200 mm×1 250 mm。

（一）低辐射镀膜玻璃性能特点

（1）热学性能。具有良好的夏季隔热和冬季保温的特性，能有效地降低能耗。

（2）美学性能。膜层均匀、色彩丰富。

（3）具有隐形性能或单向透视功能。由于膜层的反射率高，人在室外 1 m 远的地方便看不到室内的人和物，室内的人却可以清楚地看到室外景物。

吸热玻璃、反射玻璃与 LOW－E 玻璃的投射曲线对比，如图 3-2 所示。

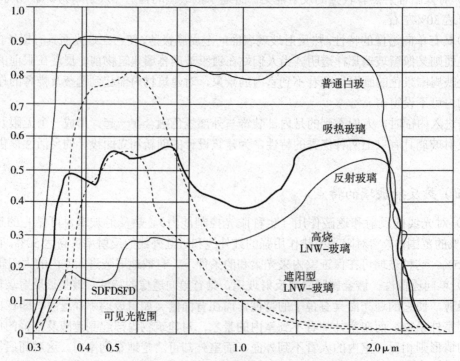

图 3-2　吸热玻璃、反射玻璃与 LOW－E 玻璃的投射曲线对比

（二）低辐射镀膜玻璃的种类

低辐射镀膜玻璃主要有高透型 LOW－E 玻璃、遮阳型 LOW－E 玻璃、双银型 LOW－E 玻璃和可钢化型 LOW－E 玻璃等。产品颜色有无色透明、海洋蓝、浅蓝、翡翠绿和金色等几十种，能满足各种建筑物的不同需求。

第四节　其他玻璃装饰制品

一、夹丝玻璃

夹丝玻璃也是安全玻璃的一种。它是将普通平板玻璃加热到红色热软化状态，再将通热处理后的钢丝网或钢丝压入玻璃中间而制成。钢丝网在夹丝玻璃中起增强作用，使其抗折强度和耐温度剧变性都比普通玻璃高，破碎时即使出现许多裂缝，但其碎片仍附着在钢丝网上，不至于四处飞溅而伤人。当遇到火灾时，由于具有破而不裂、裂而不散的特性，能有效地隔绝火焰，起到防火作用，因此又称为"防火玻璃"。

（一）夹丝玻璃的规格与种类

夹丝玻璃产品可分为夹丝压花玻璃和夹丝磨光玻璃两类。夹丝压花玻璃在一面压有花纹，因而透光而不透视；夹丝磨光玻璃是对其表面进行磨光的夹丝玻璃，可透光透视。夹丝玻璃的常用厚度有 6 mm、7 mm、10 mm，长度和宽度尺寸有 1 000 mm×800 mm、1 200 mm×900 mm、2 000 mm×900 mm、1 200 mm×1 000 mm、2 000 mm×1 000 mm 等。

（二）夹丝玻璃的特性

夹丝玻璃与普通平板玻璃相比，具有耐冲击性、耐热性及防火性好的优点，在外力作用和温度急剧变化时破而不缺、裂而不散，尤其是具有一定的防火性能。由于夹丝玻璃中镶嵌了金属物，实际上破坏了玻璃的均一性，降低了玻璃的机械强度。

（三）夹丝玻璃的应用

夹丝玻璃可以作为防火材料用于防火门窗，也可用于易受冲击的地方或者玻璃飞溅可能导致危险的地方，如建筑物的天窗、顶棚顶盖以及易受震动的门窗部位。彩色夹丝玻璃因其具有良好的装饰功能，可用于阳台、楼梯、电梯间等处。

二、夹层玻璃

夹层玻璃系两片或多片平板玻璃之间，用聚乙烯醇缩丁醛树脂胶片，经加热、加压、黏合而成的平面或曲面的复合玻璃制品。夹层玻璃也属于安全玻璃的一种。

（一）夹层玻璃的品种与规格

夹层玻璃的品种很多，建筑工程中常用的有减薄夹层玻璃、遮阳夹层玻璃、电热夹层玻璃、防弹夹层玻璃、玻璃纤维增强玻璃、报警夹层玻璃、防紫外线夹层玻璃、隔声玻璃等。夹层玻璃的层数分为 2、3、5、7 层等，最多可达 9 层。对于两层的夹层玻璃，原片厚度一般常用（2+3）mm、（3+3）mm、（5+5）mm 等，其弯曲度不可超过 0.3%。

（二）夹层玻璃的特性

由于夹层玻璃的原片一般采用平板玻璃、钢化玻璃或热反射玻璃等制成，因此，夹层玻璃的透明度好，抗冲击性能要比一般平板玻璃高好几倍，用多层普通玻璃或钢化玻璃复合起来，可制成防弹玻璃。由于 PVB 胶片的黏合作用，玻璃即使破碎时，碎片也不会飞溅伤人。通过采用不同的原片玻璃，夹层玻璃还可具有耐久、耐热、耐湿、耐寒等性能，同时还具有节能、隔声、防紫外线等功能。

（三）夹层玻璃的应用

夹层玻璃有着较高的安全性，一般用于高层建筑的门窗、天窗和商店、银行、珠宝店的橱窗、隔断等处。

曲面夹层玻璃可用于升降式观光电梯、商场宾馆的旋转门；防弹玻璃用于银行、证券公司、保险公司等金融企业的营业厅以及金银首饰店等场所的柜台、门窗。

三、钢化玻璃

钢化玻璃又称强化玻璃，是用加热到一定温度后迅速冷却的方法或化学方法进行特殊处理，使其具有良好的机械和耐热冲击性能的玻璃，是平板玻璃的二次加工产品。

（一）钢化玻璃的加工

1. 物理钢化玻璃

物理钢化玻璃，又称为淬火钢化玻璃。它是将普通平板玻璃在加热炉中加热到接近玻璃的软化温度（600 ℃）时，通过自身的形变消除内部应力，然后将玻璃移出加热炉，再用多头喷嘴将高压冷空气吹向玻璃的两面，使其迅速且均匀地冷却至室温，即可制得钢化玻璃。

这种玻璃处于内部受拉、外部受压的应力状态，一旦局部发生破损，便会发生应力释放，玻璃被破碎成无数小块，这些小的碎块没有尖锐棱角，不易伤人。因此，物理钢化玻璃是一种安全玻璃。

2. 化学钢化玻璃

化学钢化玻璃是通过改变玻璃表面的化学组成来提高玻璃的强度，一般是应用离子交换法进行钢化。化学钢化玻璃强度虽高，但是其破碎后易形成尖锐的碎片。因此，一般不作为安全玻璃使用。

（二）钢化玻璃的特性

以下讲述钢化玻璃泛指物理钢化玻璃。

1. 机械强度高

玻璃经钢化处理产生了均匀的内应力，使玻璃表面具有预压应力。它的机械强度比经过良好的退火处理的玻璃高 3～10 倍，抗冲击性能也有较大提高，其抗折强度可达 125 MPa 以上。

钢化玻璃的抗冲击强度也很高，用钢球法测定时，0.8 kg 的钢球从 1.2 m 高度落下，钢化玻璃可保持完整而不破碎。

2．弹性好

钢化玻璃的弹性比普通玻璃大得多，比如，一块 1200 mm×350 mm×6 mm 的钢化玻璃，受力后可发生达 100 mm 的弯曲挠度，当外力撤除后，仍能恢复原状，而普通玻璃弯曲变形只能有几毫米，否则，将发生折断破坏。

3．热稳定性高

钢化玻璃强度高，热稳定性也较高，在受急冷急热作用时，不易发生炸裂。钢化玻璃耐热冲击，最大安全工作温度为 287.78 ℃，能承受 204.44 ℃的温差变化，较之普通玻璃也提高了 2～3 倍。

（三）钢化玻璃的用途

由于钢化玻璃具有较好的机械性能和热稳定性，所以在建筑工程、交通工具及其他领域内得到了广泛的应用。

钢化玻璃制品主要包括平面钢化玻璃、曲面钢化玻璃、半钢化玻璃、区域钢化玻璃等。平钢化玻璃常用作建筑物的门窗、隔墙、幕墙及橱窗、家具等，曲面玻璃常用于汽车、火车、船舶、飞机等方面。

钢化玻璃不宜用于有防火要求的门窗、隔断等处，因为钢化玻璃受高温破损后，将不能起到阻止火势蔓延的作用。

四、防弹玻璃

防弹玻璃是由玻璃（或有机玻璃）和优质工程塑料经特殊加工得到的一种复合型材料，通常是透明的材料，譬如 PVB/聚碳酸酯纤维热塑性塑料（一般为力显树脂，即 lexan 树脂，也叫 LEXANPCRESIN）。它具有普通玻璃的外观和传送光的性能，对小型武器的射击提供一定的防护。最厚 PC 板能做到 136 mm 厚，最大宽度达 2 166 mm 宽，有效时间达 6 664 天。

（一）防弹玻璃的分类

根据对人体防护程度的不同，防弹玻璃可分为两种类型，一种是安全型，一种是生命安全型。安全型防弹玻璃在受到枪击后，其非弹着面无飞溅物，不对人体构成任何伤害；生命安全型防弹玻璃在受到枪击后，非弹着面有飞溅物飞溅，但子弹不能穿透玻璃，可能对人体造成二次伤害。防弹玻璃根据不同枪种其防弹能力又有不同的要求。防弹玻璃分为三大系列，第一是航空防弹玻璃，第二是车辆、船舶用防弹玻璃，第三是银行用防弹玻璃。厚度在 18～40 mm。

防弹玻璃是一种可以在某种当量的炸弹爆炸攻击下，玻璃未脱离框架，保持完好或非穿透性破坏的一种高安全性能的特种玻璃。

（二）防弹玻璃的结构组成

防弹玻璃实际上是由透明胶合材料将多片玻璃或高强度有机板材粘接在一起制成的。一般有承力层、过渡层和安全防护层三层结构。

1. 承力层

该层首先承受冲击而破裂，一般采用厚度大、强度高的玻璃，能破坏弹头或改变弹头形状，使其失去继续前进的能力。

2. 过渡层

一般采用有机胶合材料，粘接力强、耐光性好，能吸收部分冲击能，改变子弹前进方向。在夹层玻璃中夹一层非常结实而透明的化学薄膜。这不仅能有效地防止枪弹射击，而且还具有抗浪涌冲击、抗爆、抗震和撞击后也不出现裂纹等性能。

3. 安全防护层

这一层采用高强度玻璃或高强透明有机材料，有较好的弹性和韧性，能吸收绝大部分冲击能，并保证子弹不能穿过此层。防弹玻璃最重要的性能指标就是防弹能力。防弹能力的指标是从两方面来衡量的：一方面是安全防护能力；另一方面是所防护枪支的杀伤能力。

（三）防弹玻璃的防护原理

在炸弹攻击和意外爆炸事件中，防炸弹玻璃可以最大限度地减少爆炸冲击波超高荷载和高速飞溅的玻璃碎片所造成的直接伤害，减少受攻击设施或爆炸中心周围设施的修复费用。防炸弹玻璃在爆炸冲击波能量形成的荷载剧增，增大几倍甚至几十倍条件下保持不穿透，玻璃保持性值 RET≈1。而单片玻璃（包括浮法玻璃、钢化玻璃、中空玻璃）一旦破碎，只要稍超过临界破碎压力 RET 很快就跌到 0.3 以下，玻璃碎片散落，出现穿透性破坏。

1. 防爆功能

在全球范围内，炸弹爆炸袭击（包括汽车炸弹、人体炸弹）和恐怖威胁事件不断发生，随着炸弹威力的增大，人们的生命安全和财产受到极为严重的威胁。据安全专家分析及有关资料显示，玻璃的散落和碎片的飞溅是人受到伤害的主因。在炸弹恐怖爆炸事件中，75%的伤害与玻璃有关，这意味着如果采用防炸弹玻璃则可以减少 75%的伤害程度。如果在爆炸事件发生时，所有建筑物的玻璃能完整地保留在框架中，那么冲击波能量将不能进入室内，室内物品就不会受到破坏；高速碎片也不会进入建筑物内或掉落地上造成伤害。

2. 框架系统

爆炸产生的急剧膨胀的冲击波和震动是引起玻璃损坏的主要原因。而碎片的产生来源于武器本身以及周围环境（如因建筑物的晃动而造成碎片的脱落），要抗得住炸弹袭击的破坏效应，首先玻璃必须经受得起冲击波和碎片这两方面的攻击。防炸弹玻璃及防炸弹玻璃框架系统可以根据玻璃的保持性、爆炸冲击压力、冲击波脉冲（kPa/msec）、持续时间（msec）、破坏程度等条件进行测试，能够计算出一定当量的炸弹爆炸时玻璃及系统能保持完好（玻璃未破裂）、破裂（出现裂纹，可以有部分碎片脱落，已经穿透）。防炸弹玻璃应该满足 AST MF1642－96 标准的测试要求。

五、空心砖玻璃

空心玻璃砖是由两个凹型玻璃砖坯（如同烟灰缸）熔接而成的玻璃制品。砖坯扣合、周边密封后中间形成空腔，空腔内有干燥并微带负压的空气。玻璃壁厚度 8～10 mm，在内侧压有多种花纹，可赋予空心玻璃砖独特的采光性能，是一种彰显高贵典雅的建筑装饰材料。

（一）空心玻璃砖的品种与规格

空心砖有正方形、矩形及各种异形产品，分为单腔和双腔两种。双腔玻璃空心砖是在两个凹形半砖之间夹有一层玻璃纤维网，从而形成两个空气腔，具有很高的热绝缘性，但一般多采用单腔空心玻璃砖。

空心玻璃砖的常用规格尺寸为（单位：mm×mm×mm）：

190×190×80，145×145×80，145×145×95，190×190×50，190×190×95，
240×240×80，240×115×80，115×115×80，2190×90×80，300×300×80，
300×300×100，190×90×90，190×95×80，190×95×100，197×197×79，
197×197×98，197×95×79，197×95×98，197×146×79，197×146×98，
298×298×98，197×197×51。

（二）空心玻璃砖的特性

空心玻璃砖的特性主要有以下几个。

1. 透光性

空心玻璃砖具有较高的透光性能，在垂直光源照射下，其透光度为 60%～75%（有花纹）；透明无花纹的空心玻璃砖和普通双层玻璃相近，透光度在 75%左右；茶色玻璃砖为 50%～60%，它比镀膜玻璃的透光率好，优于其他有色玻璃。

2. 隔热保温性

空心玻璃砖的隔热性能良好，导热系数为 2.9～3.2 W/（m·K）。阳光穿过空心玻璃砖产生漫散射可隔绝一部分热辐射，再加上砖内空腔的隔热作用，使得由玻璃砖砌筑的外墙具有很好的隔热作用，可获得冬暖夏凉的效果和节约能源的目的。

3. 隔音性

空心玻璃砖由于有空腔，故其隔音效果比普通玻璃好。隔音量约为 50 dB，如果采用双层空心玻璃砖，中间设 50 mm 空间层砌隔断墙，其隔音效果更佳，隔音值可达 60 dB 左右。

4. 防火性

空心玻璃砖属于不燃烧体，在有火情发生时，能有效地阻止火势蔓延，为及早扑灭火情、减少损失争取时间。在防火级别为 G60 时，其防止火焰穿透时间为 1 小时，在防火级别为 G120 时为 2 小时。但空心玻璃砖不能防止热辐射的穿透。普通空心玻璃砖墙体的耐火时间为 1 小时。

5. 抗压强度

空心玻璃砖的抗压强度大大高于普通玻璃的强度，其单体的抗压强度约为 9 MPa，这是由于砖自身形成中空密闭的一个整体，使其承压强度提高。

（三）空心玻璃砖的用途

空心玻璃砖一般用来砌筑非承重的透光墙壁，建筑物的内外隔墙、淋浴隔断、门厅、通道及建筑物的地面等处，特别适用于商场、舞厅、展厅、办公楼、体育馆、图书馆等，用于控制透光、眩光和日光的场合。

六、烤漆玻璃

烤漆玻璃是一种极富表现力的装饰玻璃品种，可以通过喷涂、滚涂、丝网印刷或者淋涂等方式来体现。烤漆玻璃在业内也叫背漆玻璃，分平面烤漆玻璃和磨砂烤漆玻璃，是在玻璃的背面喷漆在 30 ℃~45 ℃的烤箱中烤 8~12 小时，在很多制作烤漆玻璃的地方一般采用自然晾干。自然晾干的漆面附着力比较小，在潮湿的环境下容易脱落。

（一）烤漆玻璃的分类

根据制作的方法不同，烤漆玻璃一般分为油漆喷涂玻璃和彩色釉面玻璃，彩色釉面玻璃又分为低温彩色釉面玻璃和高温彩色釉面玻璃。油漆喷涂的玻璃色彩艳丽，多为单色或者用多层饱和色进行局部套色，常用在室内。在室外经风吹、雨淋、日晒之后，一般都会起皮脱漆。

（二）烤漆玻璃的特性

烤漆玻璃有装饰性、耐水性、耐酸碱性和耐候性等特性。

1. 装饰性

烤漆玻璃具有超强的装饰性，绚丽鲜艳的颜色无论应用在室内还是室外，在视觉上都会让人觉得眼前一亮。

2. 耐水性

烤漆玻璃的漆面具有防水性能，无论在水中浸泡多久，漆面都始终如一，不会褪色。

3. 耐酸碱性

烤漆玻璃不会受到酸碱的侵蚀，这是普通装饰玻璃无法做到的。

4. 耐候性

烤漆玻璃不受环境以及地域的影响，一年四季都可以保证良好的可装性。

七、镭射玻璃

镭射玻璃是以玻璃为基材的新一代建筑装饰材料，特点是经特种工艺处理后玻璃背面出现全息光栅或其他几何光栅，在光源的照射下，产生物理衍射的七彩光。对同一感光点或感光面，随光源入射角或观察角的变化，会感受到光谱分光的颜色变化，使被装饰物显得华贵、高雅，给人以美妙、神奇的感觉。

（一）镭射玻璃的产品规格

（1）一般产品规格。厚度：3 mm~5 mm；长×宽：300 mm×300 mm、400 mm×400 mm、500 mm×500 mm、500 mm×1 000 mm，这四种规格为标准产品。

（2）地砖类产品标准规格。长×宽：500 mm×500 mm、600 mm×600 mm。

（3）镭射玻璃包柱。标准圆柱为 ϕ300 mm、ϕ400 mm、ϕ500 mm、ϕ600 mm、ϕ700 mm、ϕ800 mm、ϕ900 mm、ϕ1000 mm、ϕ1 100 mm、ϕ1 200 mm、ϕ1 300 mm、ϕ1 400 mm、ϕ1 500 mm。

（二）镭射玻璃的特性

镭射玻璃的厚度比花岗石、大理石薄，与瓷砖相仿，安装成本低。镭射钢化玻璃地砖，其抗冲击、耐磨、硬度指标均优于大理石，与高档花岗石相仿。镭射玻璃价格相当于中档花岗石。

镭射玻璃的反射率可在 10%～90%的范围内按用户需要进行调整，以适应不同的建筑装饰要求。

（三）镭射玻璃的用途

镭射玻璃主要适用于酒店、宾馆及各种商业、文化、娱乐设施的装饰。如内外墙面、商业门面、招牌、地砖、桌面、吧台、隔台、柱面、顶棚、雕塑贴画、电梯、艺术屏风与装饰壁面、高级喷水池、发廊、金鱼缸、灯饰和其他轻工电子产品外观装饰材料等。

第五节　玻璃幕墙工程装饰

玻璃幕墙是指由支承结构体系与玻璃构成的、可相对主体结构有一定位移能力、不分担主体结构所受作用的建筑外围护结构或装饰结构。墙体有单层和双层玻璃两种。玻璃幕墙是一种美观新颖的建筑墙体装饰方法，是现代高层建筑时代的显著特征。

玻璃幕墙是现代建筑物中有着重要影响的饰面，具有质感强烈、形式造型性强和建筑艺术效果好等特点，但玻璃幕墙造价高，抗风、抗震性能较弱，能耗较大，对周围环境可能造成光污染。

一、玻璃幕墙的构造

（一）构件式玻璃幕墙

构件式玻璃幕墙分为明框玻璃幕墙、隐框玻璃幕墙和半隐框玻璃幕墙。

1．明框玻璃幕墙

明框玻璃幕墙是最传统的玻璃幕墙形式，玻璃采用镶嵌或扣压等机械方式固定，工作性能可靠，使用寿命长，表面分格明显。明框玻璃幕墙外盖板可用不同形状和颜色的装饰线条构成各种图案，在满足建筑师的外观效果要求的同时，又能让建筑物变得活泼、明快、光彩照人，更显新颖、美观、别具风采。相对于隐框玻璃幕墙，明框玻璃幕墙更易满足施工技术水平要求。明框式玻璃幕墙框架结构外露，立面造型主要由外露的横竖骨架决定，构造形式如图 3-3 所示。

2．全隐框玻璃幕墙

全隐框玻璃幕墙的玻璃完全依靠结构胶粘接在铝合金附框上。全隐框玻璃幕墙加工时，要在洁净通风的厂房内，按加工图纸要求把不同尺寸的单体构件粘贴好并经过一段时间养护之后，再运往施工现场，悬挂并固定在墙体由竖杆和横杆构成的铝合金框架上，形成平整的大面积连续的外围墙体。同时，幕墙立杆和横杆的连接部位均设置弹性有机垫片，用于消除摩擦噪音及防止不同金属之间的接触腐蚀。在横杆 1/4 处，要设置一段长 100 mm 的铝合金托条，防止玻璃下滑。

全隐框式玻璃幕墙构造是在铝合金构件构成的框格上固定玻璃框，玻璃框的上框挂在铝合金整个框格体系的横梁上，其余三边分别用不同方法固定在立柱及横梁上，如图 3-4 所示。

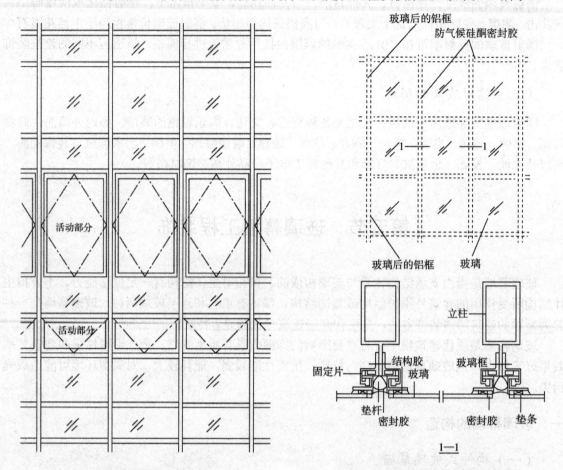

图 3-3　明框玻璃幕墙构造　　　　　　图 3-4　全隐框玻璃幕墙基本构造

3. 半隐框式玻璃

半隐框玻璃幕墙有横明竖隐与横隐竖明两种情况。不论哪种半隐框幕墙，均为一对应边用结构胶与玻璃装配组件（铝合金附框）胶粘，而另一对应边采用铝合金槽镶嵌玻璃的装配方法。换句话讲，玻璃所受各种荷载，在一对应边由结构胶传给铝合金框架，而另一对应边则由铝合金型材镶嵌槽传给铝合金框架。

（1）竖隐横不稳玻璃幕墙。这种玻璃幕墙只有立柱隐在玻璃后面，玻璃安放在横梁的玻璃镶嵌槽内，镶嵌槽外加盖铝合金压板，盖在玻璃外面，如图 3-5 所示。

（2）横隐横不稳玻璃幕墙。竖边用铝合金压板固定在立柱的玻璃镶嵌槽内，形成从上到下整片玻璃由立柱压板分隔成长条形画面，如图 3-6 所示。

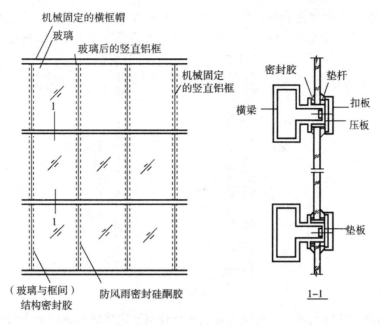

图 3-5 竖隐横不稳玻璃幕墙基本构造

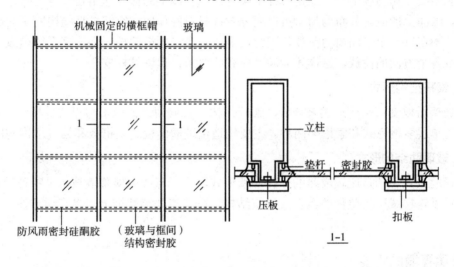

图 3-6 横隐横不稳玻璃幕墙基本构造

（二）点支承玻璃幕墙

点支承玻璃幕墙按面板支承形式分为钢结构、索杆结构和玻璃肋。

1. 钢结构形式

点支承玻璃幕墙钢结构形式是应用最普遍的一种点式玻璃幕墙，此构造形式简单明了，安装施工也较方便。钢构式支承结构包括单杆式支承结构、各构式梁柱支承结构、平面桁架支承构造和空间桁架支承结构等。

单杆式支承结构是点式连接玻璃幕墙较简单的一种结构形式，如图 3-7 所示。它用铝合金型材、玻璃肋或钢材做的立柱或横梁支撑结构承受玻璃表面的荷载，立柱或梁均为拉弯工作状态，荷载以点驳接头的集中荷载形式传给构件。格构式梁柱支承结构一般用钢材焊接成各种框架形式，用于幕墙跨度较大时，根据设计要求，框架可制成直立式或空腹弯弓形式。

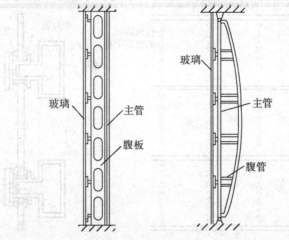

图 3-7 钢构式支承结构

钢材表面均应做防腐处理。平面桁架是结构杆件按一定规律构成的平面构架体系，常用的有平行弦桁架、抛物线桁架、三角腹杆桁架等。当玻璃上的荷载作用在节点上时，各杆件只有轴向力，截面上的应力分布均匀，可以充分发挥材料的作用。空间桁架结构所受的荷载是不同方向的、不在同一个平面内的荷载，因此，需由几个平面桁架按一定连接系统构成一个空间体系来承受各个方向的荷载，这样才能满足荷载的要求，保证结构安全。

2. 索杆结构形式

从玻璃面板支承结构形式来分析，索杆结构主要分为点式拉索与点式拉杆两种，而点式拉索又分为单层索网点式和索桁架两种。主要构造由玻璃面板、索桁板和锚定结构构成。

3. 玻璃肋结构形式

玻璃肋点式幕墙是比较成熟的一种幕墙形式，由于点式玻璃幕墙技术是将玻璃肋与面玻璃通过驳接爪连接成一个整体的组合式建筑结构，在建筑外墙装饰上，具有通透性好、工艺感强等特点。

二、玻璃幕墙的性能

（一）玻璃幕墙的优点

玻璃幕墙是当代的一种新型墙体，它赋予建筑的最大特点是将建筑美学、建筑功能、建筑节能和建筑结构等因素有机地统一起来，建筑物从不同角度呈现出不同的色调，随阳光、月色、灯光的变化给人以动态的美。在世界各大洲的主要城市均建有宏伟华丽的玻璃幕墙建筑，如纽约世界贸易中心、芝加哥石油大厦、西尔斯大厦都采用了玻璃幕墙。香港中国银行大厦、北京长城饭店和上海联谊大厦也相继采用。

反光绝缘玻璃厚 6 mm，墙面自重约 50 kg/ m²，且有轻巧美观、不易污染、节约能源等优点。幕墙外层玻璃的里侧涂有彩色的金属镀膜，从外观上看整片外墙犹如一面镜子，将天空和周围环境的景色映入其中，光线变化时，影像色彩斑斓、变化无穷。在光线的反射下，室内不受强光照射，视觉柔和。

（二）玻璃幕墙的缺点

玻璃幕墙也存在着一些局限性，如光污染、能耗较大等问题。但这些问题随着新材料、新技术的不断出现，正逐步纳入建筑造型、建筑材料、建筑节能的综合研究体系中。

1．光污染

玻璃幕墙的光污染是指高层建筑的幕墙上采用了涂膜玻璃或镀膜玻璃，当直射日光和天空光照射到玻璃表面时由于玻璃的镜面反射（即正反射）而产生的反射眩光。在生活中，玻璃幕墙反射所产生的噪光会导致人产生眩晕、暂时性失明，时常发生事故。

光污染是制造意外交通事故的凶手。反射光进入高速行驶的汽车内，会造成人的突发性暂时失明和视力错觉，在瞬间会刺激司机的视线，或使他感到头晕目眩，给行人和司机造成严重危害。

解决防止玻璃幕墙反光的问题有三种：第一种，选材要选用毛玻璃等材质粗糙的，而不应使用全反光玻璃；第二种，要注意玻璃幕墙安装的角度，尽量不要在凹形、斜面建筑物使用玻璃幕墙；第三种，可以在玻璃幕墙内安装双层玻璃，在内侧的玻璃贴上黑色的吸光材料，这样能大量地吸收光线，避免反射光影响行人。

2．玻璃自爆

钢化玻璃"自爆"主要是由于玻璃中存在的微小的硫化镍、单质多晶硅、Al_2O_3 等杂质。在外应力的连续作用下，超出玻璃的许用应力，而产生的具有"蝴蝶斑"状态的破损。

玻璃由于是非晶体结构，所以其抗压能力非常强大，而抗弯曲、抗折和抗扭曲的能力非常弱，其表面抗压理论强度值可以达到 $1\,200\ kg/cm^2$，可于生产过程中造成玻璃表面的缺陷。因此在《建筑玻璃应用技术规程》（JGJ113－2009）中确定玻璃强度的数值还是比较低的。钢化玻璃的强度比普通玻璃强度高 3～5 倍，半钢化玻璃的强度比普通玻璃的强度高 1～2 倍。

由于玻璃其晶体结构的原因，所以其抗压强度大，而抗弯和抗折的强度低。当外界作用于玻璃表层的张应力超过玻璃强度允许范围时，玻璃就会破损。引起玻璃破损的原因主要有：设计方面的原因、生产环节的原因、运输领域的原因、安装时产生的原因、建筑物沉降的原因、人为的原因、天灾的原因、玻璃原片的质量问题等。

3．防火能力差

玻璃幕墙是不可燃烧的材料，但遇烈焰时，可以融化或软化，在烈焰中只用很短的时间就会发生玻璃破碎，因此在建筑设计中要充分考虑建筑的防火要求。

4．结构胶易失败

幕墙因长期受自然环境的不利因素，结构胶易老化、失败，造成玻璃幕墙坠落，那么在设计时应尽量采用明框或者半隐框玻璃幕墙，因为即使结构胶失败，由于框架的支撑和约束，也会大大降低玻璃坠落的几率。

5．热应力造成玻璃破碎

玻璃受热会膨胀，如果受热不均匀，在玻璃内部会产生拉应力，当玻璃边部有细小的裂纹时，这些小瑕疵很容易受热应力的影响，最后导致玻璃破损。因此在安装玻璃时应对玻璃边部进行精细加工处理，以减少裂纹的出现。

6. 渗水

玻璃幕墙渗水的原因很多，但主要是与施工和密封材料关系较大，因此应挑选技术过硬的施工方，符合国家标准的材料，以最大限度的降低渗水现象。

三、玻璃幕墙工程施工

（一）玻璃幕墙质量材料要求

1. 铝合金型材

铝合金型材应进行表面阳极氧化处理。铝型材的品种、级别、规格、颜色、断面形状、表面阳极氧化膜厚度等必须符合设计要求，其合金成分及机械性能应有生产厂家的合格证明，并应符合现行国家有关标准。进入现场要进行外观检查，要平直规方，表面无污染、麻面、凹坑、划痕、翘曲等缺陷，并分规格、型号分别码放在室内木方垫上。

2. 玻璃

玻璃的外观质量和光学性能应符合现行的国家标准。根据设计要求选用玻璃类型，制作厂家对玻璃幕墙进行风压计算，要提供出厂质量合格证明及必要的试验数据。玻璃进场后要开箱抽样检查外观质量，玻璃颜色一致，表面平整，无污染、翘曲，镀膜层均匀，不得有划痕和脱膜。整箱进场要有专用钢制靠架，拆箱后存放要立式放在室内水方钉制的靠架上。

3. 橡胶条、橡胶垫

橡胶条和橡胶垫应有耐老化阻燃性能试验出厂证明，尺寸符合设计要求，无断裂现象。

4. 铝合金装饰压条、扣件

铝合金装饰压条和扣件的颜色一致，无扭曲、划痕、损伤现象，尺寸符合设计要求。

5. 接龙骨的连接件

竖向龙骨与水平龙骨之间的镀锌连接件、竖向龙骨之间接专用的内套管及连接件等，均要在厂家预制加工好，材质及规格尺寸要符合设计要求。

6. 承重紧固件

竖向龙骨与结构主体之间，通过承重紧固件进行连接，紧固件的规格尺寸应符合设计要求。为了防止腐蚀，紧固件表面须镀锌处理，紧固件与预埋在混凝土梁、柱、墙面上的埋件固定时，应采用不锈钢或镀锌螺栓。

7. 固件

螺栓、螺帽、钢钉等紧固件采用不锈钢或镀锌件，规格尺寸符合设计要求，并且有出厂证明。

8. 密封胶

接缝密封胶是保证幕墙具有防水性能、气密性能和抗震性能的关键，其材料必须有很好的防渗透、抗老化、抗腐蚀性能，并具有能适应结构变形和温度胀缩的弹性，因此应有出厂证明和防水试验记录。

9. 保温材料

保温材料的导热系数、防水性能和厚度要符合设计要求。

（二）玻璃幕墙工程施工工艺流程

测量放线→安装 L 型转接件→安装铝立柱→安装铝横梁→安装避雷、防火→安装玻镁板→安装玻璃→安装横（竖）向扣盖→注胶及外立面清洗。

（三）玻璃幕墙工程施工操作工艺

1. 测量放线

依据结构复查时的放线标记及预埋件的十字中心线确定安装基准线，包括龙骨排布基准及各部分幕墙的水平标高线，为各个不同部位的幕墙确定三个方向的基准。

2. 安装 L 型转接件

根据预埋件的放线标记，将 L 型转接角钢码采用 M16 的螺栓固定在预埋件上，转接角钢码中心线上下偏差应小于 2 mm，左右偏差应小于 2 mm。L 型转接角钢码与立柱接触边应垂直于幕墙横向面线，且应保持水平，不能因预埋板的倾斜而倾斜。遇到此种情况时，应在角钢码与预埋钢板面之间填塞钢板或圆钢条进行支垫，并应进行满焊。

3. 安装竖向铝立柱

安装竖向铝立柱主要包括以下几个步骤：

（1）幕墙竖向铝立柱的安装工作是从结构的底部由下至上安装，先对照施工图检查主梁的尺寸（长度）加工孔位（L 型转接角钢码安装孔）是否正确。

（2）将竖向铝立柱用两颗 M12 mm×140 mm 不锈钢螺栓固定在转接角钢码上，角钢码与铝立柱之间用 2 mm 厚尼龙垫片隔离，螺栓两端与转接角钢码接触部位各加一块 2 mm 厚圆型垫片。

（3）调整固定。利用转接件上的腰型孔，根据分格尺寸、测量放线的标记，横向、竖向控制钢丝线进行三维调整立柱。

（4）竖向铝立柱用铝插芯连接，插芯与铝立柱上端依靠固定连接角码的不锈钢螺栓进行连接，两个立柱竖向接缝应符合设计要求，并不小于 20 mm，插芯长度不小于 420 mm。

（5）偏差要求：立柱安装的垂直度小于 2 mm。

（6）调整后进行螺栓加固、拧紧所有螺栓。

（7）对每个锚固点进行隐蔽工程验收，并做好记录。

4. 安装铝横梁

安装铝横梁主要包括以下几个步骤。

（1）根据图纸要求的水平分格和土建提供的标高线在竖向立柱上划线确定连接铝件的位置。

（2）采用 M5×35 mm 不锈钢自攻钉将连接铝件固定在铝立柱的相应位置。注意横梁与立柱间的接缝间应符合设计要求（加设 2 mm 厚橡胶垫），横梁与立柱平面应一致，其表面误差不大于 0.5 mm。

（3）选择相应长度的横梁，采用 M6×25 mm 不锈钢自攻钉固定在连接铝件上，横梁安装应由下向上进行，当安装一层高度后应进行检查调整，及时拧紧螺栓。

（4）横梁上下表面与立柱正面应成直角，严禁向下倾斜，若发生此种现象应采用自攻钉将角铝块直接固定在立柱上，以增强横梁抵抗扭矩的能力。

（5）使用耐候密封胶密封立柱间接缝和立柱与横梁的接缝间隙。

5．安装避雷节点

安装避雷节点主要步骤如下。

（1）按图纸要求选用材料，宜采用直径 ϕ12 mm 的镀锌圆钢和 1 mm 厚的不锈钢避雷片。

（2）镀锌圆钢与横向或纵向主体结构预留的避雷点进行搭接，双面焊接的长度不低于 80 mm。

（3）每三层应加设一圈横向闭合的避雷筋，且应与每块预埋件进行搭接。

（4）在各大角及垂直避雷筋交接部位，均采用 ϕ12 mm 的镀锌圆钢进行搭接。

（5）在主楼各层的女儿墙部位及塔楼顶部均设置一圈闭合的避雷筋与幕墙的竖向避雷筋进行搭接。

（6）首层的竖向避雷筋与主体结构的接地扁铁进行搭接，其搭接长度为双面焊 80 mm。

（7）在铝立柱与钢立柱的交接部位及各立柱竖向接头的伸缩逢部位，均采用不锈钢避雷片连接。

（8）在避雷片安装时，需将铝型材、镀锌钢材表面的镀膜层使用角磨机磨除干净，以确保避雷片的全面接触，达到导电效果。接触面应平整，采用四颗 M5×20 mm 自攻钉固定。

6．安装层间防火

安装层间防火主要步骤如下。

（1）根据现场结构与玻镁板背面的实际距离，进行镀锌铁皮的裁切加工。

（2）依据现场结构实际情况确定防火层的高度位置，依据横梁的上口为准弹出镀锌铁皮安装的水平线。

（3）采用射钉将镀锌铁皮固定在结构面上，射钉的间距应以 300 mm 为宜。

（4）将裁切的镀锌铁皮的另一边直接采用拉铆钉固定在玻璃背面的玻镁板上。

（5）依据现场实际间隙将防火岩棉裁剪后，平铺在镀锌铁皮上面。

（6）在防火棉接缝部位、结构面和玻镁板背面之间，采用防火密封胶进行封堵。

注意：防火层安装应平整，拼接处不留缝隙。

7．安装玻璃板块

安装玻璃板块主要步骤如下。

（1）将玻璃板块按图纸编号送到安装所需的层间和区域；检查玻璃板块的质量、尺寸和规格是否达到设计要求。

（2）按设计要求将玻璃垫块安放在横梁的相应位置；选择相应的橡胶条穿在型材（玻璃内侧接触部位）槽口内。

（3）用中空吸盘将玻璃板块运到安装位置，随后将玻璃板块由上向下轻轻放在玻璃垫块上，使板块的左右中心线与分格的中心线保持一致。

（4）采用临时压板将玻璃压住，防止倾斜坠落，调整玻璃板块的左右位置（从室内注意玻璃边缘分止塞与铝框的关系，其四边应均匀）。

（5）调整完成后，将穿好胶条的压板采用 M5×20 mm 六角螺栓固定在横梁上（胶条的自然长度应与框边长度相等，边角接缝严密）。

（6）按设计图样安装幕墙的开启窗，并应符合窗户安装的有关标准规定；玻璃板块由下至上安装，每个楼层由上至下进行安装。

8．安装扣盖

安装扣盖主要步骤如下。

（1）选择相应规格、长度的内、外扣盖进行编号。

（2）将内、外扣盖由上向下挂入压板齿槽内。

9．注胶及外立面清洗

玻璃组件间的密封及周边收口处理。玻璃组件间的密封是确保隐框幕墙密封性能的关键，密封胶表面处理是玻璃幕墙外观质量的主要衡量标准。必须正确放置好组件位置和防止密封胶污染玻璃。半隐框、隐框玻璃幕墙的玻璃板块应在洁净、通风的室内打注硅酮结构密封胶，符合温度 25 ℃，相对湿度 50%的要求。逐层实施组件间的密封工序前，检查衬垫材料的尺寸是否符合设计要求。

要密封的部位必须进行表面清理工作。先要清除表面的积灰，然后用挥发性能强的溶剂擦除表面的油污等脏物，最后用干净布再清擦一遍，保证表面清理干净。

四、玻璃幕墙施工成品保护及质量

（一）玻璃幕墙施工成品保护

玻璃幕墙施工成品需要做好以下保护。

（1）铝合金框料及各种附件，进场后分规格、分类码放在防雨的专用库房内，不得再压放重物。运料时轻拿轻放，防止碰坏划伤。玻璃要防止日光暴晒，存放在库房内，分规格立放在专用木架上，设专人看管和运输，防止碰坏和划伤表面镀膜。

（2）安装铝合金框架过程中，注意对铝框外膜的保护，不得划伤。搭设外架子时注意对玻璃的保护，防止撞破玻璃。

（3）铝合金横、竖龙骨与各附件结合所用的螺栓孔，要预先用机械打好孔，不得用电焊烧孔。

（4）在安装过程中，防止构件掉落，因此要支搭安全网。

（5）靠近玻璃幕墙的各道工序，在施工前对玻璃作好临时保护，如用纤维板遮挡。

（二）玻璃幕墙施工应注意的质量问题

玻璃幕墙施工应注意的质量问题如下。

（1）玻璃安装不上。造成此问题的原因是安装竖向、横向龙骨时，未认真核对中心线和垂直度，也未核对玻璃尺寸。因此在安装竖、横龙骨时，必须严格控制垂直度及中心线位置。

（2）装饰压条不垂直、不水平。安装装饰压条时，应吊线和拉水平线进行控制，安完后应横平、竖直。

（3）玻璃出现严重"景象畸变"现象。造成此问题的原因是玻璃本身翘曲、橡胶安装不平、玻璃镀膜层的一侧沾染胶泥等。因此玻璃进场时要进行开箱抽查，安装前发现有翘曲现象应剔出不用。安装过程中各道工序应严格操作，密封条镶嵌平整，打胶后把表面擦干净。

（4）铝合金构件表面污染严重。这主要是在运输安装过程中，过早撕掉表面保护膜或打胶时污染面层。

（5）玻璃幕墙渗水。由于玻璃四周的橡胶条嵌塞不严或接口有缝隙而造成雨水渗入，因此安橡胶条时，胶条规格要匹配，尺寸不能过大或过小，嵌塞要平整密实，接口处一定要用密封胶充填实，以不漏水为准。

第六节　玻璃马赛克

玻璃马赛克又称玻璃锦砖，是一种小规格的用于外墙贴面的方形彩色饰面玻璃。单块玻璃马赛克的规格为 20～50 mm、厚度 4～6 mm，四周侧面呈斜面，正面光滑，背面略带凹状沟槽，以利于铺贴时黏结。

一、玻璃马赛克的生产工艺

玻璃马赛克的生产工艺简单，生产方法有熔融压延法和烧结法。熔融压延法是将石英砂和纯碱组成的生料与玻璃粉按一定的比例混合，加入辅助材料和适当的颜料，经 1 300～1 500 ℃高温熔融，送入压延机压延而成。烧结法是将原料、颜料、黏结剂（常用淀粉或糊精）与适量的水拌和均匀，压制成型为坯料，然后在 650～800 ℃的温度下快速烧结而成。

玻璃马赛克是以玻璃为基料并含有未熔化的微小晶体（主要是石英砂）的乳浊制品，其内部为含有大量的玻璃相、少量的结晶相和部分气泡的非均匀质结构。因熔融或烧结温度较低、时间较短，存有未完全熔融的石英颗粒，其表面与玻璃相熔结在一起，使玻璃锦砖具有较高的强度和优良的热稳定性、化学稳定性；微小气泡的存在，使其表观密度低于普通玻璃；非均匀质各部分对光的折射率不同，造成了光散射，使其具有柔和的光泽。

二、玻璃马赛克的特点

玻璃马赛克的主要特点如下。

（1）玻璃马赛克具有体积小、质量轻、黏结牢固的特点，特别适合于高层建筑的外墙面装饰，是一种十分理想、经济、美观的外墙装饰材料。

（2）颜色绚丽多彩、柔和典雅，日晒雨淋不变色。装饰面的色调由锦砖和黏结砂浆的颜色形成综合色调而定，可利用不同颜色锦砖，不同比例混合贴面或组成各种色块的图案，装饰效果极佳。为了保持锦砖的色彩也可用白水泥砂浆粘贴。

（3）表面光滑，不吸水，抗污染性好，且能雨涤自新。正因如此，它是十分理想的外墙装饰材料，将逐渐取代陶瓷锦砖。

（4）质地坚硬，性能稳定。它具有耐热、耐寒、耐大气污染、耐腐蚀等特性。由于其背面呈凹面，有槽纹，周边呈楔形，粘贴时吃灰浆深，因此比陶瓷锦砖粘贴牢固，不易脱落。

（5）面呈楔形，背面有锯齿状或阶梯状的沟纹，易贴牢，这对高层建筑的墙面装饰尤为重要。

三、玻璃马赛克的规格与性能要求

根据国家标准《玻璃马赛克》（GB/T7697—1996）的规定，单块锦砖的边长有 20 mm×20 mm、25 mm×25 mm、30 mm×30 mm 三种，相应的厚度为 4.0 mm、4.2 mm、4.3 mm，允许用户和生产厂协商生产其他尺寸的产品，但每块边长不得超过 45 mm。每联锦砖的边长为 327 mm，允许有其他尺寸的联长。联上每行（列）锦砖的距离（线路）为 2.0 mm、3.0 mm 或其他尺寸。

玻璃马赛克的物理化学性能应符合如表 3-8 所示的规定。

表 3-8 玻璃马赛克的物理化学性能

项目	试验条件	指标
玻璃马赛克与铺贴纸粘贴牢固度		均无脱落
脱纸时间	5 分钟	无单块脱落
	40 分钟	≥70%
热稳定性	90 ℃→18 ℃～25 ℃ 10～30 min 循环 3 次	全部试样均无裂纹、破损
化学稳定性	1 mol/L 盐酸溶液 100 ℃，4 小时	k≥99.90，且外观无变化
	1 mol/L 硫酸溶液 100 ℃，4 小时	k≥99.93，且外观无变化
	1 mol/L 氢氧化钠 100 ℃，4 小时	k≥99.88，且外观无变化
	蒸馏水 100 ℃，4 小时	k≥99.96，且外观无变化

本 章 小 结

本章主要介绍了装饰玻璃的概述、平板玻璃、节能玻璃、其他装饰玻璃制品、玻璃幕墙工程装饰和玻璃马赛克。

1. 玻璃是一种透明的半固体，半液体物质，在熔融时形成连续网络结构，冷却过程中黏度逐渐增大并硬化而不结晶的硅酸盐类非金属材料。建筑工程中应用的玻璃种类很多，有平板玻璃、磨砂玻璃、磨光玻璃及钢化玻璃等，其中平板玻璃应用最广。

2. 平板玻璃是指未经其他加工的平板玻璃制品，也称白片玻璃或净片玻璃，具有透光、隔热、隔声、耐磨和耐气候变化的特点，有的还有保温、吸热和防辐射等特性。按生产方法的不同可分为无色透明平板玻璃和本体着色平板玻璃。平板玻璃主要用于一般建筑的门窗，起采光、围护、保温和隔声作用。

3. 节能玻璃分为中空玻璃、吸热玻璃、热反射玻璃和低辐射镀膜玻璃。

4. 常见的其他玻璃装饰制品主要有钢化玻璃、夹丝玻璃、夹层玻璃、空心玻璃砖、花纹玻璃、镭射玻璃等。

5. 玻璃幕墙是指由支承结构体系与玻璃构成的、可相对主体结构有一定位移能力、不分担主体结构所受作用的建筑外围护结构或装饰结构。

6. 玻璃马赛克是一种小规格的用于外墙面的方形彩色饰面玻璃，又称玻璃锦砖，具有体积小、质量轻、色彩绚丽、不吸水、质地坚硬、性能稳定、价格便宜等特点。

复习思考题

1. 玻璃的化学组成有哪些？
2. 简述玻璃的特性和生产工艺。
3. 简述平板玻璃的分类、特性和生产工艺。
4. 中空玻璃的性能特点有哪些？在性能上有哪些要求？
5. 什么是空心玻璃砖？它有哪些特性？
6. 低辐射镀膜玻璃的性能特点有哪些？
7. 玻璃制品的装饰性体现在哪些方面？
8. 夹层玻璃有哪些优点？多用于哪些部位？

第四章　建筑装饰陶瓷

【学习目标】

➢ 能够掌握陶瓷使用的原料、分类和生产工艺
➢ 能够掌握陶瓷锦砖、釉面砖的特点和应用
➢ 能够了解陶瓷砖试验依据和步骤
➢ 能够熟悉其他陶瓷制品

第一节　陶瓷的基本知识

陶瓷是一种良好的建筑装饰材料，随着现代科学技术的发展，陶瓷在花色、品种和性能等方面都有了巨大的变化，为现代建筑装饰装修工程提供了越来越多的实用性装饰材料。

一、陶瓷的原料

陶瓷使用的原料品种很多，根据来源分为一类是天然矿物原料；另一类是化工原料。使用天然矿物类原料制作的陶瓷较多，又可分为可塑性原料、瘠性原料、助熔原料和有机原料。

（一）可塑性原料——黏土

黏土是由天然岩石经过长期风化、沉积而成的多种微细矿物的混合料。主要的组成颗粒称作黏土质颗粒，直径在 0.01～0.005 mm 以下，其余为砂（粒径 0.15～5 mm）和杂质。按黏土的耐火度、杂质含量和用途分为高岭土、砂黏土、陶黏土和耐火黏土。

1. 黏土的化学组成

黏土的化学组成主要是 SiO_2、Al_2O_3（两者总含量超过 80%）和结晶水，同时含有少量的 K_2O、Na_2O 和着色矿物 Fe_2O_3 和 TiO_2 等。黏土的化学组成对其工艺性能和烧成后的物理性能有着不同的影响，具体如表 4-1 所示。

表 4-1　黏土的化学组成与烧成后的物理性能的影响

序号	化学组成	影　响
1	SiO_2	SiO_2 的含量高，会使黏土的可塑性降低，但收缩性会小些
2	K_2O、Na_2O	K_2O、Na_2O 会使黏土的烧结温度降低
3	Al_2O_3	Al_2O_3 含量过高会使黏土难于烧结

（续表）

序号	化学组成	影 响
4	Fe_2O_3、TiO_2	Fe_2O_3 和 TiO_2 的含量影响黏土烧结后的颜色；若 Fe_2O_3 含量小于 1%，而 TiO_2 含量小于 0.5%，则黏土烧后仍呈白色；若 Fe_2O_3 达 1%～2.5%、TiO_2 达 0.5%～1%，则坯体烧后成为浅黄、浅灰色
5	CaO、 MgO	CaO 和 MgO 会降低黏土的耐火度，缩小烧结范围，过量时会引起坯体起泡

2．黏土的矿物组成

黏土的主要矿物组成为含水铝硅酸盐类矿物，分为高岭石类、蒙脱石类和单热水云母类。高岭石类的结构式为 $Al_2O_3 \cdot 2SiO_2 \cdot nH_2O$，当 n 为 2 和 4 时分别称为高岭石和多水高岭石；蒙脱石类矿物的结构式为 $Al_2O_3 \cdot 4SiO_2 \cdot nH_2O$，当 n 为 12 和 1 时，分别称为蒙脱石和叶蜡石，膨润土也属于该类矿物；单热水白云母的结构式为 $0.2K_2O \cdot Al_2O_3 \cdot 3SiO_2 \cdot 5H_2O$。除以上主要矿物外，黏土中通常还含有云母、铁化合物等有害杂质，可使制品产生气泡、熔洞、结核等缺陷。

3．黏土的特性

（1）可塑性：黏土加适量水调和，可被塑制成各种形状和尺寸的坯体，外力作用撤销后，坯体可保持所塑制的形状而不产生破裂或裂纹的性质称为黏土的可塑性。

（2）收缩性：塑制成型的黏土坯，在干燥和焙烧过程中，均会产生体积收缩，前者称干缩，后者称烧缩。

（3）烧结性：黏土在烧结过程中将发生一系列的物理、化学反应，产品的性能也不断发生变化。

（二）瘠性原料

瘠性原料是为防止坯体收缩产生的缺陷而掺入的，其本身无塑性，而且在焙烧过程中不与可塑性原料起化学作用，并在坯体和制品中起到骨架作用的原料。最常用的瘠性原料是石英、熟料和瓷粉。

（三）助熔原料

助熔原料亦称熔剂。在陶瓷坯体焙烧过程中可降低原料的烧结温度，增加密实度和强度，但同时可降低制品的耐火度、体积稳定性和高温抗变形能力。常用的熔剂有长石、碳酸钙或碳酸镁等。

（四）有机原料

有机原料主要包括天然腐殖质或锯末、糠皮、煤粉等，能提高原料的可塑性。在焙烧过程中本身碳化成强还原剂，使原料中的氧化铁还原成氧化铁，并与二氧化硅生成硅酸亚铁，起到助熔剂作用。但掺量过多会使成品产生黑色熔洞。

二、陶瓷的分类

建筑陶瓷是陶器和瓷器两大类产品的总称，是以黏土为主要原料，经配料、制坯、干燥和焙烧制得的制品。现代建筑装饰中的陶瓷制品主要包括陶瓷墙地砖、卫生陶瓷、园林陶瓷、古建陶瓷、耐酸陶瓷、琉璃陶瓷制品等，其中以陶瓷墙地砖的用量最大。由于这类材料具有强度高、美观、耐磨、耐腐蚀、防火、耐久性好以及施工方便等优点，成为建筑物外墙、内墙、地面装饰材料的重要组成部分并具有广阔的发展前景。

凡以陶土等为主要原料，经低温烧制而成的产品称为陶制品。陶制品的断面粗糙无光、不透明，有一定的吸水率，敲击声粗哑，其产品表面有施釉和不施釉的两种。凡以磨细岩粉，如瓷土粉、长石粉和石英粉等为主要材料，经高温烧制而成的产品称为瓷制品。瓷制品的坯体密实度好，基本不吸水，具有半透明性，产品的表面都涂布釉层。介于陶器（陶制品）与瓷器（瓷制品）之间的产品称为炻器，也称为半瓷器。炻器与陶器的区别在于陶器的坯体是多孔的而炻器坯体的孔隙率很低，吸水率很小。同时炻器的坯体多数带有颜色，且无半透明性。

陶瓷制品分为普通陶瓷（传统陶瓷）和特种陶瓷（新型陶瓷）。普通陶瓷根据用途不同分为日用陶瓷、建筑卫生陶瓷、化工陶瓷、化学陶瓷、电瓷和其他工业用陶瓷；特种陶瓷分为结构陶瓷和功能陶瓷。

（一）陶制品

陶制品一般利用当地一种或几种黏土配制而成，胎料是普通的黏土，具有很好的吸水率，热稳定性较低，陶器的烧成温度在 9 000 ℃左右。陶制品主要分为黑陶、白陶和棕色陶，根据材质的粗糙程度分为粗陶制品、细陶制品与精陶制品。陶制品的种类十分丰富，不仅包括碗、盘、壶、杯、碟、盆、罐等日常生活用品，还包括建筑使用的砖。

（1）粗陶制品。一般都比较粗糙，陶质不够细腻，其种类不多，烧制时火力也比较小，其成品质量低劣，比较粗拙。粗陶制品陶胎质粗松，断面吸水率高，坚固程度较差。

（2）细陶制品。品质较细腻，通常可施以白釉，并用红、绿、蓝彩绘一次烧成。细陶制品的品种比较丰富，有碗、盘、壶、杯、碟、盆、瓶等日常生活用品。但因其质地不够坚硬，也逐渐被坚固的瓷制品取代。

（3）精陶制品。在成色方面有白色和象牙黄色之分，精陶制品的胎质细腻，装饰讲究。精陶制品种类主要有碗、盘、壶、杯、碟等生活日用品。

（二）瓷制品

瓷制品用瓷石或瓷土做胎，而作为制瓷原料的瓷石、瓷土或高岭土必须富含石英和绢云母等矿物质，烧制温度必须在 1 200 ℃以上。瓷制品的最大特点：表面施有高温下烧成的釉面。其成品胎体坚硬，厚薄均匀，造型规整。瓷制品经过高温焙烧，胎体坚固致密，断面具有很强的拒水性，在敲击之后会发出清脆的金属声响。

（三）装饰材料中陶砖与瓷砖的区别

陶砖和瓷砖最根本的区别就在于它们的吸水率不同。吸水率小于 0.5%的为瓷砖，大于 10%的为陶砖，介于两者之间的为半瓷砖。各种常见釉面砖、抛光砖和无釉锦砖是瓷质的，吸水率不大于 0.5%；仿古砖、水晶砖、耐磨砖和亚光等是炻质砖，即半瓷砖，吸水率为 0.5%～10%；瓷片、陶管、饰面瓦和琉璃制品等一般都是陶质的，吸水率大于 10%。

三、陶瓷的生产工艺

建筑陶瓷的生产要经过坯料制备、成型和烧结三个阶段。

（一）坯料制备

坯料用天然的岩石、矿物、黏土等做原料。制备过程是：粉碎→精选→磨细→配料→脱水→练坯、陈腐等。根据成型要求，原料经过坯料制备以后，可以是粉料、浆料或可塑泥团。

（二）成型

按坯料的性能分，建筑陶瓷的成型方法分为可塑法、注浆法和压制法。

1．可塑法

可塑法又叫塑性料团成型法。坯料中加入一定量的水分或塑化剂，使之成为具有良好塑性的料团，通过手工或机械成型。

2．注浆法

注浆法又称浆料成型法。它是把原料配制成浆料，注入模具中成型，分为一般注浆成型和热压注浆成型。

3．压制法

压制法又称为粉料成型法，就是将含有一定水分和添加剂的粉料，在金属模具中用较高的压力压制成型，与粉末冶金成型方法完全一样。

（三）烧结

建筑陶瓷制品成型后还要烧结。未经烧结的陶瓷制品称为生坯，陶瓷生坯在加热过程中不断收缩，并在低于熔点温度下变成致密、坚硬的具有某种显微结构的多晶烧结体，这种现象称为烧结。烧结后，坯体体积减小，密度增加，强度和硬度增加。

四、陶瓷的表面装饰

釉的出现改善了陶瓷制品的多种缺陷。原来烧结的陶瓷坯体表面比较粗糙且无光，不仅影响了美观，也降低了使用寿命，而釉的使用对制品起到保护作用，为朴素的陶瓷制品穿上了华丽的外衣。

（一）施釉

釉是一种玻璃质的材料，是覆盖在陶瓷坯体表面的玻璃质薄层，它使制品变得平滑、光亮、不吸水，对提高制品的强度，改善制品的热稳定性和化学稳定性也是有利的。同时还具有玻璃的通性：无确定的熔点，只有熔融范围，硬、脆、各向同性、透明，具有光泽，而且这些性质随温变的变化规律也与玻璃相似。但釉毕竟又不是玻璃，与玻璃有很大差别。

施釉是对陶瓷制品进行深加工的重要手段，其目的主要在于改善陶瓷制品的表面性能。通常，烧结的坯体表面均粗糙无光，多孔结构的陶坯更是如此，这不仅影响美观和力学性能，而且也容易玷污和吸湿。而当坯体表面施釉以后，表面变得平滑光亮、不吸水、不透气，可提高制品的机械强度和美观效果。釉料是以石英、长石、高岭土等为主，再配以多种其他成分所研制成的浆体。釉的种类很多，按坯体种类包括瓷器釉、炻器釉、陶器釉；按化学组成包括长石釉、石灰釉、滑石釉、混合釉、铅釉、硼釉、铅硼釉、食盐釉、土釉；按烧成温度包括低温釉（1 100 ℃以下）、中温釉（1 100 ℃～1 300 ℃）、高温釉（1 300 ℃以上）；按制备方法包括生料釉、熔块釉。

1. 釉的分类

釉的分类如表 4-2 所示。

表 4-2　釉的分类

分类方法	种类
按坯体种类	瓷器釉、陶瓷釉、炻器釉
按烧成温度	低温釉（1 100 ℃以下）、中温釉（1 100 ℃～1 300 ℃）、高温釉（1 300 ℃以上）
按制备方法	生料釉、熔块釉、盐釉（挥发釉）、土釉
按外表特征	透明釉、乳浊釉、有色釉、光亮釉、无光釉、结晶釉、砂金釉、碎纹釉、珠光釉、花釉等
按化学组成	长石釉、石灰釉、滑石釉、混合釉、铅釉、硼釉、铅硼釉、食盐釉

2. 釉的性能

（1）釉料能在坯体烧结温度下成熟，一般要求釉的成熟温度略低于坯体烧成温度。

（2）釉料要求与坯体牢固地结合，其热膨胀系数稍小于坯体的热膨胀系数。

（3）釉料经高温熔化后，应具有适当的黏度和表面张力。

（4）釉层质地坚硬、耐磕碰、不易磨损。

一般釉的基本性能如表 4-3 所示。

表 4-3　釉的基本性能

始熔温度/℃	1 150～1 200	釉面显微硬度/ MPa	6 000～9 000
成熟温度/℃	1 300～1 450	热稳定性/℃	220 不裂
高温流动度（斜槽法，mm）	30～66	光泽度/%	>90
平均膨胀系数（1×10^{-6}/℃，20 ℃～100 ℃）	2.9～5.3	白度/%	>80

（二）彩绘

彩绘是在坯体上用人工或印刷、贴花转移等方法制成各种图案形成釉层部分的陶瓷装饰方法。根据彩绘的形成在釉层下还是在釉层上分为釉上彩绘和釉下彩绘。

1. 釉上彩绘

釉上彩绘采用釉烧过的坯体，在釉层上用低温颜料（600 ℃～900 ℃烧成）进行彩绘，而后进行彩烧而成（釉烧在前）。

由于釉上彩的彩烧温度低，许多陶瓷颜料均可采用，其彩绘色调十分丰富；而且，由于彩绘是在强度相当高的陶瓷坯体上进行，因此除手工绘制外，还可以采用机械化、半机械化生产，其产生效率高、成本低、价格便宜、应用较为普遍。但釉上彩画面易被磨损，表面也欠光滑，且在使用中颜料中所加的含铅助熔剂可能溶出，对人体产生有害影响。

目前广泛采用釉上贴花、喷花、刷花等方法。贴花是在纸或塑料薄膜上印制各种图案，然后将其贴于制品上，使图案彩料转移到釉面上。喷花和刷花是预先制作各种图案的镂空板，然后用压缩穿气喷枪或涂刷工具将彩料透过镂空处施于釉面上得到图案。

2. 釉下彩绘

釉下彩绘是在生坯或素烧后的坯体上进行彩绘，然后在其上施一层透明釉或半透明釉，而釉烧而成（釉烧在后）。由于受后施釉面层烧成温度的影响，一般釉下彩绘所用的颜料为高温颜料，种类较少，生成的颜色不够丰富。釉下彩多为手工绘制，由于其生产效率低，制品价格较贵，所以应用不广泛。我国传统的青花瓷器、釉里红以及釉下五彩等都是名贵的釉下彩制品。然而，在艺术表现力方面，釉下彩远不及釉上彩那么丰富多彩。

（三）贵金属装饰

对于高级陶瓷制品，如采用金、铂、钯、银等贵金属在陶瓷釉上进行彩绘装饰，被称为贵金属装饰，是高级陶瓷制品的一种艺术处理方法。其中最为常见的是饰金装饰，它是采用纯金溶于溶剂中，然后绘于釉面之上，经彩烧（不大于 900 ℃）直接或再经抛光形成闪光的金膜。所形成的金膜膜层很薄，最薄的只有 0.05 μm，即每平方米只含金一克，最厚的也不过 0.5 μm 左右。如金边、图画描金装饰方法等。

金材装饰陶瓷的方法有亮金、磨光金和腐蚀金等。亮金在饰金装饰中应用最为广泛，它采用金水作着色材料，在适当温度下彩烧后，直接获得发光金属层。亮金所用金水的含金量必须控制在 10%～12% 以内，否则，金层容易脱落、耐热性降低。

第二节　陶　瓷　锦　砖

陶瓷锦砖又名马赛克，用优质瓷土烧成 18.5 mm×18.5 mm×5 mm、39 mm×39 mm×5 mm 的小方块，或边长为 25 mm 的六角形等。这种制品出厂前已按各种图案反贴在牛皮纸上，每张大小约 30 cm 见方，称作一联，其面积约 0.093 m，每 40 联为一箱，每箱约 3.7 平方米。施工时将每联纸面向上，贴在半凝固的水泥砂浆面上，用长木板压面，使之粘贴平实，待砂浆硬化后洗去皮纸，即显出美丽的图案。

陶瓷锦砖色泽多样，质地坚实，经久耐用，能耐酸、耐碱、耐火、耐磨，抗压力强，吸水率小，不渗水，易清洗，可用于工业与民用建筑的洁净车间、门厅、走廊、餐厅、厕所、浴室、工作间、化验室等处的地面和内墙面，并可作高级建筑物的外墙饰面材料。

一、陶瓷锦砖的品种

陶瓷锦砖的品种主要有以下几种分类。

（1）按表面质地来划分，陶瓷锦砖可分为有釉锦砖、无釉锦砖和艺术马赛克。

（2）按材质来划分，陶瓷锦砖可分为金属马赛克、玻璃马赛克、石材马赛克和陶瓷马赛克。

（3）按形状来划分，陶瓷锦砖可分为正方形、长方形、六角形和菱形等。

（4）按砖的色泽来划分，陶瓷锦砖可分为单色和拼花。

（5）按用途来划分，陶瓷锦砖可分为内外墙马赛克、铺地马赛克、广场马赛克、阶梯马赛克和壁画马赛克。

二、陶瓷锦砖的施工方法

陶瓷锦砖以瓷化好、吸水率小、抗冻性能强为特色而成为外墙装饰的重要材料。特别是有釉和磨光制品以其晶莹、细腻的质感，更加提高了耐污染能力和材料的高贵感。

陶瓷锦砖砖体薄、自重轻、密的线路（缝隙）充满砂浆，保证每个小瓷片都牢牢地粘结在砂浆中，因而不易脱落，具有安全感。

（一）施工前准备

1. 材料

陶瓷材料陶瓷锦砖的品种、规格、颜色、图案和产品等级应符合设计要求；产品质量应符合现行有关标准，并附有产品合格证；对于掉角、脱粒、开裂或衬纸受潮损坏的产品剔除不用。陶瓷锦砖在现场要严禁散装散放，要严禁受潮。辅助材料有水泥、砂子、水等。

2. 工具

工具主要包括筛子、窗筛、木抹子、铁抹子、小灰铲、直木杠、水平尺、墨斗、八字靠尺、托线板、硬木拍板、扫帚、洒水壶、胡桃钳、小锤、铁丝、大线锤、钢片开刀、裁纸刀及拌灰工具等。

3. 施工应具备的作业条件

（1）预留孔洞及排水管应处理完毕，门窗框扇固定好。用 1∶3 水泥砂浆堵塞缝隙，对铝合金门窗框边嵌缝材料应符合要求，并堵塞密实，贴好保护膜。

（2）提前支好脚手架或吊篮。最好选双排架子（室外高层宜采用吊篮，多层亦可采用桥式架子等），横竖杆及拉杆等应离开门窗口角 150 mm～200 mm，架子步高要符合要求。

（3）清理好基层，堵好脚手眼。

（4）大面积施工前，应先做样板，样板经质检部门鉴定合格后，方可组织正式施工

（二）施工步骤

1. 基层处理

剔平墙面凸出的混凝土，对大规模施工的混凝土墙面应凿毛，使用钢丝刷全面刷一遍，然后浇水润湿。对光滑的混凝土墙面要做"毛化处理"，即先清理尘土、污垢，用 10%火碱水刷洗油污，随后清水冲净碱液，晾干。用 1∶1 水泥细砂浆，内掺水重 20%的 107 胶，喷或用扫帚均匀地甩到墙上，终凝后浇水养护。

2. 吊垂直、找规矩

根据墙面结构、平整度找出贴陶瓷锦砖的规矩，若建筑物外墙面全部贴陶瓷锦砖又是高层时，应在四周大角和门窗口边用经纬仪打垂直线找直；如果建筑物为多层时，可从顶层起用特大线锤，绷直径 0.7 mm 铁丝吊垂直，随后，根据陶瓷锦砖的规格尺寸设点做标块。横线以楼层

为水平基线交圈控制，竖向以四周大角和贯通柱、垛子为基线控制。每层打底时，都以此标块为基准点做标筋，使其底层灰达到横平竖直、方正。同时要注意找好突出檐口、腰线、窗台、雨篷等饰面，必须是整砖，而且有流水坡度和滴水线（槽）及止水，其深、宽不小于 10 mm，并整齐一致。

3. 打底灰

一般分两次进行，首先刷一道掺水重 10%的 107 胶的水泥素浆，随后抹第一遍掺水泥重 20%的 107 胶 1∶2.5 或 1∶3 水泥砂浆，薄薄抹一层，用抹子压实。第二次用相同配比的砂浆按标筋抹平，用短杆刮平，最后用木抹子搓出麻面。但贴锦砖的底灰平整度要求要严格一些，因为其粘结层比较薄。底子灰抹完后，经终凝浇水养护。

4. 弹线贴

应先放出施工大样，根据高度弹出若干条水平线以及垂直线。弹线时，应计算好陶瓷锦砖的张数，使两线之间保持整张数。要是有分格要求，需按总高度均分，根据设计与陶瓷锦砖品种、规格定出缝宽，再加米厘条。但同一面墙不得有一排以上非整砖，并应安排在隐蔽处。

5. 铺贴

先将底灰润湿，在弹好水平线的下口上支好一根垫尺，一般 3 人为一组进行操作，一人烧水润湿墙面，先刷一道素水泥浆（内掺水重 10%的 107 胶）。再抹 2～3 mm 厚的混合灰粘结层，其配比为纸筋∶石灰膏∶水泥＝1∶1∶2（先将纸筋与石灰膏搅匀过 3 mm 筛，再和水泥搅匀）。第二人将陶瓷锦砖放在木制托板上，砖面朝上，往缝子里灌 1∶1 水泥细砂灰，用软毛刷刷净砖面，再抹上薄薄一层灰浆。然后，一张一张递给第三人，将四边余灰刮掉，两手执住锦砖上边沿，在已支好的垫尺上，位置对准，对号入座，由下往上铺贴。如需分格，则贴完一组后，将米厘条放在上口线，继续贴第二组。铺贴高度可根据气候条件而定。

另一种铺贴方法是：底灰润湿，抹薄薄一层素水泥浆（也可掺水泥重量 7%～10%的 107 胶）。再抹 1∶0.3 水泥细纸筋灰或用内掺 10%107 胶的 1∶1.5 水泥细砂浆粘结层，砂子过窗筛。厚度为 2～3 mm，用靠尺刮平，用抹子抹平。同时将陶瓷锦砖铺在木板上，砖面朝上，往砖缝里灌白水泥素浆。如果是彩色锦砖，则灌彩色水泥。缝灌完后，用适当含水量的刷子刷一遍，随后抹上 1～2 mm 厚的素水泥浆或聚合物水泥浆的粘结灰浆。将四边余灰刮掉，紧接着对准横竖弹线，对准对齐，逐张往墙上贴。

在铺贴陶瓷锦砖的过程中，最要紧的是，必须掌握好时间，有人总结出"随抹墙面粘结层，随抹锦砖粘结灰浆，随着赶紧往墙面上铺贴"的"三随"操作法。

"三随"必须紧跟不得怠慢，如果时间掌握不好，等灰浆于粘结收水后再贴，就会导致粘结不牢，而出现脱粒现象。陶瓷锦砖贴完后，将水拍板紧靠衬纸面层，用小锤敲木板，做到满拍、轻拍、拍实、拍平，使其粘结牢固、严整。

6. 揭纸、调缝

陶瓷锦砖铺贴 30 分钟后，可用长毛刷蘸清水润湿牛皮纸，待纸面完全湿透后（15～30 分钟），自上而下将纸揭下。操作时，手执上方纸边两角，保持与墙面平行的协调一致的操作。不得乱扯乱撕纸面，以免带动陶瓷锦砖颗粒。

揭纸后，认真检查缝隙的大小平直情况，如果缝隙大小不均匀，横竖不平直，必须用钢片开刀拨正调直。拨缝必须在水泥初凝前进行，先调横缝，再调竖缝，达到缝宽一致，横平竖直。

然后，用木拍板紧靠面层，用小锤敲木板，拍平、拍实，确保粘贴牢固。

7. 擦缝

先用木袜子将近似陶瓷锦砖颜色的擦缝水泥浆抹入缝隙，然后用刮板将水泥浆往缝里刮实、刮满、刮严，再用麻丝和擦布将表面擦净。遗留在缝里的浮砂，可用潮湿而干净的软毛刷，轻轻带出来。

如需清洗饰面，应待勾缝材料硬化后进行。起出米厘条的缝要用 1∶1 水泥砂浆勾严勾平，再用抹布擦净。面层干燥后，表面涂刷一道防水剂，避免起碱，有利于美观。

（三）冬季施工

一般只在低温冬季的初期施工，严寒时期不能施工。

（1）冬期施工，抹灰砂浆应采取保温措施。抹灰时砂浆温度不宜低于 5 ℃。

（2）砂浆抹灰层硬化初期不得受冻。气温低于 5 ℃时，室外抹灰用砂浆中可适量掺入能降低冻结温度的外加剂。

（3）用冻结法砌筑的墙体，室外抹灰应待其完全解冻后施工。不得用热水冲刷，让墙面解冻和消除冰霜。

（4）冬期施工，抹灰层可采用热空气或带烟囱的火炉加速干燥。采用热空气时，必须加设通风排湿设备。

（四）陶瓷锦砖施工中常见问题及解决

（1）墙面空膨脱落是因基层处理不干净，浇水不透，贴锦砖时刮的素水泥浆与粘结砂浆之间相隔时间太长，粘结砂浆强度太低、失水过快所造成的。

克服办法：粘贴时应做到基层处理干净；各道工序连接紧凑；粘结砂浆不得过厚；不得使用过期的水泥拌砂浆。最好使用 425 号水泥贴陶瓷锦砖。

（2）锦砖错位、接茬明显和表面不平，是因为基层不平，粘结层过厚（最好不超过 1～2 mm），粘结灰浆调度过稀，排砖画线有误，锦砖规格不统一所致。

克服办法：施工时要事先设计好锦砖模数，排好砖，画好分格线，挂好水平线。特别是对窗台、柱垛、阴阳角等部位更应算好模数，排好砖。施工时灰浆应刮满锦砖缝隙按照准确位置粘贴。

（3）阴阳角不方正主要是抹底灰未按工艺规范去吊直、套方、找规矩所致。

三、陶瓷锦砖的特点与应用

陶瓷锦砖的基本特点是质地坚硬、色泽美观、图案多样，而且耐酸、耐碱、耐磨、耐水、耐压、耐冲击。另外，由于陶瓷锦砖在材质、颜色方面可选择种类多，可拼装图案十分丰富。

陶瓷锦砖的典型用途通常是室内地面的装饰，这主要是因为它具有不渗水、不吸水、易清洗、防滑等特点，特别适合湿滑环境的地面铺设。在工业和公共建筑中，陶瓷锦砖也被广泛用于内墙、地面，亦可用于外墙。

第三节　釉　面　砖

釉面砖又称为内墙贴面砖、瓷砖、瓷片。此种砖质地属于多孔的精陶类，使用优质陶土制成坯体，表面涂有不同金属氧化物作为颜料，经煅烧而制成表面有釉的面砖。

一、釉面的分类

装饰釉面的种类决定了釉面陶瓷的装饰效果。根据釉面的装饰效果不同，可分为如下几种。

（一）碎纹釉

碎纹釉顾名思义是釉面形成了形状各异、大小不一的碎裂纹路，纹路似网状的龟裂纹。这种釉面烧制的装饰材料装饰效果很好。碎裂现象的产生有很多的方法，如采用急冷工艺可生成碎纹釉，用两种具有不同收缩率的釉料，将有高收缩率的釉料施于普通釉上，经过高温烧成后上层釉龟裂可以透见下层釉，甚至有的釉在经年放置后也能形成碎纹釉。

（二）彩色釉

彩色釉的釉面效果是由釉的化学组成、色彩添加量、施釉厚度与均匀性、烧成时窑炉温度等因素决定的。釉面的颜色主要是采用多种金属氧化物作用而成，黑色氧化钴是釉料中最强烈的着色剂，能形成鲜艳的蓝色；氧化钴在釉中可以形成红色、黄色、粉红色和棕色；二氧化锰可以形成黑色、红色、粉红色与棕色；钒与锆可以制成钒锆黄、钒锆蓝等成色稳定的色釉；氧化铁可形成淡蓝灰色、淡黄色、绿色、蓝色或黑色等。

（三）光泽釉、半无光釉、无光釉

通过对光线吸收程度的不同，将釉面分为光泽釉、半无光釉和无光釉。这种釉面色彩丰富，釉面的种类也很多，光泽釉的釉色十分丰富，使陶瓷制品具有很强的反光性，经过 $600\sim900$ ℃的熔烧，形成了犹如彩虹般光线衍射的装饰釉面。

这类装饰釉面通过对釉面添加各种金属原料形成了铁红光泽釉、黄色光泽釉和驼色光泽釉等；而无光釉所形成的釉层效果是由于光线的漫反射造成的，这种反射作用降低了光泽度，能产生特殊的装饰效果。

二、釉面砖的形状与规格

釉面砖按形状可分为正方形、长方形和异形配件砖。因表面光滑、美观、耐蚀、防潮，便于清洁，适用于内墙保护和装饰，不能用于室外墙面的装饰。釉面砖的侧面形状如图 4-1 所示，选择不同的侧面可组成各种边缘形状的釉面砖，如平边砖、平边两面圆砖、圆边砖等。图中 R、r、H 值由生产厂自定，E 值≤0.5 mm，背纹深度≥0.5 mm。

釉面砖除了有一定的几何规则尺寸外，还用了异形配件砖，如图 4-2 所示。异形配件砖的形状有阳角条、阴角条、阳三角、阴三角、阳角座、阴角座、腰线砖、压顶条、压顶阳角、压顶阴角、阳角条一端圆、阴角条一端圆等。

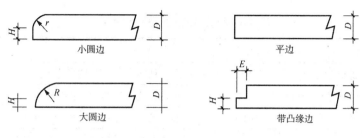

图 4-1 釉面陶质砖的侧面形状

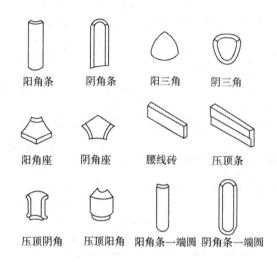

图 4-2 异形配件砖

无论单色、彩色还是图案砖，内墙釉面砖都是由正方形、长方形和特殊位置使用的异型配件砖组成。瓷砖的常用规格有 108 mm×108 mm×5 mm、152 mm×152 mm×5 mm、200 mm×150 mm×5 mm 等，如表 4-4 所示。有釉陶质砖的主要规格尺寸分为模数化和非模数化。模数化规格的特点是考虑了灰缝间隔后的装配尺寸符合模数化，便于与建筑模数相匹配，因此产品实际尺寸小于装配尺寸；而非模数化规格的特点是砖的实际尺寸即为产品尺寸，两者是一致的。近几年墙面砖逐渐向大尺寸发展，如 350 mm×（350～250）mm、450 mm×（450～350）mm、500 mm×（500～350）mm 等，厚度为 30 mm～50 mm 不等。

表 4-4 有釉陶质砖异形配件砖的规格尺寸

B/ mm	C/ mm	E/ mm	R，SR/ mm
1/4A	1/3A	3	22

三、釉面砖的特点

釉面砖是以难熔黏土为主要原料，再加入一定量非可塑性掺料和助熔剂，共同研磨成浆体，经榨泥、烘干成含一定水分的坯料后，通过模具压制成薄片坯体，再经烘干、素烧施釉，最后釉烧而成。釉面砖的种类极其丰富，主要包含单色、彩色、印花和图案砖等品种。釉面砖正面施釉，背面吸水率高且有凹槽纹，利于粘贴。正面所施釉料品种很多，有白色釉、彩色釉、光亮釉、珠光釉、结晶釉等。釉面砖的主要品种和特点如表 4-5 所示。

表 4-5　釉面砖的主要品种和特点

种类		代号	特点
白色釉面砖		FJ	色纯白，釉面光亮，简洁大方
彩色釉面砖	有光彩色釉面砖	YG	釉面光亮晶莹，色彩丰富雅致
	无光彩色釉面砖	SHG	釉面半无光，不晃眼，色泽一致柔和
装饰釉面转	花釉砖	HY	在同一砖上施以多种彩釉，经高温烧成；色釉互相渗透，花纹千姿百态，有良好装饰效果
	结晶釉面砖	JJ	晶花辉映，纹理多姿
	斑纹釉面砖	BW	斑纹釉面，丰富多彩
	理石釉面砖	LSH	具有天然大理石花纹，颜色丰富，美观大方
图案转	白地图案砖	BT	在白色釉面砖上装饰各种图案，经高温烧成；纹样清晰，色彩明朗，清洁优美
	彩色地图案砖	YGT DYGT SHGT	在有光（YG）或无光（SHG）彩色釉面砖上装饰各种图案，经高温烧成；产生浮雕，缎光、绒毛、彩漆等效果
字画釉面砖		—	以各种釉面砖拼成各种瓷砖字画，或根据已有画稿烧制成釉面砖，组合拼装而成，色彩丰富，光亮美观，永不褪色

四、釉面砖的优缺点

（一）优点

釉面砖的色彩图案丰富、规格多、清洁方便、选择空间大、适用于厨房和卫生间。釉面砖表面可以做各种图案和花纹，比抛光砖色彩和图案丰富。

釉面砖的表面强度会大很多，可作为墙面和地面两用。相对于玻化砖，釉面砖最大的优点是防渗，不怕脏，大部分的釉面砖的防滑度都非常好，而且釉面砖表面还可以烧制各种花纹图案，风格比较多样。虽然釉面砖的耐磨性比玻化砖稍差，但合格的产品其耐磨度绝对能满足家庭使用的需要。釉面砖的优点如下。

（1）防渗，无缝拼接，任意造型，韧度非常好，基本上不会发生断裂等现象。

（2）吸水率：釉面砖的吸水率大于 10%。

（3）耐急冷急热的特性：是指釉面砖承受温度急剧变化而不出现裂纹的性质。试验采用的冷热温度差为 130 ℃±2 ℃。

（4）弯曲强度：釉面砖的弯曲强度平均值不小于 16 MPa，当砖的厚度大于或等于 7.5 mm时，弯曲强度平均值不小于 13 MPa。

（二）缺点

（1）表面是釉料，所以耐磨性不如抛光砖。

（2）在烧制的过程中经常能看到有针孔、裂纹、弯曲、色差釉面有水波纹斑点等。

（3）一般好的砖压机好，压制的密度高，烧制温度高，瓷化得好，所以吸水率也小。

问题：某单位为职工家属区宿舍楼统一装修，其厨房、卫生间墙面采用釉面陶瓷砖。墙砖粘贴半年后，经检查发现，约占总量25%的墙砖釉面开裂（胎体没有发现开裂），表面裂纹方向无规律性。另外，还发现部分墙砖有空鼓、脱落现象。釉面开裂的主要元凶是什么？

答：釉面砖的质量不好，材质松脆，吸水率大，因受潮而膨胀产生应力使釉面开裂；可能由于生产、运输、操作过程中产生的隐伤而开裂。

五、釉面砖的应用

釉面砖表面光滑、色泽柔和典雅，具有极好的装饰效果。此外，还具有防潮、耐酸碱、绝缘、易于清洗等特点。内墙砖主要适用于厨房、卫生间的内墙装饰。应用最广的是深色釉面砖、透明釉面砖、浮雕釉面砖及腰线砖。釉面砖为多孔坯体，吸水率较大，吸水后将产生湿涨现象，而其表面釉层的吸水率和湿涨性又很小，再加上自然温度的影响（尤其是冻胀现象的影响），会在砖坯体和釉层之间不断产生应力，当坯体内产生的胀应力超过釉层本身的抗拉强度时，就会导致釉层开裂或脱落，严重影响饰面效果。因此釉面砖不能用于室外。

釉面砖在铺贴前需放入清水中浸泡，浸泡到不冒泡为止，且不少于 2 小时，然后取出晾干至表面阴干无明水，方可进行铺贴施工。内墙面砖的铺贴有许多种排列方式，应根据室内设计的风格和装修标准确定面砖花色、品种，并设计面砖排列组合方式，以达到美化的效果。如图4-3 所示是内墙面砖常用的排列铺贴方式。

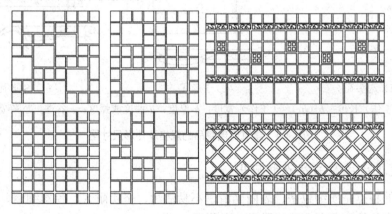

图4-3　内墙面砖常用的排列铺贴方式

第四节　其他陶瓷制品

一、琉璃制品

（一）规格与品种

琉璃制品以黏土为主要原料，成型后经干燥、素烧、施色釉、釉烧而成。在近代，由于它具有独特的装饰性能，不但用于古典式建筑物，也广泛用于具有民族风格的现代建筑物。

建筑琉璃制品按品种分为三类：瓦类、脊类、饰件类。瓦类部分根据形状可进一步分为板瓦、筒瓦、滴水瓦、沟头瓦、J形瓦、S形瓦和其他异形瓦等。

产品的规格及尺寸由供需双方商定，规格以长度和宽度的外形尺寸表示，如图4-4所示。

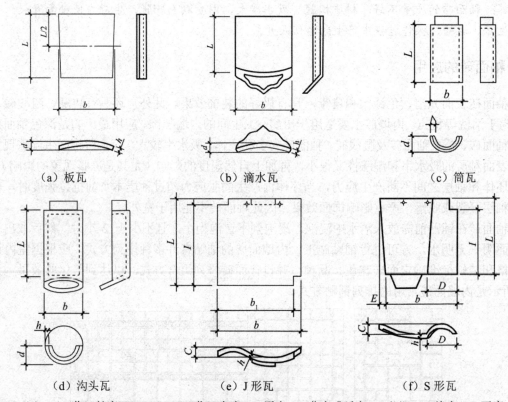

（a）板瓦　　　　　　　（b）滴水瓦　　　　　　　（c）筒瓦

（d）沟头瓦　　　　　　（e）J形瓦　　　　　　　（f）S形瓦

$L（I）$-（工作）长度；$b（b_1）$-（工作）宽度；h-厚度；d-曲度或弧度；c-谷深；D-峰宽；E-开度

图4-4　建筑琉璃制品的规格及外形尺寸图

（二）建筑琉璃制品特点和应用

琉璃制品的特点是质细致密、表面光滑、不易沾污、坚实耐久、色彩绚丽、造型古朴，富有民族特点。常见的颜色有金黄、翠绿、宝蓝等。

琉璃瓦因价格昂贵、自重大，故主要用于具有民族色彩的宫殿式房屋，以及少数纪念性建筑物上。另外还常用于建筑园林中的亭、台、楼阁，以增加园林的民族特色。

琉璃制品还常作为近代建筑的高级屋面材料，用于各类坡屋顶，体现了现代与传统的完美结合，富有东方民族风格，富丽堂皇、雄伟壮观。

装饰琉璃砖与琉璃瓦是高档的室内装饰材料。装饰琉璃砖工艺精细、外观精美、立体感强，可用于室内吊顶、墙面、吧台、顶棚、地面、背景、凹嵌、门牌和标牌等部位装饰，具有极高的观赏性。琉璃砖与琉璃瓦是以人造水晶为原料，凭借其雅致的风格品位和文化气质，为空间增色许多。装饰琉璃砖在光的投射下辉映出各种形态的图案，具以其逼真的造型和自然色彩，充分体现了当今室内装饰推崇自然，追求返璞归真的设计趋势，成为空间环境艺术的组成部分，如图4-5所示。

图 4-5　琉璃砖拼接装饰效果图

二、陶土板

陶土板又称陶板，是以天然陶土为主要原料，不添加任何其他成分，经过高压挤出成型、低温干燥并经过 1 200～1 250 ℃的高温烧制而成，具有绿色环保、无辐射、色泽温和、不会带来光污染等特点。陶土板在经过煅烧出炉的一刻，会有激光质量检测仪检测，不符合的产品直接回收再次加工。合格的产品经定尺切割，然后包装后供应市场。

按照结构，陶土幕墙产品可分为单层陶土板与双层中空式陶土板以及陶土百叶；按照表面效果分为自然面、砂面、槽面及釉面。双层陶土板的中空设计不仅减轻了陶土板的自重，还提高了陶土板的透气、隔音和保温性能。

陶土板作为幕墙材料，用在大型场馆、公建设施及楼宇的外墙，或是做成百叶，用于遮阳。也可用在大空间的室内墙壁，如办公楼大厅、地铁车站、火车站候车大厅、机场候机大厅、博物馆、歌舞剧院等。装饰效果如图 4-6 所示。

图 4-6　陶土板室外装饰效果图

三、陶瓷艺术砖

陶瓷艺术砖采用优质黏土、石英、无机矿物等为原料，经成型、干燥、高温焙烧而成。主要用于建筑内外墙的陶瓷壁画，是一种以陶瓷面砖、陶板等建筑块材经镶拼制作而成的，具有较高艺术价值的大型现代装饰画。

大型陶瓷艺术饰面板具有单块面积大、厚度薄、平整度好、吸水率低、抗冻、抗化学侵蚀、耐急冷急热、施工方便等优点，并有绘制艺术、书法、条幅、陶瓷壁画等多种功能。

陶瓷艺术砖的生产方法与普通瓷砖相似，不同的是由于一幅完整的立面图案一般是由若干不同类型的单块瓷砖组成，因此必须按设计的图案要求压制成不同形状和尺寸的单块瓷砖。

近几年来，铺地陶瓷产品正向着大尺寸、多功能、豪华型的方向发展。陶瓷艺术砖适用宾馆、会议厅、艺术展览馆、机场和车站候车室等公共场所的墙壁装饰，给来往游客以美的享受。

四、软性陶瓷

软性陶瓷通过对普通泥土或黏土的改良再经高温烧结而成，其烧制的时间越久，质地越柔软，弹性也就更强。软性陶瓷聚有手感柔软、富有弹性、防滑防潮和质地坚硬的特点，能够产生较强的立体效果，装饰性能优良。

软性陶瓷的适用范围非常广泛，如部分建筑外墙、商业空间室内墙体、娱乐空间和健身场所地面装饰等，家庭装饰方面适用于儿童房和浴室等。软性陶瓷装饰效果如图 4-7 所示。

图 4-7　软性陶瓷装饰效果图

软性陶瓷的特性如下。

（1）自重很轻，无需锚固。软瓷保温系统采用软瓷饰面砖作为饰面层，整体自重低于 10 kg/ m²，可直接用水泥基粘结剂粘贴在基层上，无需锚固。

（2）非凡的装饰效果。软瓷保温装饰一体化系统可仿石材、金属幕墙、陶土板、劈开砖、实木效果，表现力非凡。

（3）优异的抗裂性。软瓷饰面砖柔韧度极高，具有优异的抗裂性能。

（4）独特设计，解决接缝问题。相邻两边的阶梯设计，相互拼接时可形成凹槽，用勾缝剂在其上勾缝即可。这一专利结构简化了保温装饰板接缝、勾缝施工工艺。

（5）神奇的透气性能。软瓷保温装饰一体化系统就像人的皮肤一样，能完全阻挡水分子渗透，但允许水蒸气分子的少量移动，保证系统中潮气的排出，减少返潮和结露。

（6）卓越的保温性能。系统选用的保温材料为膨胀聚苯板或挤塑聚苯板，导热系数极低；系统整体性好，无热桥；可以通过调整保温层厚度满足我国不同地区建筑节能设计标准要求。

（7）耐久。经权威机构检测，耐老化实验数据高达 2 000 小时以上，相当于 25 年以上的使用寿命。

（8）用途广泛。软瓷保温装饰一体化系统不仅可用于新建筑外墙外保温，亦可用于旧建筑节能改造，同时也可用于外墙内保温、顶屋面保温、冷库保温等。

实训　陶瓷砖试验

本试验依据是《陶瓷砖试验方法》GB/T3810.2～GB/T3810.11－2006。

一、陶瓷砖的平整度、边直度和直角度试验

（一）主要仪器

如图 4-8 所示的仪器或其他合适的仪器；有精确的尺寸和平直的边的标准板。

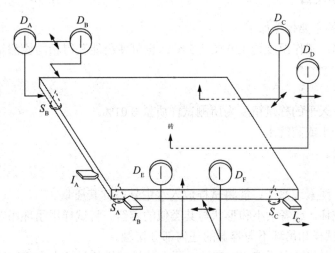

图 4-8　测量边直度、直角度和平整度的仪器

（二）试焊

每种类型取 10 块整砖进行测量。

（三）试验步骤

1. 平整度测量

（1）选用如图 4-8 所示的仪器，将相应的标准板准确地放在 3 个定位支承销（S_A，S_B，S_C）

上，每个支撑销的中心到砖边的距离为 10 mm，外部的两个分度表（D_E，D_C）到砖边的距离也为 10 mm。

（2）调节 3 个分度表（D_D，D_E，D_C）的读数至合适的初始值。

（3）取出标准板，将砖的釉面和合适的正面朝下置于仪器上，记录 3 个分度表的读数。如果是正方形砖，转动试样，每块试样得到 4 个测量值，每块砖重复上述步骤。如果是长方形砖，分别使用合适尺寸的仪器来测量。记录每块砖最大的中心弯曲度（D_D），边弯曲度（D_E）和翘曲度（D_C），测量值精确到 0.1 mm。

2. 边直度、直角度测量

（1）选择如图 4-8 所示的仪器，当砖放在仪器的支承销（S_A，S_B，S_C）上时，使定位销（I_A，I_B，I_C）离被测边每一角点的距离为 5 mm。分度表（D_A）的测杆也应在离被测边的一个角点 5 mm 处）。

（2）将合适的标准板准确地置于仪器的测量位置上，调整分度表的读数至合适的初始值。

（3）取出标准板，将砖的正面恰当地放在仪器的定位销上，记录离角点 5 mm 处分度表读数。如果是正方形砖，转动砖的位置得到四次测量值。每块砖都重复上述步骤。如果是长方形砖，分别使用合适尺寸的仪器来测量其长边和宽边的角度。测量值精确到 0.1 mm。

二、吸水平试验

（一）主要仪器

吸水平试验的主要仪器如下。

（1）干燥箱：工作温度为 110 ℃±5 ℃；也可使用能获得相同检测结果的微波、红外或其他干燥系统。

（2）热源。

（3）天平：天平的称量精度为所测试样质量 0.01%。

（4）去离子水或蒸馏水。

（5）干燥器。

（6）麂皮。

（7）吊环、绳索或篮子：能将试样放入水中悬吊称其质量。

（8）玻璃烧杯，或者大小和形状与其类似的容器。将试样用吊环吊在天平的一端，使试样完全浸入水中，试样和吊环不与容器的任何部分接触。

（9）真空容器和真空系统：能容纳所要求数量试样的足够大容积的真空容器和抽真空能达到 10 kPa±1 kPa 并保持 30 分钟的真空系统。

（二）试样

每种类型取 10 块整砖进行测试。

如每块砖的表面积大于 0.04 m² 时，只需用 5 块整砖进行测试。

如每块砖的质量小于 50 g，则需足够数量的砖使每个试样质量达到 50～100 g。

砖的边长大于 200 mm 且小于 400 mm 时，可切割成小块，但切割下的每一块应计入测量值内，多边形和其他非矩形砖，其长和宽均外接矩形计算。若砖的边长大于 400 mm 时，至少在 3

块整砖的中间部位切取最小边长为 100 mm 的 5 块试样。

（三）试验

1．水的饱和（真空法）

将砖竖直放入真空容器中，使砖互不接触，加入足够的水将砖覆盖并高出 5 cm。抽真空至 10 kPa±1 kPa，并保持 30 分钟后停止抽真空，让砖浸泡 15 分钟后取出。将一块浸湿过的麂皮用手拧干。将麂皮放在平台上依次轻轻擦干每块砖的表面，对于凹凸或有浮雕的表面应用麂皮轻快地擦去表面水分，然后立即称重并记录，与干砖的称量精度相同，如表 4-6 所示。

表 4-6　砖的质量和测量精度

砖的质量	测量精度
50≤m≤100	0.02
100<m≤500	0.05
500<m≤1000	0.25
1000<m≤3000	0.50
m>3000	1.00

2．悬挂称量

试样在真空下吸水后，称量试样悬挂在水中的质量（m_3），精确至 0.01g。称量时，将样品挂在天平一臂的吊环、绳索或篮子上。实际称量前，将安装好并浸入水中的吊环、绳索或篮子放在天平上，使天平处于平衡位置。吊环、绳索或篮子在水中的深度与放试样称量时相同。

3．计算

在下面的计算中，假设 1 cm³ 水重 1 g，此假设室温下误差在 0.3% 以内。计算每一块砖的吸水率 $E_{(b, v)}$，用干砖的质量分数（%）表示，计算公式如下：

$$E_{(b,v)} = \frac{m_{2(b,v)} - m_1}{m_1} \times 100 \qquad (4\text{-}1)$$

式中　m_1——干砖的质量，g；

$\quad\quad\ m_{2b}$——砖在沸水中吸水饱和的质量，g；

$\quad\quad\ m_{2v}$——砖在真空下吸水饱和的质量，g；

$\quad\quad\ m_2$——湿砖的质量，g；

E_b 表示用 m_{2b} 测定的吸水率，E_v 表示用 m_{2v} 测定的吸水率。E_b 代表水仅注入容易进入的气孔，而 E_v 代表水最大可能地注入所有气孔。

三、陶瓷有釉砖表面耐磨性测定

（一）主要仪器

陶瓷有釉砖表面耐磨性测定的主要仪器包括以下几个。

（1）耐磨试验机：由内装电机驱动水平支承盘的钢壳组成，试样最小尺寸为 100 mm×

100 mm。支承盘中心与每个试样中心距离为 195 mm。相邻两个试样夹具的间距相等，支承盘 300 r/min 的转速运转，随之产生 22.5 mm 的偏心距（e）。因此，每块试样做直径为 45 mm 的圆周运动，试样由带橡胶密封的金属夹具固定。夹具的内径是 83 mm，提供的试验面积约为 54 cm^2。橡胶的厚度是 9 mm，夹具内空间高度是 25.5 mm。试验机达到预调转数后，自动停机。

（2）目视评价用装置：箱内用色温为 6 000～6 500 K 的荧光灯垂直置于观察砖的表面上，照度约为 300 LX，箱体尺寸为 61 mm×61 mm，箱内刷有自然灰色，观察时应避免光源直接照射。

（3）干燥箱：工作温度 110 ℃±5 ℃。

（4）其他：天平。

（二）试样

1. 试样的种类

试样应具有代表性，对于不同颜色或表面有装饰效果的陶瓷砖，取样时应注意包括所有颜色的部分。

试样的尺寸一般为 100 mm×100 mm，使用较小尺寸的试样时，要先把它们粘紧固定在一适宜的支承材料上，窄小接缝的边界影响可忽略不计。

2. 试样的数量

试验要求用 11 块试样，其中 8 块试样经试验供目视评价用。每个研磨阶段要求取下一块试样，然后用 3 块试样与已磨损的样品对比，观察可见磨损痕迹。

3. 准备

样品釉面应清洗并干燥。

（三）试验步骤

（1）只是偶尔需要校准设备或对试验结果的准确性有怀疑时，才进行校准。

（2）将试样釉面朝上夹紧在金属夹具下，从夹具上方的加料孔中加入研磨介质，盖上盖子防止研磨介质损失，试样的预调转数为 100、150、600、750、1 500、2 100、6 000 和 12 000（转）。达到预调转数后，取下试样，在流动水下冲洗，并在 110 ℃±5 ℃ 的烘箱内烘干。

如果试样被铁锈污染，可用体积分数为 10% 的盐酸擦洗，然后立即用流动水冲洗、干燥。将试样放入观察箱中，用一块已磨试样，周围放置三块同型号未磨试样，在 300 LX 照度下，距离 2 m，高 1.65 m，用眼睛（平时戴眼镜的可戴眼镜）观察对比未磨和经过研磨后的砖釉面的差别。注意不同的转数研磨后砖釉面的差别，至少需要三种观察意见。

（3）在观察箱内目视比较，当可见磨损在较高一级转数和低一级转数比较靠近时，重复试验检查结果，如果结果不同，取两个级别中较低一级作为结果进行分级。

（4）已通过 12 000 转数级的陶瓷砖紧接着做耐污染试验。试验完毕，钢球用流动水冲洗，再用含甲醇的酒精清洗，然后彻底干燥，以防生锈。如果有协议要求做釉面磨耗试验，则应在试验前先称 3 块试样的干质量，而后在 6 000 转数下研磨。已通过 1 500、2 100 和 6 000 转数级的陶瓷砖，进而做耐污染性试验。

（5）其他有关的性能测试可根据协议在试验过程中实施。例如颜色和光泽的变化，协议中规定的条款不能作为砖的分级依据。

本 章 小 结

本章主要介绍了陶瓷、陶瓷锦砖、釉面砖、陶瓷砖试验和其他陶瓷制品。

1. 陶瓷是以黏土为主要原料，经配料、制坯、干燥和焙烧制得的制品，根据结构特点分为陶瓷制品、瓷质制品和炻质制品。

2. 陶瓷锦砖以瓷化好，吸水率小，抗冻性能强为特色而成为外墙装饰的重要材料。特别是有釉和磨光制品以其晶莹、细腻的质感，更加提高了耐无污染能力和材料的高贵感。陶瓷锦砖，砖体薄，自重轻，密密的线路（缝隙）充满砂浆，保证每个小瓷片都牢牢地粘结在砂浆中，因而不易脱落。即使多少年后，少数砖块掉落下来，也不会构成伤人的危险性，因此具有安全感。

3. 釉面砖又称内墙贴面砖、瓷砖、瓷片，是用优质黏土为主要原料，再加入一定量非可塑性掺料和助溶剂，共同研磨成浆体，经榨泥、烘干成含一定水分的坯料后，通过模具压制成薄片坯体，再经烘干、素烧施釉，最后釉烧而成。

4. 其他陶瓷制品包括琉璃制品、陶土板、陶瓷艺术砖和软性陶瓷以及装饰效果图。

5. 陶瓷砖试验依据《陶瓷砖试验方法》GB/T3810.2～GB/T3810.11—2006 对陶瓷砖的平整度、边直度和直角度试验、吸水平试验以及陶瓷有釉砖表面耐磨性测定进行试验。

复习思考题

1. 陶瓷的原料有哪些？
2. 简述陶瓷的生产工艺和表面装饰。
3. 简述陶瓷的分类，陶瓷的生产工艺分为哪几个阶段。
4. 简述陶瓷锦砖的品种和施工方法。
5. 简述釉面砖的分类、特点和优缺点。
6. 简述釉面砖的形状与规格。
7. 分别介绍陶瓷锦砖和釉面砖的应用。
8. 软性陶瓷具有哪些特性？

第五章　建筑装饰石材

【学习目标】

➤ 能够掌握石材的分类和性质
➤ 能够掌握天然大理石和天然花岗岩的分类、等级和规格
➤ 能够了解文化石的分类和用途
➤ 能够熟悉装饰石材的工艺流程

第一节　石材的基本知识

一、岩石的分类

各种造岩矿物在不同的地质条件下，形成不同的岩石，分为岩浆岩、沉积岩和变质岩。

（一）岩浆岩

岩浆岩也称火成岩，是由地壳深处熔融岩浆上升冷却而形成的。根据冷却条件的不同，岩浆岩可分为以下三种。

（1）深成岩。深成岩是地表深处岩浆受上部覆盖层的压力作用，缓慢均匀地冷却而形成的岩石。其特点是结晶完全、晶粒粗大、结构致密、表观密度大、抗压强度高、吸水率小、抗冻性和耐久性好，如花岗岩、闪长岩、辉长岩等。

（2）喷出岩。喷出岩是岩浆喷出地表后，在压力骤减、迅速冷却的条件下形成的岩石。晶体多呈隐晶质或玻璃体结构。当喷出岩层很厚时，其岩石结构、性质与深成岩相似；当岩层很薄时，常呈多孔结构，近于火山岩。基性的喷出岩为玄武岩，中性的喷出岩为安山岩，酸性的喷出岩为流纹岩，半碱性和碱性喷出岩为粗面岩和响岩。

（3）火山岩。火山岩是火山爆发时，岩浆被喷到空中，急速冷却后形成的岩石，火山岩为玻璃体结构，呈多孔构造，孔隙率大，吸水性强，导热性差。工程上常用的火山岩有火山灰、浮石、火山凝灰岩等。

（二）沉积岩

沉积岩又称为水成岩，是三种组成地球岩石圈的主要岩石之一（另外两种是岩浆岩和变质岩），是在地表不太深的地方，将其他岩石的风化产物和一些火山喷发物，经过水流或冰川的搬运、沉积、成岩作用形成的岩石。在地球地表，有 70%的岩石是沉积岩，但如果从地球表面到16 km深的整个岩石圈算，沉积岩只占5%。沉积岩主要有石灰岩、砂岩、页岩等。沉积岩中所

含有的矿产，占全部世界矿产蕴藏量的 80%。与岩浆岩相比，沉积岩的表观密度较小、密实度较差、吸水率较大、强度较低、耐久性也较差。沉积岩一般具有层理，各层的成分、结构、颜色、厚度都有差异。沉积岩根据形成条件不同，又分为如下三种。

（1）机械沉积岩。机械沉积岩是由自然风化的岩石碎屑经流水、冰川或风力作用搬运，逐渐沉积而成的。散粒状的有黏土、砂、卵石等，碎屑由自然胶结物胶结成整体，相应是成为页岩、砂岩、砾岩等。

（2）化学沉积岩。化学沉积岩是指岩石中的矿物溶于水，经聚积、沉积、重结晶、化学反应等过程而形成的岩石，如石膏、白云石等。

（3）有机沉积岩。有机沉积岩是由各种有机体的残骸沉积而成的岩石，如石灰岩、硅藻土等。沉积岩在地表分布很广，容易加工，因此应用也较为广泛。

（三）变质岩

变质岩是指地壳中原有的岩石受构造运动、岩浆活动或地壳内热流变化等内应力影响，使其矿物成分、结构构造发生不同程度的变化而形成的岩石。沉积岩变质后，结构较原来的更致密，性能更好；而岩浆岩变质后，有时构造不如原岩坚实，性能变差。建筑上常用的变质岩为大理岩、石英岩、片麻岩等。

二、建筑石材的技术性能

（一）物理性质

工程上一般对石材的体积密度、吸水率和耐水性等有要求。

（1）大多数岩石的体积密度均较大，且主要与其矿物组成、结构的致密程度等有关。常用致密岩石的体积密度为 2 400～2 850 kg/ m^3，饰面用大理岩和花岗岩的体积密度须分别大于 2 300 kg/ m^3、2 560 kg/ m^3。同种岩石，若体积密度越大，则孔隙率越低，强度、吸水率、耐久性等越高。

（2）岩石的吸水率与岩石的致密程度和岩石的矿物组成有关。深成岩和多数变质岩的吸水率较小，一般不超过 1%。二氧化硅的亲水性较高，因而二氧化硅含量高则吸水率较高，即酸性岩石（SiO_2 的含量大于等于 63%）的吸水率相对较高。若岩石的吸水率越小，则岩石的强度与耐久性越高。为保证岩石的性能，有时要限制岩石的吸水率，如饰面用大理岩和花岗岩的吸水率须小于 0.5%、0.6%。

（3）岩石的耐水性较高。当岩石中含有较多黏土时，其耐水性较低，如黏土质砂岩等。致密石材的导热系数较高，可达 2.5～3.5 W/（m·K）；多孔石材的导热系数较低，如火山渣、浮石的导热系数为 0.2～0.6 W/（m·K），因而适用于配制保温用轻骨料混凝土。

（二）力学性质

岩石的抗压强度很大，而抗拉强度却很小，后者为前者的 1/10～1/20。岩石是典型的脆性材料，这是岩石区别于钢材和木材的主要特征之一，也是限制石材作为结构材料使用的主要原因。岩石的比强度也小于木材和钢材。岩石属于非均质的天然材料。由于生成的原因不同，大部分岩石呈现出各向异性。一般而言，加压方向垂直于节理面或裂纹时，其抗压强度大于加压方向平行于节理面或裂纹时的抗压强度。即使在应力很小的范围内，岩石的应力—应变曲线也不是直线，所以在曲线上各点的弹性模量是不同的。同时也说明岩石受力后没有一个明显的弹性变化范围，属于非弹性变形。

（三）化学性质

通常认为岩石是一种非常耐久的材料，然而按材质而言，其抵抗外界作用的能力是比较差的。石材的劣化现象是指长期日晒夜露及受风雨和气温变化而不断风化的状态。风化是指岩石在各种因素的复合或者相互促进下发生物理或化学变化，直至破坏的复杂现象。化学风化是指雨水和大气中的气体（O_2、CO_2、CO、SO_2、SO_3 等）与造岩矿物发生化学反应的现象，主要有水化、氧化、还原、溶解、脱水、碳化等反应，在含有碳酸钙和铁质成分的岩石中容易产生这些反应。由于这些作用在表面产生，因此风化破坏表现为岩石表面有剥落现象。

化学风化与物理风化经常相互作用，例如，在物理风化作用下石材产生裂缝，雨水就渗入其中，进而促进了化学风化作用。另外，发生化学风化作用之后，石材的孔隙率增加，就易受物理风化的影响。

从抗物理风化、化学风化的综合性能来看，一般花岗岩耐久性最佳，安山岩次之，软质砂岩和凝灰岩最差。大理岩的主要成分碳酸钙的化学性质不稳定，故容易风化。

（四）热学性质

岩石属于不燃烧材料，但从其构造可知，岩石的热稳定性不一定很好。这是因为各种岩石的热膨胀系数各不相同。当岩石温度发生大幅度升高或降低时，其内部会产生内应力，导致岩石崩裂；其次，有些造岩矿物（如碳酸钙）因热的作用会发生分解反应，导致岩石变质。岩石的比热大于钢材、混凝土和烧结普通砖，所以用石材建造的房屋，在热流变动或采暖设备供热不足时，能较好地缓和室内的温度波动。岩石的导热系数小于钢材，大于混凝土和烧结普通砖，说明其隔热能力优于钢材，但比混凝土和烧结普通砖要差。

三、天然石材的选用原则

天然石材有不同的品种，其性能变化较大；而且由于天然石材密度大，其运输也不方便；再加上石材的材质坚硬，所以加工较困难，成本高。因此在建筑设计和施工中，应根据适用性和经济性等原则选择石材，既要发挥天然石材的优良性能，体现设计风格，又要经济合理。一般来说，天然石材的选用要考虑以下几方面问题。

（一）石材性能的多变性

同一类岩石，品种不同，产地不同，性能上往往相差很大。石材的性能既包括石材的物理力学性能（强度、耐水性、耐久性等），也包括石材的装饰性（色调、光泽、质感等）。因此在选择石材时，一定要确定该石材的质量是否完全符合各天然石材所规定的技术要求，并且在同一装饰工程部位上应尽可能选用同一矿山的同一种岩石。

（二）石材的装饰性

由于天然石材成本较高，因此在选择天然石材装饰时一定要慎重。不能单凭几块样板就草率决定，因为单块石材的装饰效果与整个饰面的装饰效果会有差异。若要大面积铺贴石材可借鉴已用类似石材装饰好的建筑饰面，避免因炫彩不当，达不到设计要求而造成浪费。

（三）石材的适用性

在装饰工程中，用于不同部位的装饰石材，对其性能和装饰效果有不同的要求。应用于地面的石材，主要考虑其耐磨性，同时还要照顾其防滑性；用于室外的饰面石材，要求其耐风雨侵蚀的能力强，经久耐用；用于室内的饰面石材，主要考虑其光泽、花纹和色调等美观性。

（四）石材的安全性

由于天然石材是构成地壳的基本物质，因此可能含有放射性的物质。在选择天然石材时，必须按国家标准规定正确使用。研究表明，一般红色品种的花岗石放射性指标都偏高，并且颜色越红紫，放射性比活度越高，花岗石放射性比活度的规律为：红色＞肉红色＞灰白色＞白色＞黑色。

第二节　天然大理石

天然大理石是地壳中原有的岩石经过地壳内高温高压作用形成的变质岩。属于中硬石材，主要由方解石、石灰石、蛇纹石和白云石组成。其主要成分以碳酸钙为主，约占 50%以上。其他还有碳酸镁、氧化钙、氧化锰及二氧化硅等。由于大理石一般都含有杂质，而且碳酸钙在大气中受二氧化碳、碳化物、水气的作用，也容易风化和溶蚀，而使表面很快失去光泽。所以少数，如汉白玉、艾叶青等质纯、杂质少的比较稳定耐久的品种可用于室外，其他品种不宜用于室外，一般只用于室内装饰面。主要品种有云灰大理石、彩花大理石等。

大理石是地壳中原有的岩石（石灰岩或白云岩）经过地壳内高温高压作用形成的变质岩，主要由方解石、石灰石和白云石组成。大理石质地比较密实、抗压强度较高、吸水率低、表面硬度一般不大，相对花岗岩来说质地较软，属中硬石材。化学成分有 CaO、MgO、SiO_2 等，其中 CaO 和 MgO 的总量占 50%以上。

一、大理石的外观特征和特点

大理石主要有氧化钙和氧化镁，占总量的 50%以上，以及少量二氧化硅等。化学性质呈碱性。其矿物成分主要有方解石、白云石，还有少量石英石和长石等。由白云岩变质成的大理石，其性能比由石灰岩变质成的大理石，其性能比由石灰岩变质成的大理石优良。从矿山开采的石材荒料运到石材加工厂后，要经过一系列加工过程才能生产出各种饰面石材制品。我国天然大理石的主要加工工艺为：开采→整形→磨切→抛光→打蜡→包装出厂。

（一）大理石的外观特征

天然大理石分纯色和花纹两大类，纯色大理石为白色，如汉白玉。当变质过程中含有氧化铁、石墨等矿物杂质时，可呈玫瑰红、浅绿、米黄、灰、黑等色彩。磨光后，光泽柔润，花纹和结晶粒的粗细千变万化，有山水型、云雾型、图案型（螺纹、柳叶、古生物等）和雪花型等，装饰效果好。

（二）天然大理石的特点

天然大理石质地致密但硬度不大，容易加工、雕琢和磨平、抛光等。大理石抛光后光洁细腻，纹理自然流畅，有很高的装饰性。大理石吸水率小，耐久性高，可以使用 40～100 年。天然大理石板材及异型材物品是室内及家具制作的重要材料。

天然大理石具有质地组织细密和坚实；抛光后光洁如镜；纹理多比花岗岩舒展和美观；抗压强度较高，仅次于花岗岩；根据岩层不同最高可达 300 MPa；吸水率小，耐磨不变形等特点。

大理石家具对石材的放射性也有严格的控制。长期以来，人们误以为大理石家具都会有辐射，购买时难免有一些顾虑。事实上，天然大理石的放射性很低，基本不会对人体造成伤害，而放射性很高的都是人造大理石家具。

二、天然大理石的品种规格与分类

（一）天然大理石的品种分类

我国大理石矿产资源极其丰富，储量大、品种多，总储量居世界前列。目前开采利用的主要有云灰、白色和彩花大理石三类。

（1）云灰大理石。因多呈云灰色或在云灰色上泛起朵朵酷似天然云彩状花纹而得名，云灰大理石加工性能好，主要用来制作建筑饰面板材，是目前开采利用最多的一种。

（2）白色大理石。洁白如玉，晶莹纯净，熠熠生辉，故又称汉白玉、苍山白玉或白玉，它是大理石中的名贵品种，是重要建筑物的高级装修材料。

（3）彩花大理石。呈薄层状，产于云灰大理石层间，是大理石中的精品，经过研磨、抛光，便呈现色彩斑斓、千姿百态的天然图画，为世界所罕见。

（二）天然大理石的品种规格

天然大理石的品种规格一类是普通型板材（代号为 N），为正方形或长方形板材；另一类是异型板材（代号为 S），为其他形状的板材。常用普通型板材的规格如表 5-1 所示。

表 5-1　天然大理石板材标准规格

长/ mm	宽/ mm	厚/ mm	长/ mm	宽/ mm	厚/ mm
300	150	20	600	600	20
300	300	20	900	600	20
305	152	20	915	610	20
305	305	20	1 067	762	20
400	200	20	1 070	750	20
400	400	20	1 200	600	20
600	300	20	1 200	900	20
610	305	20	1 220	915	20

三、天然大理石板材的等级与标记

（一）等级

（1）普型板（PX）按规格尺寸偏差、平面度公差、角度公差及外观质量将板材分为优等品（A）、一等品（B）、合格品（C）三个等级。

（2）圆弧板（HM）按规格尺寸偏差、直线度公差、线轮廓度公差及外观质量将板材分为优等品（A）、一等品（B）、合格品（C）三个等级。

（二）标记

（1）标记顺序：荒料产地地名、花纹色调特征描述、大理石编号（按 GB/T17670 的规定）、类别、规格尺寸、等级和标准号。

（2）示例：用房山汉白玉大理石荒料加工 600 mm×600 mm×20 mm、普型、优等品板材。

房山汉白玉大理石： M1101PX600×600×20AGB/T19766—2005

四、天然大理石板的运输与贮存

（一）标志

（1）包装箱上应注明企业名称、商标、标记；须有"向上"和"小心轻放"的标志。

（2）对安装顺序有要求的板材，应标明安装序号。

（二）包装

（1）按板材品种、类别、等级分别包装，并附产品合格证（包括产品名称、规格、等级、批号、检验员、出厂日期）。

（2）包装应满足在正常条件下安全装卸、运输的要求。

（三）运输

运输板材过程中应防碰撞、滚摔。

（四）贮存

（1）板材应在室内贮存，室外贮存应加遮盖。

（2）按板材品种、类别、等级或工程安装部位分别码放。

第三节　天然花岗岩

天然花岗石是火成岩，也叫酸性结晶深成岩，是火成岩中分布最广的一种岩石，属于硬石材，由长石、石英和云母组成，其成分以二氧化硅为主，约占 60%～75%。岩质坚硬密实，按其结晶颗粒大小分为"伟晶""粗晶"和"细晶"。花岗石的品质取决于矿物成分和结构。品质优良的花岗石，结晶颗粒细而均匀，云母含量少而石英较多，并且不含有黄铁矿。花岗石不易风化变质，外观色泽可保持百年以上，因此多用于墙基础和外墙饰面。由于花岗石硬度较高、耐磨，所以也常用于高级建筑装修工程。

天然花岗石（又称花岗石）属于岩浆岩，有时也称麻石。其主要矿物组成为长石、石英和少量云母等。

花岗石构造致密、强度高、密度大、吸水率板低、材质坚硬、耐磨，属硬石材。花岗石的化学成分有 SiO_2、Al_2O_3、CaO、MgO、Fe_2O_3 等，其中 SiO_2 的含量常为 60%以上。

一、花岗岩的组成

花岗岩由火成岩形成，是一种钢硬的晶状体石材，最初由长石、石英而形成且夹杂着一种或多种黑色矿物质，在结构上都是平整排列的。

花岗石以石英、长石和云母为主要成分。其中长石含量为 40%～60%，石英含量为 20%～40%，其颜色取决于所含成分的种类和数量。花岗石为全结晶结构的岩石，优质花岗石晶粒细而均匀、构造紧密、石英含量多、长石光泽明亮。

花岗石的二氧化硅含量较高，属于酸性岩石。某些花岗石含有微量放射性元素，这类花岗石应避免用于室内。花岗石结构致密、质地坚硬、耐酸碱、耐气候性好，可以在室外长期使用。

二、天然花岗石的品种分类与规格

（一）天然花岗石的规格

天然花岗石普型板材产品尺寸系列如表 5-2 所示，圆弧板、异型板和特殊要求的普型板规格尺寸由供需双方协商确定。

表 5-2　天然天然花岗石普型板材产品尺寸

边长系列	300[①]、305[①]、400、500、600[①]、800、900、1000、1200、1500、1800
厚度系列	10[①]、12、15、18、20[①]、25、30、35、40、50

注：①为常用规格。

（二）天然花岗石的分类

（1）按形状分类分为毛光板（MG）、普型板（PX）、圆弧板（HM）和异型板（YX）。

（2）按表面加工程度分为镜面板（JM）、细面板（YG）和粗面板（CM）。

（3）按用途分为一般用途（用于一般性装饰用途）；功能用途（用于结构性承载用途或特殊功能要求）。

三、天然花岗石板材的等级与标记

（一）等级

（1）毛光板按厚度偏差，平面度公差，外观质量等将板材分为优等品（A）、一等品（B）、合格品（C）三个等级。

（2）按普型板规格尺寸偏差，平面度公差，角度公差，外观质量等将板材分为优等品（A）、一等品（B）、合格品（C）三个等级。

（3）圆弧板按规格尺寸偏差，直线度公差，线轮廓度公差，外观质量等将板材分为优等品（A）、一等品（B）、合格品（C）三个等级。

（二）标记。

（1）名称：采用 GB/T17670 规定的名称或编号。

（2）标记顺序：名称、类别、规格尺寸、等级、标准编号。

（3）示例：用山东济南青花岗石荒料加工的 600 mm×600 mm×20 mm、普型、镜面、优等品板材。

济南青花岗石（G3701）PXJ M600×600×20AGB/T18601—2009

四、天然花岗岩性质要求

（一）力学性质

为了保证天然花岗岩板材的质量，要求表观密度不小于 2.56 g/cm^3，吸水率不大于 0.6%，干燥状态下的抗压强度不小于 60 MPa，弯曲强度不小雨 8 MPa。外观质量要求如表 5-3 所示。

表 5-3　天然花岗岩板材外观质量要求

单位：mm

缺陷名称	规格内容	优等品	一等品	合格品
缺棱	长度≤10 mm，宽度≤1.2 mm（长度<5 mm，宽度<1 mm 的不计），周边每米长允许个数/个		1	2
缺角	面积≤5 mm×2 mm（面积<2 mm×2 mm 的不计），每块允许个数/个		1	2
裂纹	长度不超过两端顺延至板边总长度的 1/10（长度<20 mm 的不计），每块允许条数/条	0	1	2
色斑	面积≤15 mm×30 mm（面积<10 mm×10 mm 的不计），每块允许个数/个		2	3
色线	长度不超过两端顺延至板边总长度的 1/10（长度<40 mm 的不计），每块允许条数/条		2	3
坑窝	粗面板的正面出现的坑窝	不明显	有，但不影响使用	

（二）镜面光泽度

光泽度是在指定的几何条件下（一定距离、角度），将石材试样放置于标准光泽度测定仪上，其镜面反射光通量与相同条件下标准黑玻璃镜面反射光通量的比值乘以 100，天然花岗岩建筑板材（GB/T18601—2001）规定，天然花岗岩石板的镜面光泽度指标不应低于 75 光泽单位。含云母较少的天然花岗岩具有良好的开光性，但含云母（特别是黑云母）较多的天然花岗岩，因云母较软，抛光研磨时，云母容易脱落，形成凹面，不易得到镜面光泽。

五、天然花岗石板的运输与贮存

（一）标志

（1）板材外包装应注明：企业名称、商标、标记；须有"向上""小心轻放"的标志。

（2）对安装顺序有要求的板材，应在每块板材上标明安装序号。

（二）包装

（1）按板材品种、等级等分别包装，并附产品合格证（包括产品名称、规格、等级、批号、检验员、出厂日期）；板材光面相对且加垫。

（2）包装应满足在正常条件下安全装卸、运输的要求。

（三）运输

板材运输过程中应防止碰撞、滚摔。

（四）贮存

（1）板材应在室内贮存，室外贮存应加遮盖。

（2）按板材品种、规格、等级或工程安装部位分别码放。

第四节 人 造 石 材

人造石材是以不饱和聚酯树脂为黏结剂，配以天然大理石或方解石、白云石、硅砂、玻璃粉等无机物粉料，以及适量的阻燃剂、颜色等，经配料混合、瓷铸、振动压缩、挤压等方法成型固化制成的。与天然石材相比，人造石材具有色彩艳丽、光洁度高、颜色均匀一致、抗压耐磨、韧性好、结构致密、坚固耐用、比重轻、不吸水、耐侵蚀风化、色差小、不褪色、放射性低等优点，具有资源综合利用的优势，在环保节能方面具有不可低估的作用。人造石材也是名副其实的建材绿色环保产品，已成为现代建筑首选的饰面材料。

一、人造石材的材料分类

人造石材主要包括以下几类。

（一）树脂型人造石材

树脂型人造石材是以不饱和聚酯树脂为黏结剂，与天然大理碎石、石英砂、方解石、石粉或其他无机填料按一定的比例配合，再加入催化剂、固化剂、颜料等外加剂，经混合搅拌、固化成型、脱模烘干、表面抛光等工序加工而成的。使用不饱和聚酯树脂的产品光泽好、颜色鲜艳丰富、可加工性强、装饰效果好；这种树脂黏度低，易于成型，常温下可固化。成型方法有振动成型、压缩成型和挤压成型。室内装饰工程中采用的人造石材主要是树脂型的。

（二）复合型人造石材

复合型人造石材采用的黏结剂中，既有无机材料，又有有机高分子材料。其制作工艺是：先用水泥、石粉等制成水泥砂浆的坯体，再将坯体浸于有机单体中，使其在一定条件下聚合而成。对板材而言，底层使用性能稳定而价廉的无机材料，面层使用聚酯和大理石粉制作。无机胶结材料可用快硬水泥、自水泥、普通硅酸盐水泥、铝酸盐水泥、粉煤灰水泥、矿渣水泥以及熟石膏等。有机单体可用苯乙烯、甲基丙烯酸甲酯、醋酸乙烯、丙烯腈、丁二烯等，这些单体可单独使用，也可组合使用。复合型人造石材制品的造价较低，但它受温差影响后聚酯面易产生剥落或开裂现象。

（三）水泥型人造石材

水泥型人造石材是以各种水泥为胶结材料，砂、天然碎石粒为粗细骨料，经配制、搅拌、加压蒸养、磨光和抛光后制成的人造石材。配制过程中，混入色料，可制成彩色水泥石。水泥型人造石材的生产取材方便、价格低廉，但其装饰性较差，水磨石和各类花阶砖即属此类。

（四）烧结型人造石材

烧结型人造石材的生产方法与陶瓷工艺相似，是将长石、石英、辉绿石、方解石等粉料和赤铁矿粉，以及一定量的高岭土共同混合，一般配比为石粉60%、黏土40%，采用混浆法制各坯料，用半干压法成型，再在窑炉中以1 000 ℃左右的高温焙烧而成。烧结型人造石材的装饰性好、性能稳定，但需经高温焙烧，因而能耗大、造价高。

由于不饱和聚酯树脂具有黏度小、易成型、光泽好、颜色浅、容易配制成各种明亮的色彩与花纹、固化快、常温下可进行操作等特点，因此在上述石材中，目前使用最广泛的是以不饱和聚酯树脂为黏结剂而制成的树脂型人造石材，其物理、化学性能稳定，适用范围广，又称聚酯合成石。

二、人造石材的性能优点

人造石材的性能特点主要有以下几个。

（一）高性能

使用性能高综合起来讲就是强度高、硬度高、耐磨性能好、厚度薄、重量轻、用途广泛、加工性能好。

在居室装修施工中，采用天然大理石大面积用于室内装修时会增加楼体承重，而聚酯人造大理石就克服了这一缺点。它以不饱和聚酯树脂作为黏合剂，与石英砂、大理石粉、方解石粉等搅拌混合，浇铸成型，在固化剂作用下产生固化作用，经脱模、烘干、抛光等工序而制成。这种材料质量轻（比天然大理石轻25%左右）、强度高、厚度薄，并易于加工、拼接无缝、不易断裂，能制成弧形、曲面等形状，比较容易制成形状复杂、多曲面的各种各样的洁具，如浴缸、洗脸盆、坐便器等，并且施工比较方便。

（二）多种花色

复合型人造石材由于在加工过程中石块粉碎的程度不同，再配以不同的色彩，可以生产出多种花色品种，每个系列又有许多种颜色可供选择。选购时，可以选择纹路、色泽都适宜的人造石材，来配合各种不同的居家色彩和装修档次，同种类型人造石材没有色差与纹路的差异。

（三）用途广泛

人造石材从诞生至今经历了几十年的研究、开发和创新，使其能够广泛应用于众多领域。人造石材可用于健康中心、医疗机构、公共写字楼、厂矿企业、购物中心等空间中的设备设施，色彩纹理设计独特的人造石材充分显示其可塑性强、可自由切裁、弯曲、研磨、接合耐久等卓越性能。

在家居装饰方面，人造石材具有一般传统建材所没有的耐酸、耐碱、耐冷热、抗冲击等优点。它作为一种质感佳、色彩多的饰材，不仅能美化内外装饰，满足设计上的多样化需求，更能为建筑设计者提供极为广阔的设计空间。

（四）环保

人造石材产业属资源循环利用的环保利废产业，发展人造石材产业本身不直接消耗原生的自然资源，不破坏自然环境。该产业利用了天然石材开采时产生的大量的难以有效处理的废石料资源，本身的生产方式是环保型的。人造石材的生产方式不需要高温聚合，也就不存在消耗大量燃料和废气排放的问题。因此，人造石材产业是一个前途无量的新型建筑装饰材料产业，有广阔的发展空间，当前大力发展人造石材产业的条件已经具备，人造石材产业必将获得快速的发展。

三、人造石材和天然石材的区别

人造石材和天然石材的主要区别就是天然特点。天然石材在颜色花纹、质地和结构上都具有明显的天然特征，它会有色差，强度和硬度也会有差别。人造石材不具有天然石材的这些天然特点，颜色和纹路比较均匀，透气性较差，强度较好。天然石材的天然特性和自然美是任何人造石材所无法替代的。

一般最常见的区别人造石材和天然石材方法有三种：一是用火烧，因人造石材含胶会出现焦痕（烧结型的除外）；二是敲击，人造石材声音比较哑（烧结型的除外）；三是看，天然的石材比较亮，但反光差一些。用尖锐物刻划，天然石材一般不会有太大的划痕。天然石材表面有细孔，所以在耐污方面比较弱，人造石材板背面有磨蹭的痕迹。鉴别人造和天然大理石还有更简单的方法：滴几滴稀盐酸，天然大理石剧烈起泡，人造大理石则起泡微弱甚至不起泡。

四、人造石板材的用途

在制造过程中配以不同的色料可制成具有色彩艳丽、光泽如玉酷似天然大理石的制品。因其具有无毒性、无放射性、阻燃性、不粘油、不渗污、抗菌防霉、耐磨、耐冲击、易保养、拼接无缝、任意造型等优点，正逐步成为装修建材市场上的新宠。

（一）台面

1. 普通台面

包括橱柜台面、卫生间台面、窗台、餐台、商业台、接待柜台、写字台、电脑台、酒吧台等。人造石兼备大理石的天然质感和坚固的质地，陶瓷的光洁细腻和木材的易于加工性。它的运用和推广标志着装饰艺术从天然石材时代进入了一个崭新的人造石材新时代。

2. 医院台面、实验室台面

人造石耐酸碱性优异易清洁打理，无缝隙，细菌无处藏身，因而被广泛应用于医院台面和实验室台面等重要场所，满足对无菌环境的要求。

（二）商业装饰

1. 建筑装饰

个性化的大门立柱是建筑空间的点睛之笔，人造石具有丰富的表现力和塑造力，让每一个大门立柱都像一件散发文化气息的艺术品，为生活空间增添优雅气质。人造石表面光滑如镜，故清理容易，再加上颜色琳琅满目，可塑性强，成为各种窗台板设计的最佳搭配。

2. 商业与娱乐场所装饰

在各类商业与娱乐场所，若选用人造石可使其设计华丽典雅、合理布局，能产生宽阔的使用空间和完美的装饰透光效果。特殊的弧度造型、精致的镶嵌、粗犷的拱突、典雅的蚀镂、赏心悦目的抛光彰显商业主题与娱乐的氛围。人造石还可配合多种材料和多种加工手段，营造出独具魅力的特殊设计效果。

（三）家具应用

人造石是制作高级家具、桌子、台面的理想材料。

（四）卫浴应用

人造石洁具、个性化的卫浴是浴室空间的点睛之笔。它具有丰富的表现力和塑造力，能提供给设计者源源不断的灵感。

（五）艺术加工

根据目前国内经济发展的需要，人造石在花盆、雕塑、工艺制品加工方面将引领未来消费的潮流。

问题：有对青年买了一套房子，准备装修一下结婚用。他们想把房子装修得时尚而且简约，由于才工作不久，没有太多的积蓄，所以决定花最少的钱装出最好的效果。因此整个装修过程中，都是他们自己谈价钱买材料，而到了后期厨房的装修时，他们有些犹豫了，台面材料的不知道该选哪种，因为市场上的材料种类实在是太多了，他们不确定应该选择天然的、人造的、还是其他材料的台面。橱柜决定厨房的装饰风格，台面则直接影响人的饮食健康。作为厨房的主体，人们的一切饮食活动都由此展开，因此橱柜台面的选择显得尤为重要。目前市场上比较流行的人造石材和天然石材，哪种材料更适合他们？

答：（1）粗犷的天然石材台面。选购参考：天然石材的长度不可能太长，不可能做成贯通的整体台面，与现代追求整体台面的潮流不相适宜。

优点：天然石主要包括花岗石、大理石，天然石材的纹理非常美观，密度相对比较大，质地坚硬，耐高温、防刮伤性能十分突出，耐磨性能良好，价格也比较低，属于经济实惠型的一种台面材料。其价格低，花色各有不同，最为常见的仅为几百元一米，高档的天然石台面价格也在千元左右。

缺点：天然石材的纹理中都会存在孔隙和缝隙，易滋生细菌。此外，天然石也存在着长度的限制，即使两块拼接也不能浑然一体。虽然质地坚硬，但弹性不足，如遇重击或者温度急剧变化会出现裂缝，很难修补。同时天然的石材或多或少都存在一定的辐射性，可能会对人体健康产生危害。

适应人群：追求自然纹路美的经济型用户。

（2）人造石

优点：人造石材是时下市场公认的最适宜于现代厨房的厨具面板材料。与其他材料相比，人造石材集美观和实用于一身，既具有天然大理石的优雅和花岗石的坚硬，又具有木材般的细腻和温柔感，还具有陶瓷般的光泽，更耐磨、耐酸、耐高温，抗冲、抗压、抗折、抗渗透等能力也很强。其变形、黏合、转弯等部分的处理有独到之处。

因为表面没有孔隙，油污、水渍不易渗入其中，因此抗污力强；它有着丰富的花色，能整体成型，同时可任意长度无缝粘接，接缝处毫无痕迹，浑然一体，可打造造型多变的台面。

缺点：价格较高，自然性不足，纹理相对较假，防烫能力不强。

适用人群：注重环保的用户。

第五节　文化石

"文化石"是个统称，分为天然文化石和人造文化石。天然文化石从材质上可分为沉积砂岩和硬质板岩。人造文化石产品是以浮石、陶粒等无机材料经过专业加工制作而成，它具有环保节能、质地轻、强度高、抗融冻性好等优点。一般用于室外或室内局部装饰。

一、文化石的分类

文化石，学术名称"铸石"，被定义为"精致的建筑混凝土建筑单元制造，模拟自然切开取石，用于单位砌筑应用"。

在英国和欧洲的铸石板被定义为"与骨料和胶凝的粘合剂，在外观上类似，以类似的方式可以使用的天然石材"的任何材料制造。铸石可以很好地替代自然切石灰石、褐砂石、砂石、青石、花岗岩、板岩、珊瑚岩、石灰和其他天然石料。

（一）天然文化石

天然文化石开采于自然界的石材矿床，其中的板岩、砂岩、石英石经过加工，成为一种装饰建材。天然文化石材质坚硬，色泽鲜明，纹理丰富、风格各异。具有抗压、耐磨、耐火、耐寒、耐腐蚀、吸水率低等优点。天然文化石最主要的特点是耐用，不怕脏，可无限次擦洗。但装饰效果受石材原纹理限制，除了方形石外，其他的施工较为困难，尤其是拼接时。

（二）人造文化石

人造文化石是采用浮石、陶粒、硅钙等材料经过专业加工精制而成的。人造文化石是采用高新技术把天然形成的每种石材的纹理、色泽、质感以人工的方法进行升级再现，效果极富原始、自然、古朴的韵味。高档人造文化石具有环保节能、质地轻、色彩丰富、不霉、不燃、抗融冻性好、便于安装等特点。

二、文化石的性质

文化石的性质主要有以下几个。

（1）质地轻。比重为天然石材的 1/3～1/4，无需额外的墙基支撑。

（2）经久耐用。不褪色、耐腐蚀、耐风化、强度高、抗冻与抗渗性好。

（3）绿色环保。无异味、吸音、防火、隔热、无毒、无污染、无放射性。

（4）防尘自洁功能：经防水剂工艺处理，不易粘附灰尘，风雨冲刷即可自行洁净如新，免维护保养。

（5）安装简单，费用省。无需将其铆在墙体上，直接粘贴即可；安装费用仅为天然石材的 1/3。

（6）可选择性多。风格颜色多样，组合搭配使墙面极富立体效果。室内装饰石材不断推陈出新，各种优质石材在室内设计师的匠心独运下，构成了丰富空间装饰的美学新概念。壁面石材尤其引起消费者的关注，成为近期装饰行业的新宠。

其实，这类石材本身并不附带什么文化内涵，最吸引人的特点是色泽纹路能保持自然原始风貌，加上色泽调配变化，能将石材质感的内在与艺术性展现无遗，符合人们崇尚自然、回归自然的文化理念。用这种石材装饰的墙面、铺就的地面、制作的壁景等，能透出文化韵味和自然气息。

在室内装饰中，文化石主要用在装点客厅上，要考虑厅内的面积，光线等因素。通常面积大的厅可使用规格较大的石板，也可以使用不规则的拼接形式镶嵌。至于是整墙面铺贴，还是局部进行装点，可根据意愿选择。如人们往往选择电视墙与客厅其他墙面不一样，对电视墙进行单独的设计与装修。

采用纹理粗糙的文化石镶嵌，从功能上来说，文化石可吸音，避免音响对其他居室的影响；从装饰效果上看，它烘托出电器产品金属的精致感，形成一种强烈的质感对比，十分富有现代感。旁边设置两个搁架摆放着主人心爱的艺术品，点缀其间体现主人的高雅气质。

文化石的使用，不要过多、过滥，这样往往会适得其反。面积较小的厅在装点墙面时，以选用小规格、色泽淡、平面的为好，这样不但能从视觉上拓宽厅房，还能创造出一种自然氛围。

三、文化石板材的储存和选用

文化石在室内不适于大面积使用。通常，墙面使用面积不宜超过其所在空间墙面的 1/3，且居室不宜多次出现文化石墙面。室内使用的文化石尽量不要选用砂岩类石材，此类石材易渗水，即使石材表面做了防水处理，也容易受日晒雨淋导致防水层老化。

实训　装饰石材的施工工艺

本工艺标准适用于民用建筑的大理石、花岗石和碎拼大理石地面面层（大理石板材不得用于室外地面面层）。

一、施工准备

（一）材料及主要机具

（1）天然大理石、花岗石的品种、规格应符合设计要求，技术等级、光泽度、外观质量要求，应符合国家标准《天然大理石建筑板材》《花岗石建筑板材》的规定，允许偏差和外观要求。

（2）水泥：硅酸盐水泥、普通硅酸盐水泥或矿渣硅酸盐水泥，其标号不宜小于425号。白色硅酸盐水泥，其标号不小于425号。

（3）砂：中砂或粗砂，其含泥量不应大于3%。

（4）大理石碎块及色石渣：石渣颜色应符合设计要求，应坚硬、洁净、无杂物，粒径宜为4～14 mm。大理石碎块不带夹角，薄厚应一致。

（5）矿物颜料（擦缝用）、蜡、草酸。

（6）主要机具：手推车、铁锹、靠尺、浆壶、水桶、喷壶、铁抹子、木抹子、墨斗、钢卷尺、尼龙线、橡皮锤（或木锤）、铁水平尺、弯角方尺、钢錾子、合金钢扁錾子、台钻、合金钢钻头、笤帚、砂轮锯、磨石机、钢丝刷。

（二）作业条件

（1）大理石、花岗石板块进场后，应侧立堆放在室内，光面相对、背面垫松木条，并在板下加垫水方。拆箱后详细核对品种、规格、数量等是否符合设计要求，有裂纹、缺棱、掉角、翘曲和表面有缺陷时，应予剔除。

（2）搭设好加工棚，安装好台钻及砂轮锯，并接通电源。

（3）室内抹灰（包括立门口）、地面垫层、预埋在垫层内的电管和穿通地面的管线均已完成。

（4）房间内四周墙上弹好＋50 cm水平线。

（5）施工操作前应画出铺设大理石地面的施工大样图。

（6）冬期施工时操作温度不得低于5 ℃。

二、操作工艺

（一）工艺流程

准备工作→试拼→弹线→试排→刷水泥浆及铺砂浆结合层→铺大理石板（或花岗石板块）→灌缝、擦缝→打蜡

（二）准备工作

（1）以施工大样图和加工单为依据，了解并熟悉各部位尺寸和作法，弄清洞口、边角等部

位之间的关系。

（2）基层处理：将地面垫层上的杂物清净，用钢丝刷刷掉粘结在垫层上的砂浆，并清扫干净。

（三）试拼

在正式铺设前，对每一房间的大理石（或花岗石）板块，应按图案、颜色、纹理试拼，将非整块板对称排放在房门靠墙部位，试拼后按两个方向编号排列，然后按编号码放整齐。

（四）弹线

为了检查和控制大理石（或花岗石）板块的位置，在房间内拉十字控制线，弹在混凝土垫层上，并引至墙面底部，然后依据墙面＋50cm 标高线找出面层标高，在墙上弹出水平标高线，弹水平线时要注意室内与楼道面层标高要一致。

（五）试排

在房间内的两个相互垂直的方向铺两条干砂带，其宽度大于板块宽度，厚度不小于 3 cm，结合施工大样图及房间实际尺寸，把大理石（或花岗石）板块排好，以便检查板块之间的缝隙，核对板块与墙面、柱、洞口等部位的相对位置。

（六）刷水泥素浆及辅砂浆结合层

试铺后将于砂和板块移开，清扫干净，用喷壶洒水湿润，刷一层素水泥浆（水灰比为 0.4～0.5，不要刷的面积过大，随铺砂浆随刷）。根据板面水平线确定结合层砂浆厚度，拉十字控制线，开始铺结合层干硬性水泥砂浆（一般采用 1∶2～1∶3 的干硬性水泥砂浆，干硬程度以手捏成团，落地即散为宜），厚度控制在放上大理石（或花岗石）板块时宜高出面层水平线 3～4 mm。铺好后用大杠刮平，再用抹子拍实找平（铺摊面积不得过大）。

（七）铺砌大理石（或花岗石）板块

（1）板块应先用水浸湿，待擦干或表面晾干后方可铺设。

（2）根据房间拉的十字控制线，纵横各铺一行，作为大面积铺砌标筋用。依据试拼时的编号、图案及试排时的缝隙（板块之间的缝隙宽度，当设计无规定时不应大于 1mm），在十字控制线交点开始铺砌。

先试铺，即搬起板块对好纵横控制线铺落在已铺好的干硬性砂浆结合层上，用橡皮锤敲击木垫板（不得用橡皮锤或木锤直接敲击板块），振实砂浆至铺设高度后，将板块掀起移至一旁，检查砂浆表面与板块之间是否相吻合如发现有空虚之处，应用砂浆填补，然后正式镶铺，先在水泥砂浆结合层上满浇一层水灰比为 0.5 的素水泥浆（用浆壶浇均匀），再铺板块，安放时四角同时往下落，用橡皮锤或木锤轻击木垫板，根据水平线用铁水平尺找平，铺完第一块，向两侧和后退方向顺序铺砌。铺完纵、横行之后有了标准，可分段分区依次铺砌，一般房间先里后外进行，逐步退至门口，便于成品保护。也可从门口处往里铺砌，板块与墙角、镶边和靠墙处应紧密砌合，不得留有空隙。

（八）灌缝、擦缝

在板块铺砌后 1～2 昼夜进行灌浆擦缝。根据大理石（或花岗石）颜色，选择相同颜色矿物颜料和水泥（或白水泥）拌合均匀，调成 1∶1 稀水泥浆，用浆壶徐徐灌入板块之间的缝隙中（可分几次进行），并用长把刮板把流出的水泥浆刮向缝隙内，至基本灌满为止。灌浆 1～2 小时后，用棉纱团蘸原稀水泥浆擦缝与板面擦平，同时将板面上水泥浆擦净，使大理石（或花岗石）面层的表面洁净、平整、坚实，以上工序完成后，面层加以覆盖。养护时间不应小 7 天。

（九）打蜡

当水泥砂浆结合层达到强度后（抗压强度达到 1.2 MPa 时），方可进行打蜡，打蜡方法详见现制水磨正地面面层工艺标准。打蜡后面层达到光滑洁亮。

（十）大理石（或花岗石）踢脚板工艺流程

1．粘贴法

找标高水平线→水泥砂浆打底→贴大理石踢脚板→擦缝→打蜡

（1）根据主墙＋50 cm 标高线，测出踢脚板上口水平线，弹在墙上，再用线坠吊线确定出踢脚板的出墙厚度，一般为 8～10 mm。

（2）用 1∶3 水泥砂浆打底找平，并在面层划纹。

（3）找平层砂浆干硬后，拉踢脚板上口的水平线，把浸水阴干的大理石（或花岗岩）踢脚板的背面，刮抹一层 2～3 mm 厚的素水泥浆（宜加 10%左右的 107 胶）后，往底灰上粘贴，并用木锤敲实，根据水平线找直。

（4）24 小时以后用同色水泥浆擦缝，用棉丝团将余浆擦净。

（5）打蜡。

2．灌浆法

找标高水平线→拉水平通线→安装踢脚板→灌水泥砂浆→擦缝→打蜡

（1）根据主墙＋50 cm 标高线，测出踢脚板上口水平线，弹在墙上，再用线坠吊线，确定出踢脚板的出墙厚度，一般 8～10 mm。

（2）拉踢脚板上口水平线，在墙两端各安装一块踢脚板，其上楞高度在同一水平线内，出墙厚度要一致，然后逐快依顺序安装，随时检查踢脚板的水平度和垂直度。相邻两块之间及踢脚板与地面、墙面之间用石膏稳牢。

（3）灌 1∶2 稀水泥砂浆，并随时把溢出的砂浆擦干净，待灌入的水泥砂浆终凝后，把石膏铲掉。踢脚线宜在地面完成后施工。

（4）用棉丝团蘸与大理石踢脚板同颜色的稀水泥浆擦缝。

（5）踢脚板的面层打蜡同地面一起进行，方法同现制水磨石地面施工工艺标准。镶贴踢脚板时，板缝宜与地面的大理石（或花岗石）板对缝镶贴。

（十一）碎拼大理石面层施工工艺流程

挑选碎块大理石→弹线试拼→基层清理→扫水泥素浆→铺砂浆结合层→铺大理石碎块→灌缝→磨光打蜡

（1）根据设计要求的颜色、规格挑选碎块大理石，要薄厚一致，不得有裂缝。

（2）根据设计要求的图案，结合房间尺寸，在基层上弹线并找出面层标高，然后进行试拼，确定缝隙的大小。

（3）清理基层，必须将粘结在基层上的灰浆层、尘土清扫干净，然后洒水湿润，扫水泥素浆（随刷水泥浆随铺砂浆）。

（4）弹水平标高线，开始铺砂浆结合层，采用 1∶3 干硬性水泥砂浆（手捏成团，一颠即散），铺好后用大杠刮平，木抹子拍实抹平。

（5）根据图案和试拼的缝隙铺砌大理石碎块，其方法同大理石板块地面。

（6）铺砌 1～2 昼夜后进行灌缝，根据设计要求，碎块之内间隙灌水泥砂浆时，厚度与大理石块上面层干，并将其表面找平压光。如果设计要求间隙灌水泥石渣浆时，灌浆厚度比大理石碎块上面层高出 2 mm 厚。养护时间不少于 7 天。

（7）如果间隙灌水泥石渣浆，养护后需进行磨光和打蜡。

三、质量标准

（一）保证项目

（1）面层所用板块品种、规格、级别、形状、光洁度、颜色和图案必须符合设计要求。

（2）面层与基层必须结合牢固，无空鼓。

（二）基本项目

1．面层

（1）磨光大理五和花岗石板块面层：板块挤靠严密，无缝隙，接缝通直无错缝，表面平整洁净，图案清晰无磨划痕，周边顺直方正。

（2）碎拼大理石面层：颜色协调，间隙适宜美观，磨光一致，无裂缝和磨纹，表面平整光洁。

2．板块镶贴质量

任何一处独立空间的石板颜色一致，花纹通顺基本一致。石板缝痕与石板颜色一致，擦缝饱满与石板齐平，洁净、美观。

3．踢脚板铺设质量

排列有序，挤靠严密不显缝隙，表面洁净，颜色一致，结合牢固，出墙高度、厚度一致，上口平直。

4．地面镶边铺设质量

（1）花岗石、大理石板面层：用料尺寸准确，边角整齐，拼接严密，接缝顺直。

（2）碎拼大理石面层：尺寸正确，拼接严密，相邻处不混色，分色线顺直，边角齐整光滑、清晰美观。

5．地漏坡度符合设计要求

不倒泛水，无积水，与地漏结合处严密牢固，无渗漏（有坡度的面层应做泼水检验，以能排除液体为合格）。

6．打蜡质量

大理石、花岗石和碎排大理石地面烫硬蜡、擦软蜡，蜡洒布均匀不露底，色泽一致、厚薄均匀、图纹清晰、表面洁净。

（二）允许偏差项目

理石（或花岗石）及碎拼大理石允许偏差如表 5-5 所示。

表 5-5　大理石（或花岗石）及碎拼大理石允许偏差

项次	项目	允许偏差/mm		检查方法
		大理石	碎拼大理石	
1	表面平整度	1	3	用 2 m 靠尺和楔形塞尺检查
2	缝格平直	2	—	拉 5 m 线，不足 5 m 拉通线和尺量检查
3	接缝高低差	0.5	—	尺量和楔形塞尺检查
4	踢脚缝上口平直	1	—	拉 5 m 线，不足 5 m 拉通线和尺量检查
5	板块间隙宽度不大于	1		尺量检查

四、装饰石材的施工应注意的质量问题

装饰石材的施工应注意以下几个质量问题。

（一）板面空鼓

由于混凝土垫层清理不净或浇水湿润不够，刷素水泥浆不均匀或刷的面积过大、时间过长已风干，干硬性水泥砂浆任意加水，大理石板面有浮土未浸水湿润等因素，都易引起空鼓。因此必须严格遵守操作工艺要求，基层必须清理干净，结合层砂浆不得加水，随铺随刷一层水泥浆，大理石板块在铺砌前必须浸水湿润。

（二）接缝高低木平、缝子宽窄不匀

这主要原因是板块本身有厚薄及宽窄不匀、窜角、翘曲等缺陷，铺砌时未严格拉通线进行控制等，所以应预先严格挑选板块，凡是翘曲、拱背、宽窄不方正等块材剔除不予使用。铺设标准块后，应向两侧和后退方向顺序铺设，并随时用水平尺和直尺找准，缝子必须拉通线不能有偏差。房间内的标高线要有专人负责引入，且各房间和楼道内的标高必须相通一致。

（三）过门口处板块易松动

一般铺砌板块时均先从门框以内操作，而门框以外与楼道相接的空隙（即墙宽范围内）面积均后铺砌，由于过早上人，易造成此处松动。在进行板块翻样及加工时，应同时考虑此处的板块尺寸，并同时加工，以便铺砌楼道地面板块时同时操作。

（四）踢脚板不顺直，出墙厚度不一致

这主要是由于墙面平整度和垂直度不符合要求，镶踢脚板时未吊线、未拉水平线，随墙面镶贴所造成。在镶踢脚板前，必须先检查墙面的垂直度、平整度，如超出偏差，应先进行处理后再镶贴。

问题：某金融大厦2~12层室内走廊净高2.8 m，走廊净高范围墙面面积800 m²/层，采用天然大理石饰面。施工单位拟定的施工方案为传统湿作业法施工，施工流向为从上往下，以楼层为施工段，每一施工段的计划工期4天，每一楼层一次安装到顶。该施工方案已获批准。2016年6月12日，大理石饰面板进场检查记录如下：天然大理石建筑板材，规格：600 mm×450 mm，厚度18 mm，一等品。2016年6月12日石材进场后专业班组就开始从第12层开始安装。为便于灌溉操作，操作人员将结合层的砂浆厚度控制在18 mm，结果实际工期与计划工期一致。操作人员完成12天后，立即进行封闭处理，并转入下一层施工。2016年6月27日，检验员检验时发现局部大理石饰面产生不规则的花斑，沿墙面的中下部位空鼓的板块较多。大理石饰面板是否允许板块局部空鼓？试分析本工程大理石饰面板产生空鼓的原因。

答：本工程大理石饰面板产生空鼓的原因有以下三方面。

（1）施工顺序不合理：走廊净高2.8 m，大理石饰面板安装采用传统湿作业施工时，不宜一次安装到顶。

（2）结合层砂浆厚度太厚：结合层砂浆一般宜为7~10 mm厚。

（3）没有进行养护：操作人员完成12层后，立即进行封闭保护，转入下一层施工。

本 章 小 结

本章主要介绍了石材、天然大理石、天然花岗石、人造石材、文化石和装饰石材的施工工艺。自然界的岩石种类很多，按形成原因分为岩浆岩、沉积岩和变质岩。

1. 石材的性质包括物理性质、力学性质、化学性质、热学性质和工艺性质。

2. 天然石材的选用原则包括多变性、装饰性、适用性和安全性。

3. 常用的天然装饰石材有天然大理石和天然花岗石。天然大理石板材简称大理石板材，是建筑装饰中应用较为广泛的天然石饰面材料；天然花岗石属于岩浆岩，主要由长石、石英和少量云母等矿物组成，是理想的天然装饰材料。

4. 人造石材分为树脂型人造石材、复合型人造石材、水泥型人造石材、烧结型人造石材和微晶型人造石材。人造石材具有高性能、多种花色、用途广泛和环保的优点。人造石材是用非天然的混合物制成的，主要用于台面、水槽、商业装饰、家居应用、卫浴应用和艺术加工等。

5. 文化石具有质地轻、经久耐用、绿色环保、防尘自洁功能、安装简单、费用省和可选择性多的性质。

6. 装饰石材的施工工艺分为施工准备、操作工艺和质量标准。

复习思考题

1. 简述岩石的种类和技术性能。

2. 天然石材的选用原则有哪些？

3．简述天然大理石的外观特征和特点。

4．简述天然大理石、天然花岗岩的品质规格和分类。

5．简述天然大理石、天然花岗岩的的运输和储存。

6．人造石材的性能优点有哪些？

7．简述文化石的分类和优点。

8．简述装饰石材的施工工艺。

第六章　建筑装饰石膏

【学习目标】

➤ 能够掌握石膏的生产、性能和应用
➤ 能够了解纸面石膏板试验依据和试验步骤

第一节　建筑石膏的基本知识

一、建筑石膏的生产

生产石膏的原料主要为含硫酸钙的二水天然石膏（又称生石膏）或含硫酸钙的化工副产品和废渣（如磷石膏、氟石膏、硼石膏等），化学式为 $CaSO_4 \cdot 2H_2O$，因含两个结晶水而得名，又由于其质地较软，也被称为软石膏。

将二水石膏（生石膏）加热至 107 ℃～170 ℃时，部分结晶水脱出后得到半水石膏（熟石膏），再经磨细得到粉状的建筑中常用的石膏品种。反应式如下：

$$CaSO_4 \cdot 2H_2O \xrightarrow[107\ ℃～170\ ℃]{加热} CaSO_4 \cdot 1/2H_2O + 3/2H_2O \qquad (6\text{-}1)$$

该半水石膏的晶粒较为细小，称为型半水石膏，将此熟石膏磨细得到的白色粉末称为建筑石膏，密度为 2.60～2.70g/cm³，堆积密度为 800～1000kg/m³。

二、建筑石膏的水化与硬化

建筑石膏加适量的水拌和后，与水发生化学反应（简称水化）：

$$CaSO_4 \cdot \frac{1}{2}H_2O + 1\frac{1}{2}H_2O \rightarrow CaSO_4 \cdot 2H_2O \qquad (6\text{-}2)$$

建筑石膏加水后，很快发生水化反应，生成水化产物 $CaSO_4 \cdot 2H_2O$（二水石膏）。随着水化的不断进行，二水石膏胶体微粒凝聚并转变为晶体。晶体颗粒逐渐长大，且晶体颗粒间相互搭接、交错、共生（两个以上晶粒生长在一起）形成结晶结构，产生强度，即浆体产生了硬化，如图 6-1 所示。这一过程不断进行，直至浆体完全干燥，强度不再增加，此时浆体已硬化成为石膏制品。

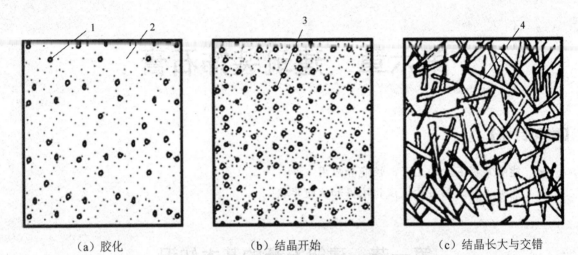

（a）胶化　　　　　　　　　（b）结晶开始　　　　　　　　（c）结晶长大与交错

1-半水石膏；2-二水石膏胶体微粒；3-二水石膏晶体；4-交错的晶体

图6-1　建筑石膏凝结硬化示意图

石膏的凝结和硬化是一个连续的过程。凝结分为初凝和终凝。随着水化的进行，二水石膏生成晶体量不断增加，水分逐渐减少，浆体开始失去可塑性，称为初凝；浆体完全失去塑性，并开始产生强度称为终凝。

三、建筑石膏的主要性能

（1）凝结硬化快。建筑石膏在加水拌合后，浆体在几分钟内便开始失去可塑性，30分钟内完全失去可塑性而产生强度，大约一星期左右完全硬化。为满足施工要求，需要加入缓凝剂，如硼砂、酒石酸钾钠、柠檬酸、聚乙烯醇、石灰活化骨胶或皮胶等。

（2）凝结硬化时体积微膨胀。石膏浆体在凝结硬化初期会产生微膨胀。这一性质使得石膏制品的表面光滑、细腻、尺寸精确、形体饱满、装饰性好。

（3）孔隙率大。建筑石膏在拌合时，为了使浆体具有施工要求的可塑性，需加入石膏用量60%的用水量，而建筑石膏水化的理论需水量为18.6%，所以大量的自由水在蒸发时，在建筑石膏制品内部形成大量的毛细孔隙。导热系数小，吸声性较好，属于轻质保温材料。

（4）具有一定的调湿性。由于石膏制品内部大量毛细孔隙对空气中的水蒸气具有较强的吸附能力，所以对室内的空气湿度有一定的调节作用。

（5）防火性好。石膏制品在遇火灾时，二水石膏将脱出结晶水，吸热蒸发，并在制品表面形成蒸汽幕和脱水物隔热层，可有效减少火焰对内部结构的危害。建筑石膏制品在防火的同时自身也会遭到损坏，而且石膏制品也不宜长期用于靠近65℃以上高温的部位，以免二水石膏在此温度下失去结晶水，从而失去强度。

（6）耐水性、抗冻性差。建筑石膏硬化体的吸湿性强，吸收的水分会减弱石膏晶粒间的结合力，使强度显著降低；若长期浸水，还会因二水石膏晶体逐渐溶解而导致破坏。石膏制品吸水饱和后受冻，会因孔隙中水分结晶膨胀而破坏。所以，石膏制品的耐水性和抗冻性较差，不宜用于潮湿部位。为提高其耐水性，可加入适量的水泥、矿渣等水硬性材料，也可加入有机防水剂等，可改善石膏制品的孔隙状态或使孔壁具有增水性。

四、建筑石膏的应用

建筑石膏的用途广泛，主要用于室内抹灰、粉刷，生产各种石膏板及装饰制品，做水泥原料中的缓凝剂和激发剂等。

（一）室内抹灰和粉刷

建筑石膏由于具有优良的特性而常被用于室内高级抹灰和粉刷。以建筑石膏为基料加水、砂拌和成的石膏砂浆，用于室内抹灰。建筑石膏或建筑石膏和不溶性硬石膏二者混合后再掺入外加剂、细骨料即制成了粉刷石膏，按用途可分为面层粉刷石膏（M）、底层粉刷石膏（D）和保温层粉刷石膏（W）三类。粉刷石膏是一种新型内墙抹灰材料，该抹灰表面光滑、细腻、洁白，具有防火、吸声、施工方便、黏结牢固等特点，同时石膏抹灰的墙面、顶棚还可以直接涂刷涂料及粘贴壁纸。

（二）纸面石膏板

以建筑石膏为主要原料，掺入适量的纤维材料、缓凝剂等作为芯材，以纸板作为增强护面材料，经加水搅拌、浇筑、辊压、凝结、切断、烘干等工序制得。板的长度为 1 800～3600 mm，宽度为 900～1 200 mm，厚度为 9.5 mm、12 mm、15 mm、18 mm、21 mm、25 mm。纸面石膏板的抗折荷载为 400～800 N。纸面石膏板有普通纸面石膏板、耐水纸面石膏板、耐火纸面石膏板。普通纸面石膏板适用于办公楼、影剧院、饭店等建筑室内吊顶、墙面隔断等处的装饰；耐水纸面石膏板主要用于厨房、卫生间等潮湿场合的装饰；耐火纸面石膏板主要用于防火等级要求高的建筑物，如影剧院、体育馆、幼儿园、展览馆等。

（三）装饰石膏板

装饰石膏板是以建筑石膏为主要原料，掺入少量短玻璃纤维增强材料和聚乙烯醇外加剂，与水一起搅拌成均匀的料浆，采用带有图案的硬质塑料模具浇筑成型，干燥而成。

装饰石膏板包括平板、孔板、浮雕板、防潮板等品种，其中平板、孔板和浮雕板是根据板面形状命名的；防潮板是根据石膏板在特殊场合的使用功能命名的。

装饰石膏板是一种不带护面纸的装饰板材料，主要用于建筑物室内墙面和吊顶装饰。

（四）建筑装饰制品

以模型石膏为主要原料，掺加少量纤维增强材料和胶料，加水搅拌成石膏浆体。将浆体注入各种各样的金属（或玻璃）模具中，就获得了花样、形状不同的石膏装饰制品。如平板、多孔板、花纹板、浮雕板等。

石膏装饰板具有色彩鲜艳、品种多样、造型美观、施工方便等优点，是公用建筑物和顶棚常用的装饰制品。

（五）石膏艺术制品

石膏艺术制品是用优质建筑石膏为原料，加入纤维增强材料等外加剂，与水一起制成料浆，再经浇注入模，干燥硬化后而制得的一类产品。石膏艺术制品品种繁多，主要包括平板、浮雕板系列，浮雕饰线系列（阴型饰线及阳型饰线），艺术顶棚、灯圈、浮雕壁画、画框等。

（六）纤维石膏板

纤维石膏板是以纤维材料（多使用玻璃纤维）为增强材料，与建筑石膏、缓凝剂、水等混合经特殊工艺制成的石膏板。纤维石膏板的强度高于纸面石膏板，规格基本相同，但生产效率低。纤维石膏板除可用于隔墙、内墙外，还可用来代替木材制作家具。

问题：某宾馆客房进行装饰施工，在门窗、吊顶、地面等分项工程施工完成后，施工单位根据设计要求低吊顶及墙面进行涂料施工。乳胶漆墙面做法包括以下几道工序：基体清理；嵌、批腻子；刷底涂料；磨砂纸；涂面层涂料等。建筑石膏的应用范围？

答：随着石膏的用途广泛，主要用于室内抹灰、粉刷，生产各种石膏板及装饰制品，做水泥原料中的缓凝剂和激发剂等。

适用于室内抹灰和粉刷；建筑装饰制品，以模型石膏为主要原料，掺加少量纤维增强材料和胶料，加水搅拌成石膏浆体；纸面石膏板，以建筑石膏为主要原料，掺入适量的纤维材料、缓凝剂等作为芯材，并以纸板作为增强护面材料，经加水搅拌、浇筑、辊压、凝结、切断、烘干等工序制成；装饰石膏板；纤维石膏板和石膏艺术制品。

第二节　石膏装饰制品

一、装饰石膏板

装饰石膏板是以建筑石膏为主要原料、掺入适量纤维增强材料和外加剂，与水一起搅拌均匀、经浇注成型，干燥而成的不带护面纸的板材。

（1）品种。有高效防水石膏吸声装饰板、普通石膏细绳装饰板、石膏吸声板等。

（2）性能。有密度断裂荷载、挠度、软化系数、热导率、防水性能、吸声系数和频率等。

（3）形状及规格。正方形棱角的形状，有直角形和45°倒角型两种。

（4）技术要求。正面不应有影响装饰效果的气孔、污痕、裂纹、缺角、色彩不均和图案不完整等。板材的含水率、吸水率、受潮挠度应满足一定要求。

（5）特点。质地细腻、图案花纹多样、浮雕造型优美、立体感极强。

（6）应用。建筑的墙面和吊顶装饰，对湿度较大的环境应使用防潮板。装饰效果如图 6-2 所示。

二、嵌装式装饰石膏板

嵌装式装饰石膏板是以建筑石膏为主要原料，掺入适量的纤维增强材料和外加剂，与水一起搅拌成均匀的料浆，经浇注成型、干燥而成，不带护面纸。板材背面四边加厚，并带有嵌装企口。根据板材正面形状有平板、孔板和浮雕板三种。嵌装式装饰石膏板为正方形，其棱角断面形状有直角型和倒角型两种。其规格有 600 mm×600 mm×28 mm、500 mm×500 mm×25 mm，产品有优等品、一等品和合格品。石膏板装饰效果图如图 6-2 所示。

以穿孔嵌装式装饰石膏板为面板，在背面复合吸声材料，使其具有一定吸声特征的板材，称为嵌装式吸声石膏板。

嵌装式装饰石膏板的性能除与装饰石膏板的性能相同之外，还有各种色彩、浮雕图案，不同孔洞形式及其不同的排列方式。在安装时，只需嵌固在龙骨上，无须另行固定，是板材的企口相互咬合，故龙骨不外露。

嵌装式装饰石膏板可用于音乐厅、礼堂、影剧院、播演室、录音室等吸声要求较高的建筑物装饰。

图 6-2 石膏板装饰效果图

三、纸面石膏板

以建筑石膏为主要原料，掺入纤维和外加剂构成芯材，并与护面纸牢固地结合在一起的建筑板材。

（一）规格尺寸

长度为 1 800 mm、2 100 mm、2 400 mm、2 700 mm、3 000 mm、3 300 mm 和 3 600 mm。宽度为 900 mm 和 1 200 mm。厚长为 9 mm、12 mm、15 mm 和 18 mm。注意，可根据不同要求，生产其他规格尺寸的板材。

（二）应用

纸面石膏板具有质轻、防火、隔音、保温、隔热、加工性强良好（可刨、可钉、可锯）、施工方便、可拆装性能好，增大使用面积等优点，广泛用于各种工业建筑、民用建筑，尤其是在高层建筑中可作为内墙材料和装饰装修材料。如用于柜架结构中的非承重墙、室内贴面板、吊顶等。

（三）分类

1. 普通纸面石膏板

象牙白色板芯，灰色纸面，是最经济与常见的品种，适用于无特殊要求的使用场所，使用场所连续相对湿度不超过 65%。因为价格的原因，很多人喜欢使用 9.5 mm 厚的普通纸面石膏板来做吊顶或间墙，但是由于 9.5 mm 普通纸面石膏板比较薄、强度不高，在潮湿条件下容易发生变形，因此建议选用 12 mm 以上的石膏板。同时，使用较厚的板材也是预防接缝开裂的一个有效手段。

2．耐水纸面石膏板

其板芯和护面纸均经过了防水处理，根据国际标准的要求，耐水纸面石膏板的纸面和板芯都必须达到一定的防水要求（表面吸水量不大于 160 g，吸水率不超过 10%）。耐水纸面石膏板适用于连续相对湿度不超过 95%的使用场所，如卫生间、浴室等。

3．耐火纸面石膏板

其板芯内增加了耐火材料和大量玻璃纤维，如果切开石膏板，可以从断面处看见很多玻璃纤维。质量好的耐火纸面石膏板会选用耐火性能好的无碱玻纤，一般的产品都选用中碱或高碱玻纤。

（四）特点

纸面石膏板是以天然石膏和护面纸为主要原材料，掺加适量纤维、淀粉、促凝剂、发泡剂和水等制成的轻质建筑薄板。纸面石膏板作为一种新型建筑材料，在性能上的特点有：

（1）生产能耗低，生产效率高：生产同等单位的纸面石膏板的能耗比水泥节省 78%。且投资少生产能力大，工序简单，便于大规模生产。

（2）轻质：用纸面石膏板作隔墙，重量仅为同等厚度砖墙的 1/15，砌块墙体的 1/10，有利于结构抗震，并可有效降低基础及结构主体造价。

（3）保温隔热：纸面石膏板板芯 60%左右是微小气孔，因空气的导热系数很小，因此具有良好的轻质保温性能。

（4）防火性能好：由于石膏芯本身不燃，且遇火时在释放化合水的过程中会吸收大量的热，延迟周围环境温度的升高，因此，纸面石膏板具有良好的防火阻燃性能。经国家防火检测中心检测，纸面石膏板隔墙耐火极限可达 4 小时。

（5）隔音性能好：采用单一轻质材料，纸面石膏板隔墙具有独特的空腔结构，具有很好的隔声性能。

（6）装饰功能好：纸面石膏板表面平整，板与板之间通过接缝处理形成无缝表面，表面可直接进行装饰。

（7）加工方便，可施工性好：纸面石膏板具有可钉、可刨、可锯、可粘的性能，用于室内装饰，可取得理想的装饰效果，仅需裁纸刀便可对纸面石膏板进行裁切，施工非常方便，用它做装饰材料可极大地提高施工效率。

（8）舒适的居住功能：由于石膏板的孔隙率较大，并且孔结构分布适当，所以具有较高的透气性能。当室内湿度较高时，可吸湿，而当空气干燥时，又可释放出一部分水分，因而对室内湿度起到一定的调节作用，国外将纸面石膏板的这种功能称为"呼吸"功能，正是由于石膏板具有这种独特的"呼吸"性能，可在一定范围内调节室内湿度，使居住条件更舒适。

（9）绿色环保：纸面石膏板采用天然石膏和纸面作为原材料，绝不含对人体有害的石棉（绝大多数的硅酸钙类板材及水泥纤维板均采用石棉作为板材的增强材料）。

（10）节省空间：采用纸面石膏板作墙体，墙体厚度最小可达 74 mm，且可保证墙体的隔音性能。

四、艺术装饰石膏制品

艺术装饰石膏制品主要包括浮雕艺术石膏线角、线板、花角、灯圈、壁炉、罗马柱、圆柱、方柱、麻花柱、灯座、花饰等。在色彩上,可利用优质建筑石膏本身洁白高雅的色彩;造型上可洋为中用,古为今用,可将石膏这一传统材料赋予新的装饰内涵。

(一)浮雕艺术石膏线角、线板、花角

浮雕艺术石膏线角、线板、花角具有表面光洁、颜色洁白高雅、花形和线条清晰、立体感强、尺寸稳定、强度高、无毒、防火、施工方便等优点,广泛用于高档宾馆、饭店、写字楼和居民住宅的吊顶装饰,是一种造价低廉、装饰效果好、调节室内湿度和防火的理想装饰装修材料,可直接用粘贴石膏腻子和螺钉进行固定安装

石膏线板的宽度一般为 50~150 mm,厚度为 15~25 mm 左右,每条长约 1 500 mm。

(二)浮雕艺术石膏灯圈

作为一种良好的吊顶装饰材料,浮雕艺术石膏灯圈与灯饰作为一个整体,表现出相互烘托、相得益彰的装饰气氛。石膏灯圈外形一般加工成圆形板材,也可根据室内装饰设计要求和用户要求制作成圆形或花瓣形,其直径有 500~1 800 mm 等多种,板厚一般为 10~30 mm。室内吊顶装饰的各种吊挂灯或吸顶灯,配以浮雕艺术石膏灯圈,使人进入一种高雅美妙的装饰意境。

(三)装饰石膏柱、石膏壁炉

装饰石膏柱有罗马柱、麻花柱、圆柱、方柱等多种,柱上、下端分别配以浮雕艺术石膏柱头和柱基,柱高和周边尺寸由室内层高和面积大小而定。由柱身上纵向浮雕条纹,可显得室内空间更加高大。在室内门厅、走道、墙壁等处设置装饰石膏板,既丰富了室内的装饰层次,更给人一种欧式装饰艺术和风格的享受。

(四)石膏花饰、壁挂

石膏花饰是按设计图先制作阴模(软模),然后浇入石膏麻丝料浆成型,再经硬化、脱模、干燥而成的一种装饰材料,板厚一般为 15~30 mm。石膏花饰的花型图案、品种规格很多,表面可分为石膏天然白色,也可以制成描金或象牙白色、暗红色、淡黄色等多种。用于建筑物室内顶棚或墙面装饰。建筑石膏还可以制作成浮雕壁挂,表面可涂饰不同色彩的涂料,也是室内装饰的新型艺术制品。

实训　纸面石膏板试验

本试验依据是《纸面石膏板》(GB/T9775—2008)。

一、试验设备及仪器

(1)钢卷尺:最大量程 5 000 mm,分度值 1 mm。

（2）钢直尺：最大量程 1 000 mm，分度值 1 mm。

（3）板厚测定仪：最大量程 30 mm，分度值 0.01 mm。

（4）楔形棱边深度测定仪：最大量程 10 mm，分度值 0.01 mm。

（5）电子秤：感量 1 g。

（6）电子天平：感量 0.01 g。

（7）电热鼓风干燥箱：最高温度 300 ℃，控温器灵敏度 ±1 ℃。

（8）板材抗折试验机：最大量程 2 000 N，精度 1 级。

（9）压力试验机：最大量程 2 000 N，精度 1 级。

（10）抗冲击性试验仪：钢球直径 50 mm，钢球质量 510 g。

（11）护面纸与芯材黏结性试验仪：荷载质量 3 kg。

（12）纸张表面吸收重量测定仪：圆筒内径 113 mm。

（13）遇火稳定性测定仪：喷火头直径 40 mm±1 mm，喷火孔直径 2.5 mm±0.1 mm，最高温度 900 ℃，精度 1 级。

（14）受潮挠度试验箱：可调至温度 32 ℃±2 ℃、相对湿度 90%±3%。

二、试验条件

对于进行面密度、断裂荷载、硬度、抗冲击性、护面纸与芯材黏结性以及吸水率测定的实验室应满足温度 25 ℃±5 ℃，相对湿度 50%±5% 的试验环境条件。对于进行表面吸水量测定的实验室应满足温度 25 ℃±5 ℃，相对湿度 50%±3% 的试验环境条件。

三、试样与试件

以五张板材为一组试样，依次进行外观质量、尺寸偏差、对角线长度差、楔形棱边断面尺寸测定后，在距板材四周大于 100 mm 处（除进行端头硬度、棱边硬度测定的试件外）按如表 6-1 所示的规定的方向、尺寸以及数量切取试件，并予以编号，供其余各项试验用。

对于将进行端头硬度测定的试件，在板材任一端头按如表 6-1 所示的规定切取试件，但距棱边应大于 100 mm。对于将进行棱边硬度测定的试件，在板材两棱边侧按如表 6-1 所示的规定各取一个试件，但距端头应大于 100 mm。

表 6-1　试件规格

试件用途	试件代号	纵向尺寸 / mm	横向尺寸 / mm	每张板材上切取试件数量/个
纵向断裂荷载（兼做面密度）	Z	400	300	1
横向断裂荷载（兼做面密度）	H	300	400	1
端头硬度	T	75	300	1（两端头任取 1）
棱边硬度	L	300	75	2（两端头任取 1）
抗冲击性	K	300	300	1
面纸与芯材黏结性	M	120	50	1
背纸与芯材黏结性	D	120	50	1

（续表）

试件用途	试件代号	纵向尺寸/mm	横向尺寸/mm	每张板材上切取试件数量/个
遇火稳定性	Y	300	50	1
吸水率	S	300	300	1
表面吸水量	B	125	125	1

四、试件的处理

用于断裂荷载（兼做面密度）、硬度、抗冲击性、护面纸与芯材黏结性、吸水率以及遇火稳定性测定的试件，应预先放置于电热鼓风干燥箱中，在 40 ℃±2 ℃的温度条件下烘干至恒重（试件在 24 小时的质量变化率应小于 0.5%），并在温度 25 ℃±5 ℃，相对湿度 50%±5% 的实验室条件下冷却至室温，然后进行测定。用于表面吸水量测定的试件，应预先放置于电热鼓风干燥箱中，在 40 ℃±2 ℃的温度条件下烘干至恒重（试件在 24 小时的质量变化率应小于 0.1%），并在温度 25 ℃±5 ℃，相对湿度 50%±3% 的实验室环境条件下放置 24 小时，然后进行测定。

（一）吸水率的测定

试件经处理后，用电子秤称量试件质量（G_1），然后浸入温度为 25 ℃±5 ℃的水中。试件用支架悬置，不与水槽底部紧贴，试件上表面距水面 30 mm。浸水 2 小时后取出试件，用半湿毛巾吸去试件表面附着水分，称量试件质量（G_2）。记录每个试件在浸水前和浸水后的质量，并按下式计算吸水率。以五个试件中最大值作为该组试样的吸水率，精确至 1%。

$$W_1 = \frac{G_2 - G_1}{G_1} \times 100 \qquad (6\text{-}3)$$

式中　W_1——吸水率（%）；

　　　G_1——试件浸水前的质量，单位为克（g）；

　　　G_2——试件浸水后的质量，单位为克（g）。

（二）表面吸水量的测定

试件经处理后，在满足上述规定的实验室试验条件下进行测定。测定试件正面的表面吸水量。用电子天平称量试件质量（G_3），然后把试件固定于纸张表面吸收重量测定仪上。在纸张表面吸收重量测定仪的圆筒内，注入温度为 25 ℃±5 ℃的水，高度为 25 mm。翻转圆筒时开始计时，静置 2 小时。转正圆筒后，取下试件，用中性滤纸吸去试件表面的附着水分。然后在电子天平上称量试件质量（G_4），精确至 0.01g。记录每个试件在表面吸水前和吸水后的质量，按下式计算表面吸水量。以五个试件中的最大值作为该组试样的表面吸水量，精确至 1g/m²。

$$W_2 = \frac{G_4 - G_3}{S} \qquad (6\text{-}4)$$

式中　W_2——表面吸水量，单位为克每平方米（g/m²）；

　　　G_3——表面吸水前试件的质量，单位为克（g）；

G_4——表面吸水后试件的质量，单位为克（g）；

S——表面吸水面积，单位为平方米（m²）。

（三）遇火稳定性的测定

试件按照如图 6-3 所示钻孔，再经过处理。用支杆将试件竖直悬挂于两个喷火口中间，喷火口与试件的表面垂直。

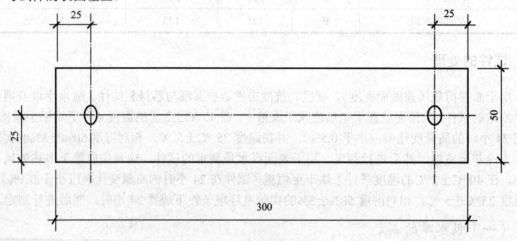

图 6-3　时间钻孔位置图

用液化石油气作为热源向遇火稳定性测定仪的两只燃烧器供气，燃烧器喷火口距板面为30 mm。如表 6-2 的规定在试件下端悬挂荷载。如图 6-4 所示，点燃燃烧器。

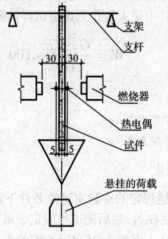

图 6-4　测定示意图

表 6-2　悬挂的荷载

板材厚度/mm	悬挂的荷载/N	板材厚度/mm	悬挂的荷载/N
9.5	7	18.0	15
12.0	10	21.0	17
15.0	12	25.0	20

如图6-4遇火稳定性的测定示意图，用两支镍铬－镍硅热电偶在距板面 5 mm 处测量温度。试验初期应在不使试件晃动的情况下，去除掉落在热电偶上的、已碳化的护面纸。通过调节，在 3 分钟内把温度控制在 800 ℃±30 ℃，试验过程中一直保持此温度。从试件遇火开始计时，至试件断裂破坏。记录每个试件被烧断的时间，以五个试件中最小值作为该组试样的遇火稳定性。精确至 1 分钟。

本 章 小 结

本章主要介绍了建筑装饰材料、石膏装饰制品和纸面石膏板试验。

1. 生产石膏的原料主要为含硫酸钙的二水天然石膏（又称生石膏）或含硫酸钙的化工副产品和废渣（如磷石膏、氟石膏、硼石膏等），化学式为 $CaSO_4 \cdot 2H_2O$，因含两个结晶水而得名，又由于其质地较软，也称为软石膏。

2. 建筑石膏的主要性能包括凝结硬化快、凝结硬化时体积微膨胀、孔隙率大、具有一定的调湿性、防火性好和耐水性、抗冻性差。建筑石膏的用途广泛，主要用于室内抹灰、粉刷，生产各种石膏板及装饰制品，做水泥原料中的缓凝剂和激发剂等。

3. 石膏装饰制品包括装饰石膏板、嵌装式装饰石膏板、纸面石膏板和艺术装饰石膏制品。

4. 纸面石膏板试验包含试验依据、设备及仪器、条件、试验与试件和处理。

复习思考题

1. 建筑石膏的主要性能有哪些？
2. 建筑石膏一般都应用在哪些方面？
3. 装饰石膏板的技术要求有哪些？
4. 简述纸面石膏板的分类和特点。
5. 艺术装饰石膏制品包括哪些？
6. 简述吸水率的测定的试件处理。
7. 表面吸水量的测定的试件处理。
8. 简述遇火稳定性的测定的试件处理。

第七章　建筑装饰金属材料

【学习目标】

- ➢ 能够掌握建筑金属材料的分类和性能
- ➢ 能够掌握铜和铜合金制品、铝和铝合金制品的基本知识和性能
- ➢ 能够熟悉钛金属板和钛锌金属板的基本知识和性能

第一节　建筑装饰金属材料的基本知识

金属装饰材料分为黑色金属和有色金属两大类。黑色金属包括：铸铁、钢材，其中的钢材主要是作房屋、桥梁等的结构材料，只有钢材的不锈钢用作装饰使用。有色金属包括有铝及其合金、铜及铜合金、金、银等，它们广泛地用于建筑装饰装修中。现代金属装饰材料用于建筑物中更是多种多样，丰富多彩。这是因为金属装饰材料具有独特的光泽和颜色作为建筑装饰材料，金属庄重华贵，经久耐用，均优于其他各类建筑装饰材料。现代常用的金属装饰材料包括铝及铝合金、不锈钢、铜和铜合金。

一、金属装饰材料的分类

金属装饰材料可以按照材料的性质、装饰的部位和材料的形状不同而进行分类。

（一）按材料性质分类

金属装饰材料按材料性质不同可分为黑色金属装饰材料、有色金属装饰材料和复合金属装饰材料。

（1）黑色金属装饰材料是指铁和铁合金形成的金属装饰材料，如碳钢、合金钢、铸铁和生铁等。

（2）有色金属装饰材料是指铝及铝合金、铜及铜合金、金和银等。

（3）复合金属装饰材料是指金属与非金属复合材料，如塑铝板和不锈钢包覆钢板等。

（二）按装饰部位分类

金属装饰材料按装饰部位不同可分为金属天花装饰材料、金属墙面装饰材料、金属地面装饰材料、金属外立面装饰材料、金属景观装饰材料和金属装饰品。

（1）金属天花装饰材料是指用于顶棚装饰的金属装饰材料，主要有铝合金扣板、铝合金方板、铝合金格栅、铝合金格片、铝塑板天花、铝单板天花、彩钢板天花、轻钢龙骨和铝合金龙骨制品等。

（2）金属墙面装饰材料是指用于墙面装饰的金属装饰材料，主要有铝单板内外墙板、铝塑板内外墙装饰板、彩钢板内外墙板、金属内外墙装饰制品和不锈钢内外墙板等。

（3）金属地面装饰材料是指用于地面装饰的金属装饰材料，主要有不锈钢装饰条板、压花钢板和压花铜板等。

（4）金属外立面装饰材料是指用于建筑外立面装饰的金属装饰材料，主要有铝单板、铝塑板、钛锌板、金属型材、铜板、铸铁、金属装饰网、配合玻璃幕墙的铝合金型材和钢型材等。

（5）金属景观装饰材料是指用于室外景观工程中的金属装饰材料，主要有不锈钢、压型钢板、铝合金型材、铜合金型材、铸铁材料和铸铜材料等。

（6）金属装饰品是指用金属及金属合金材料制作的，用于室内外、能起到装饰作用的制品，主要有不锈钢装饰品，不锈钢雕塑，铸铜、铸铁雕塑，铸铜、铸铁饰品，金属帘，金属网和金银饰品等。

（三）按材料形状分类

金属装饰材料按材料的形状不同可分为金属装饰板材、金属装饰型材和金属装饰管材等。

（1）金属装饰板材是指平板类的，指金属及金属合金、金属材料及非金属材料制成的金属装饰材料，主要有钢板、不锈钢板、铝合金单板、铜板、彩钢板和压型钢板等。

（2）金属装饰型材是指金属及金属合金材料经热轧等工艺制成的异型断面的材料，主要有铝合金型材、型钢和铜合金型材等。

（3）金属装饰管材指金属及金属合金经加工制成的有矩形、圆形、椭圆形和方形等截面的材料，主要有铝合金方管、不锈钢方管、不锈钢圆管、钢圆管、方钢管和铜管等。

二、金属装饰材料的性质

（一）金属装饰材料的力学性质

1. 抗拉性能

拉伸是金属材料主要的受力形式，抗拉性是表示金属材料性质和选用金属装饰材料最重要的指标。金属材料受拉直至破坏一般经历以下四个阶段。

（1）弹性阶段。在此阶段，金属材料的应力和应变成正比关系，产生的变形是弹性变形。

（2）屈服阶段。随着拉力的增加，应力和应变不再是正比关系，金属材料产生了弹性变形和塑性变形。当拉力达到一定值时，即使应力不再增加，塑性变形仍明显增长，金属材料出现了屈服现象，此点对应的应力值被称为屈服点或称屈服强度。

（3）强化阶段。拉力超过屈服点以后，金属材料又恢复了抵抗变形的能力，故称为强化阶段。强化阶段对应的最高应力称为抗拉强度或强度极限。抗拉强度是金属材料抵抗断裂破坏能力的指标。

（4）颈缩阶段。超过了抗拉强度以后，金属材料抵抗变形的能力明显减弱，在受拉试件的某处，会迅速发生较大的塑性变形，出现颈缩现象，直至断裂。

2. 冲击韧性

冲击韧性是指在冲击荷载作用下，金属材料抵抗破坏的能力。金属材料的冲击韧性受下列因素影响。

（1）金属材料的化学组成与组织状态。

（2）金属材料的轧制、焊接质量。

（3）金属材料的环境温度。

（4）金属材料的时效。

（二）金属装饰材料的工艺性质

金属装饰材料的工艺性质主要有以下几个。

（1）冷弯性能。冷弯性能是指金属材料在常温下承受弯曲变形的能力。金属材料在弯曲过程中，受弯部位会产生局部不均匀塑变形，这种变形在一定程度上比伸长率更能反映金属材料的内部组织状况、内应力及杂质等情况。

（2）耐腐蚀性。金属材料的耐腐蚀性比较差，一般要经过防腐处理才能提高金属装饰材料的耐腐蚀性。

（3）可塑性。建筑工程中，金属材料绝大多数是采用各种连接方法连接的。这就要求金属材料要有良好的可塑性。

（4）水密性。金属材料的咬合方式为立边单向双重拆边并依靠机械力量自动咬合，板块连接紧密，水密性强，能有效防止毛雨入侵。不需要用化学嵌缝胶密封防水，免除了胶体老化带来的污染和漏水问题。

第二节　有色金属材料

一、铜及铜合金制品

铜合金以纯铜为基体加入一种或几种其他元素所构成的合金。纯铜呈紫红色，又称紫铜。纯铜密度为8.96，熔点为1 083 ℃，具有优良的导电性、导热性、延展性和耐蚀性。主要用于制作发电机、母线、电缆、开关装置、变压器等电工器材和热交换器、管道、太阳能加热装置的平板集热器等导热器材。常用的铜合金分为白铜、黄铜、青铜和纯铜四大类。

（一）铜合金的种类

1. 白铜

以镍为主要添加元素的铜合金。铜镍二元合金称普通白铜；加有锰、铁、锌、铝等元素的白铜合金称复杂白铜。工业用白铜分为结构白铜和电工白铜两大类。结构白铜的特点是机械性能和耐蚀性好，色泽美观。这种白铜广泛用于制造精密机械、眼镜配件、化工机械和船舶构件。电工白铜一般有良好的热电性能。锰铜、康铜、考铜是含锰量不同的锰白铜，是制造精密电工仪器、变阻器、精密电阻、应变片、热电偶等的材料。

2. 黄铜

黄铜是由铜和锌所组成的合金。如果只是由铜、锌组成的黄铜就叫作普通黄铜。黄铜常被用于制造阀门、水管、空调内外机连接管和散热器等。

如果是由二种以上的元素组成的多种合金就称为特殊黄铜。如由铅、锡、锰、镍、铁、硅组成的铜合金。特殊黄铜又叫特种黄铜，它强度高、硬度大、耐化学腐蚀性强。切削加工的机械性能也较突出。黄铜有较强的耐磨性能。由黄铜所拉成的无缝铜管，质软、耐磨性能强。黄铜无缝管可用于热交换器和冷凝器、低温管路、海底运输管。制造板料、条材、棒材、管材、铸造零件等。含铜量约为62%～68%，塑性强，适合制造耐压设备等。

根据黄铜中所含合金元素种类的不同，黄铜分为普通黄铜和特殊黄铜两种。压力加工用的黄铜称为变形黄铜。黄铜是以锌为主要添加元素的铜合金，具有美观的黄色，统称黄铜。铜锌二元合金称普通黄铜或称简单黄铜。三元以上的黄铜称特殊黄铜或称复杂黄铜。含锌低于36%的黄铜合金具有良好的冷加工性能，如含锌30%的黄铜常用来制作弹壳，俗称弹壳黄铜或七三黄铜。含锌在36%～42%之间的黄铜合金由和铜和锌组成，其中最常用的是含锌40%的六四黄铜。为了改善普通黄铜的性能，常添加其他元素，如铝、镍、锰、锡、硅、铅等。铝能提高黄铜的强度、硬度和耐蚀性，但是塑性降低，适合作海轮冷凝管及其他耐蚀零件。锡能提高黄铜的强度和对海水的耐腐性，故称海军黄铜，用作船舶热工设备和螺旋桨等。铅能改善黄铜的切削性能，这种易切削黄铜常用作钟表零件。黄铜铸件常用来制作阀门和管道配件等。

3. 青铜

青铜是我国使用最早的合金，至今已有3 000多年的历史。

青铜原指铜锡合金，后除黄铜、白铜以外的铜合金均称青铜，并常在青铜名字前冠以第一主要添加元素的名。锡青铜的铸造性能、减摩性能好和机械性能好，适合于制造轴承、蜗轮、齿轮等。铅青铜是现代发动机和磨床广泛使用的轴承材料。铝青铜强度高，耐磨性和耐蚀性好，用于铸造高载荷的齿轮、轴套、船用螺旋桨等。磷青铜的弹性极限高，导电性好，适于制造精密弹簧和电接触元件，铍青铜还用来制造煤矿、油库等使用的无火花工具。铍铜是一种过饱和固溶体铜基合金，机械性能、物理性能、化学性能及抗蚀性能均良好。粉末冶金制作针对钨钢、高碳钢、耐高温超硬合金制作的模具需电蚀时，因普通电极损耗大，速度慢，钨铜是比较理想的材料。抗弯强度大于等于667 MPa。

4. 纯铜

高品质红铜纯度高，组织细密，含氧量极低。无气孔、沙眼、疏松，导电性能极佳，适合电蚀刻模具，经热处理工艺，电极无方向性，适合精打、细打。

（二）铜合金的应用

1. 建筑业

由于铜水管具有美观耐用、安装方便、安全防火、卫生保健等诸多优点，使它与镀锌钢管和塑料管相比存在明显优越的价格性能比。在住宅和公用建筑中，用于供水、供热、供气以及防火喷淋系统，日益受到人们的青睐，成为当前的首选材料。在发达国家中，铜制供水系统已占很大比重。美国纽约号称世界第六高楼的曼哈顿大厦，其中仅供水系统一项，就用去铜管6万英尺(1 km)。在欧洲，饮水用铜管消耗量很大。英国的饮水用铜管消耗量平均每人每年1.6 kg，日本为0.2 kg。由于镀锌钢管容易锈蚀，许多国家已明令禁用。我国香港早于1996年1月起禁止使用，上海也于1998年5月起执行禁用。我国在房屋建设中推广使用铜管道系统，势在必行。

2．电气工业

（1）电力输送。电力输送中需要大量消耗高导电性的铜，主要用于动力电线电缆、汇流排、变压器、开关、接插元件和联接器等。

在电线电缆的输电过程中，由于电阻发热而白白浪费电能。从节能和经济的角度考虑，目前世界上正在推广"最佳电缆截面"标准。"最佳电缆截面"标准，兼顾一次安装费用和电能消耗这两个因素，适当放大电缆尺寸，以达到节能和最佳综合经济效益的目的。按照新的标准，电缆截面往往要比老标准加大一倍以上，可以获得 50%左右的节能效果。

（2）电机制造。在电机制造中，广泛使用高导电和高强度的铜合金。主要用铜部位是定子、转子和轴头等。在大型电机中，绕组要用水或氢气冷却，称为双水内冷或氢气冷却电机，这就需要大长度的中空导线。

电机是使用电能的大户，约占全部电能供应的 60%。一台电机运转累计电费很高，一般在最初工作 500 小时内就达到电机本身的成本，一年内相当于成本的 4~16 倍，在整个工作寿命期间可以达到成本的 200 倍。电机效率的少量提高，不但可以节能，而且可以获得显著的经济效益，增大铜线截面是发展高效电机的一个关键措施。

（3）通信电缆。20 世纪 80 年代以来，由于光纤电缆载流容量大等优点，在通信干线上不断取代铜电缆，而迅速推广应用。但是，把电能转化为光能，以及输入用户的线路仍需使用大量的铜。随着通信事业的发展，人们对通信的依赖越来越大，对光纤电缆和铜电线的需求都会不断增加。

（4）住宅电气线路。随着我国人民生活水平提高，家电的普及住宅用电负荷增长很快。

3．电子工业

电子工业是新兴产业，在它蒸蒸日上的发展过程中，不断开发出新产品和新的应用领域。它的应用已从电真空器件和印刷电路，发展到微电子和半导体集成电路中。

（1）电真空器件。电真空器件主要是高频和超高频发射管、波导管、磁控管等，它们需要高纯度无氧铜和弥散强化无氧铜。

（2）印刷电路。铜印刷电路是把铜箔作为表面，粘贴在作为支撑的塑料板上；用照相的办法把电路布线图印制在铜版上；通过浸蚀把多余的部分去掉而留下相互连接的电路。然后，在印刷线路板上与外部的连接处冲孔，把分立元件的接头或其他部分的终端插入，焊接在这个口路上，这样一个完整的线路便组装完成了。如果采用浸镀法，所有接头的焊接可以一次完成。这样，对于那些需要精细布置电路的场合，如无线电、电视机，计算机等，采用印刷电路可以节省大量布线和固定回路的劳动，因而得到广泛应用需要消费大量的铜。此外，在电路的连接中还需用各种价格低廉、熔点低、流动性好的铜基钎焊材料。

（3）集成电路。微电子技术的核心是集成电路。集成电路是指以半导体晶体材料为基片（芯片），采用专门的工艺技术将组成电路的元器件和互连线集成在基片内部、表面或基片之上的微小型化电路。这种微电路在结构上比最紧凑的分立元件电路在尺寸和重量上小成千上万倍。它的出现引发了计算机的巨大变革，成为现代信息技术的基础。国际著名的计算机公司 IBM（国际商业机器公司）已采用铜代替硅芯片中的铝作互连线，取得了突破性进展。这种用铜的新型微芯片可以获得 30%的效能增益，电路的线尺寸可以减小到 0.12μm，可使在单个芯片上集成的晶体管数目达到 200 万个，为古老的金属铜在半导体集成电路这个最新技术领域中的应用开创了新局面。

（4）引线框架。为了保护集成电路或混合电路的正常工作，需要对它进行封装；并在封装时，把电路中大量的接头从密封体内引出来。这些引线要求有一定的强度，构成该集成封装电路的支承骨架，称为引线框架。实际生产中，为了高速大批量生产，引线框架通常在一条金属带上按特定的排列方式连续冲压而成。框架材料占集成电路总成本的 1/3～1/4，而且用量很大。因此，必须要有低的成本。铜合金价格低廉，有高的强度、导电性和导热性，加工性能、针焊性和耐蚀性优良，通过合金化能在很大范围内控制其性能，能够较好地满足引线框架的性能要求，已成为引线框架的一种重要材料。它是目前铜在微电子器件中用量最多的一种材料。

4．交通工业

（1）船舶。由于良好的耐海水腐蚀性能，许多铜合金，如：铝青铜、锰青铜、铝黄铜、炮铜（锡锌青铜）、白钢以及镍铜合金（蒙乃尔合金）已成为造船的标准材料。一般在军舰和商船的自重中，铜和铜合金占 2%～3%。

军舰和大部分大型商船的螺旋桨都用铝青铜或黄铜制造。大船的螺旋桨每支重 20～25 吨。"伊丽莎白皇后"号和"玛丽皇后"号航母的螺旋桨每支重达 35 吨。大船沉重的尾轴常用"海军上将"炮铜，舵和螺旋桨的锥形螺栓也用同样材料。引擎和锅炉房内也大量用钢和铜合金。船上的电气设备也很复杂，发动机、电动机、通信系统等几乎完全依靠铜和铜合金来工作。大小船只的船舱内经常用钢和铜合金来装饰。甚至木制小船，也最好用钢合金（通常是硅青铜）的螺丝和钉子来固定木结构，这种螺丝可以用滚轧大量生产出来。为了防止船壳被海生物污损影响航行，经常采用包覆铜加以保护；或用刷含铜油漆的办法来解决。

（2）汽车。汽车用铜每辆 10～21 kg，随汽车类型和大小而异，对于小轿车约占自重的 6%～9%。铜和铜合金主要用于散热器、制动系统管路、液压装置、齿轮、轴承、刹车摩擦片、配电和电力系统、垫圈以及各种接头、配件和饰件等。其中用钢量比较大的是散热器。现代的管带式散热器，用黄铜带焊接成散热器管子，用薄的铜带折曲成散热片。

为了进一步提高铜散热器的性能，增强它与铝散热器的竞争力，作了许多改进。在材质方面，向铜中添加微量元素，以达到在不损失导热性的前提下，提高其强度和软化点，从而减薄带材的厚度，节省用钢量；在制造工艺方面，采用高频或激光焊接铜管，并用钢钎焊代替易受铅污染的软焊组装散热器芯体。

（3）飞机。飞机的航行也离不开铜。例如：飞机中的配线、液压、冷却和气动系统需使用铜材，轴承保持器和起落架轴承采用铝青铜管材，导航仪表应用抗磁钢合金，众多仪表中使用破铜弹性元件等等。

5．轻工业

轻工业产品与人民生活密切相关，品种繁多、五花八门。由于铜具有良好综合性能，到处可以看到它大显身手的踪影。

（1）空调器和冷冻机。空调器和冷冻机的控温作用，主要通过热交换器铜管的蒸发及冷凝作用来实现。热交换传热管的传热性能和尺寸，在很大程度上决定了整个空调机和制冷装置的效能和小型化。在这些机器上采用的都是高导热性能的异型铜管。利用钢的良好加工性能，开发和生产出带有内槽和高翅片的散热管，用于制造空调器、冷冻机、化工及余热口收等装置中的热交换器，可使新型热交换器的总热传导系数提高到用普通管的 2～3 倍，和用普通低翅片管的 1.2～1.3 倍，已在国内使用，可节省 40%的铜，并使热交换器体积缩小 1/3 以上。

（2）钟表。生产的钟表，计时器和有钟表机构的装置，其中大部分的工作部件都用"钟表黄铜"制造。合金中含 1.5%～2% 的铅，有良好加工性能，适合于大规模生产。例如，齿轮由长的挤压黄铜棒切出，平轮由相应厚度的带材冲出，用黄铜或其他铜合金制作镂刻的钟表面以及螺丝和接头等等。大量便宜的手表用炮铜（锡锌青铜）制造，或镀以镍银（白铜）。一些著名的大钟都用钢和铜合金制作。英国"大笨钟"的时针用的是实心炮铜杆，分针用的是 14 英尺长的铜管。

（3）造纸。在当前信息万变的社会里，纸张消耗量很大。纸张表面看起来简单，但是造纸工艺却很复杂。需要很多步骤，使用很多机器（冷却器、蒸发器、打浆器、造纸机等）；部件（各种热交换管、辊轮、打击棒、半液体泵和丝网等，大部分都用钢合金制作）。

（4）印刷。印刷中用铜版进行照相制版。表面抛光的铜版用感光乳胶敏化后，在它上面照相成像。感光后的铜版需加热使胶硬化。为避免受热软化，铜中往往含有少量的银或砷，以提高软化温度。然后，对版进行腐蚀，形成分布着凹凸点状图形的印刷表面。

在自动排字机上，要通过黄铜字型块的编排，来制造版型，这是铜在印刷中的另一个重要用途。字型块通常用的是含铅黄铜，有时也用铜或青铜。

（5）医药。制药工业中，各类蒸、煮、真空装置等都用纯铜制作。在医疗器械中则广泛使用锌白铜。铜合金还是眼镜架的常用材料。

6. 航天

最近发现了一些临界温度更高的材料，称为"高温超导材料"，它们大多是复合氧化物。较早发现和比较著名的一种是含铅的铜基氧化物，临界温度为 90 K，可以在液氮温度下工作。但还没有获得临界温度在室温附近的材料，而且这些材料难于做成大块物体，它们能通过可保持超导性的电流密度也不够高。因此，还未能在强电的场合下应用，有待进一步研究开发。

航天技术、火箭、卫星和航天飞机中，除了微电子控制系统和仪器、仪表设备以外，许多关键性的部件也要用到铜和铜合金。例如：火箭发动机的燃烧室和推力室的内衬，可以利用钢的优良导热性来进行冷却，以保持温度在允许的范围内。亚里安那 5 号火箭的燃烧室内衬，用的是铜一银一结合金，在这个内衬内加工出 360 个冷却通道，火箭发射时通入液态氢进行冷却。

此外，铜合金也是卫星结构中承载构件用的标准材料。卫星上的太阳翼板通常是由铜与其他几个元素的合金制成的。铜合金属于金属材料。

二、铝及铝合金制品

（一）铝的特性

铝属于有色金属中的轻金属，强度低，但塑性好，导热、电热性能强。铝的化学性质很活泼，在空气中易和空气反应，在金属表面生成一层氧化铝薄膜，可阻止其继续被腐蚀。铝的缺点是弹性模量低、热膨胀系数大、不易焊接、价格较高。

铝具有良好的可塑性（伸展率可达 50%），可加工成管材、板材、薄壁空腹型材，还可压延成极薄的铝箔（6×10^{-3}～25×10^{-3} mm），并具有极高的光、热反射比（87%～97%）。由于铝的强度和硬度较低（$\sigma_b = 80 \sim 100$ MPa，$HB = 200$），因此铝不能作为结构材料使用。

（二）铝合金的特性和分类

在纯铝中加入铜、镁、锰、锌、硅、铬等合金元素可制成铝合金。铝合金有防锈铝合金（LF）、硬铝合金（LY）、超硬铝合金（LC）、锻铝合金（LD）、铸铝合金（LI）。

铝加入合金元素既保持了铝质量轻的特点，同时提高了机械性能，屈服强度可达 210～500 MPa，抗拉强度可达 380～550 MPa，有比较高的比强度，是一种典型的轻质高强材料。

防锈铝合金常用阳极氧化法对铝材进行表面处理，增加氧化膜厚度，以提高铝材的表面硬度、耐磨性和耐蚀性。

铝合金的强度较高（σ_b＝350～500 MPa），延伸性和加工性能良好，。

铝合金根据加工方法不同分为变形铝合金和铸造铝合金两类。变形铝合金是指可以进行热态或冷态压力加工的铝合金，铸造铝合金是指用液态铝合金直接浇铸而成的各种形状复杂的制件。铝合金的应用范围可分为三类。

（1）一类结构。以强度为主要因素的受力构件，如屋架等。

（2）二类结构。指不承力构件或承力不大的构件，如建筑工程的门、窗、卫生设备、管系、通风管、挡风板、支架、流线型罩壳、扶手等。

（3）三类结构。主要是各种装饰品和绝热材料。

铝合金由于延伸性好，硬度低，易加工，目前被较广泛地用于各类房屋建筑中。

（三）装饰用铝合金制品

在现代建筑中，常用的铝合金制品有铝合金门窗，铝合金装饰板及吊顶，铝及铝合金波纹板、压型板、冲孔平板，铝箔等，具有承重、耐用、装饰、保温、隔热等优良性能。

目前，我国各地所产铝及铝合金材料已构成较完整的系列。使用时，可按需要和要求，参考有关手册和产品目录，对铝及铝合金的品种和规格作出合理的选择。

1. 铝合金装饰板

铝合金装饰板属于现代较为流行的建筑装饰板材，具有质量轻、不燃烧、耐久性好、施工方便、装饰效果好等优点。近年来在装饰工程中用得较多的铝合金板材主要有铝合金花纹板及浅花纹板、铝合金压形板、铝合金穿孔板等几种。

（1）铝合金花纹板及浅花纹板。铝合金花纹板是采用防锈铝合金坯料，用特殊花纹的轧辊轧制而成。花纹美观大方，筋高适中，不易磨损，防滑性好，耐腐蚀性强，便于冲洗，通过表面处理可以获得各种颜色。花纹板板材平整，裁剪尺寸精确，便于安装，广泛应用于现代建筑的墙面装饰以及楼梯踏板等处。

以冷作硬化后的铝材为基础，表面加以浅花纹处理后得到的装饰板，称为铝合金浅花纹板。铝合金浅花纹板是优良的建筑装饰材料之一，其花纹精巧别致，色泽美观大方，同普通铝合金相比，刚度高出 20%，抗污垢、抗划伤、抗擦伤能力均有所提高，是我国特有的建筑装饰产品。

（2）铝合金压形板。铝合金压形板主要用于墙面装饰，也可用作屋面。用于屋面时，一般采用强度高、耐腐蚀性能好的防锈铝制成。

铝合金压形板重量轻、外形美、耐腐蚀性好，经久耐用，安装容易，施工快速，经表面处理可得到各种优美的色彩，是现代广泛应用的一种新型建筑装饰材料。

（3）铝合金穿孔板。铝合金穿孔板是用各种铝合金平板经机械穿孔而成。孔形根据需要有圆孔、方孔、长圆孔、长方孔、三角孔、大小组合孔等。这是近年来开发的一种降低噪声并兼有装饰效果的新产品。

铝合金穿孔板材质轻、耐高温、耐高压、耐腐蚀、防火、防潮、防震，化学稳定性好，造型美观，色泽幽雅，立体感强，可用于宾馆、饭店、剧场、影院、播音室等公共建筑中，用于高级民用建筑则可改善音质条件，也可以用于各类车间厂房、机房、人防地下室等作降噪材料。

（4）铝合金扣板。铝合金扣板又称为铝合金条板，主要有开放式条板和插入式条板两种，颜色包括银白色、茶色和彩色（烘漆）等。其简单、方便、灵活的组合可为现代建筑提供更多的设计构思。

扣板顶棚由可卡进行特殊龙骨的铝合金条板组合。扣板分针孔型和无孔型，有数十种标准颜色系列，特别适合机场、地铁、商业中心、宾馆、办公室、医院和其他建筑使用。所使用的小型配件和其他各种顶棚型号的顶棚通用。具有良好的性能，能防火、防潮、防腐蚀、耐久、易清洗，且色彩高雅、赋予立体感，可根据时代要求来选择花色。合金装饰扣板如图 7-1 所示。

图 7-1　铝合金装饰扣板

（5）铝合金挂片。铝合金条形挂片顶棚适用于大面积公共场合使用，结构美观大方，线条明快，并可根据不同环境，使用相应规格的顶棚挂片，再图案上变化多样，并且安装方便。

2．铝合金门窗

铝合金门窗是由经表面处理的铝合金型材，经下料、打孔、铣槽、攻螺纹和组装等工艺，制成门窗框构件，再与玻璃、连接件、密封件和五金配件组装成门窗。

在现代建筑装饰中，尽管铝合金门窗比普通门窗的造价高 3～4 倍，但因长期维修费用低、性能好、美观、节约能源等，故得到广泛应用。

与普通的钢、木门窗相比，铝合金门窗有自重轻、密封性好、耐久性好、装饰性好、色泽美观、便于工业生产等特点。

铝合金门窗按开启方式分为推拉门窗、平开门（窗）、固定窗、悬挂窗、百叶窗、纱窗和回转门（窗）等，平开铝合金门窗和推拉铝合金门窗的规格尺寸如表 7-1 所示。

表 7-1　铝合金门窗品种规格

名称	洞口尺寸/ mm		厚度基本尺寸系列/ mm
	高	宽	
平开铝合金窗	600，900，1 200，1 500，1 800，2 100	600，900，1 200，1 500，1 800，2 100	40，45，50，55，60，65，70
平开铝合金门	2 100，2 400，2 700，	800，900，1 000，1 200，1 500，　1800，	40，45，50，55，60，65，70
推拉铝合金窗	600，900，1 200，1 500，1 800，2 100	1 200，1 500，1 800，2 100，1 240，2 700，3 000	45，55，60，70，80，90
推拉铝合金门	2 100，2 400，2 700，3 000	1 500，1 800，2 100，2 400，3 000	70，80，90

3．铝合金龙骨

铝合金龙骨是以铝合金板材为主要原料，轧制成各种轻薄型材后组合安装而成的一种金属骨架，主要用作吊顶或隔断龙骨，可与石膏板、矿棉板、夹板、木芯板等配合使用。按用途分为隔墙龙骨和吊顶龙骨两类。

铝合金龙骨具有强度大、刚度大、自重轻、不锈蚀、美观、防火、抗震、安装方便等特点，适用于外露龙骨的吊顶装饰、室内装饰要求较高的顶棚装饰。

4．铝箔

铝箔是用纯铝或铝合金加工成的 0.006 3～0.2 mm 薄片制品，具有良好的防潮、绝热、隔蒸汽和电磁屏蔽作用。建筑上常用的有铝箔牛皮纸、铝箔布、铝箔泡沫塑料板和铝箔波形板等。

第三节　新型金属材料

一、钛金属板

钛在地球中含量丰富。钛金属板是一种新型建筑材料，在国家大剧院和杭州大剧院等大型建筑上已得到成功应用，这标志着钛材幕墙时代在我国建筑领域的开始。钛金属板主要有表面光泽度高、强度高、热膨胀系数低、耐腐蚀性优异、无环境污染、使用寿命长、机械和加工性能良好等特性。钛材本身的各项性能是其他建筑材料不可比拟的。

中国国家大剧院近 40 000 m^2 的壳体外饰面，有 30 800 m^2 是钛金属板，6 700 mm^2 是玻璃幕墙。2 000 多块尺寸约 2 000 mm×800 mm×4 mm 的钛金属板是由 0.3 mm 厚的钛加 3.4 mm 厚的氧化铝加 0.3 mm 厚的不锈钢复合而成。外层钛表面经过特殊氧化处理，化学性质稳定、强度高、自重轻且耐腐蚀。由钛金属板往内依次是起防水作用的 304 垂纹铝镁合金板、起保温作用的玻璃纤维棉板（16 kg/m^3）、2 mm 厚钢衬板，衬板内层喷 K13 吸音粉末（100 kg/m^3）和内饰红木顶棚。

起防水作用的铝镁合金具有极强的抗腐蚀能力，特别是在酸性环境下，其防腐蚀性能大大优于钢板和普通铝合金板。内饰红木是经防火处理的宽 120 mm、厚 13 mm（0.6 mm 红木贴皮，内为 12 mm 厚多层阻燃板）的条板，条板间留有 30 mm 的空隙用以解决声学和回风问题。

二、钛锌金属板

钛锌金属板作为室外的建材已经应用得非常广泛，而作为室内的装饰材料目前也越来越得到建筑师和业主的青睐，如图 7-2 所示。

图 7-2　钛锌金属板装饰效果图

欧美各国将锌辊轧金属板用于建筑屋面已有 200 年的历史，锌在中国的使用已经有超过 400 年的历史。德国莱茵辛克公司根据多年的锌板制作经验和研究，将钛与铜加入锌内，从而制造出钛锌合金。经过辊轧成片、条或板状的建材板，称为莱茵辛克钛锌板。莱茵辛克钛锌板是由纯度为 99.995% 的电解锌与 1% 的钛和铜组成的合金，莱茵锌克钛锌板有原锌、蓝灰色预钝化锌和石墨灰预钝化锌三种；常用厚度有 0.70 mm、0.80 mm、1.00 mm、1.20 mm 和 1.5 mm 五种。所有莱茵辛克钛锌板屋面和幕墙系统均为结构性防水、通风透气、且不使用胶的系统，完全通过咬合、搭接和折叠等方式实现。其优点如下。

（1）经久耐用。依据使用条件、板厚和正确的安装，莱茵锌克钛锌板的使用寿命预期为 80～100 年。

（2）自我愈合。莱茵锌克钛锌板在运输、安装或在其寿命周期内如被轻微划伤，可因锌的特性自愈合。

（3）易于维护。由于有特殊的氢氧碳酸锌保护层，在整个寿命周期内，莱茵锌克钛锌板不需特别维护或清洁。此外，莱茵锌克钛锌板具有防紫外线和不褪色的特性。

（4）兼容性强。莱茵锌克钛锌板可与铝、不锈钢和镀锌钢板等多种材料兼容。

（5）成型能力好。莱茵锌克钛锌板能被折叠 180°而无任何裂纹，再折回到它的原始状态也不会断裂，可以形成任何形状。

（6）环保性好。该材料是绿色建材。

实训　彩色涂层钢板及钢带试验

本试验依据:《彩色涂层钢板及钢带试验方法》(GB/T13448—2006)。

一、弯曲试验

(一)原理

将试样绕自身弯曲180°,观察弯曲面的涂层开裂或脱落情况,确定使涂层不产生开裂或脱落的试样的最小厚度倍数值。

(二)主要仪器与材料

(1)弯曲试验机:可将试样弯曲成锐角。

(2)压平机或台钳:用于压平试样。

(3)透明胶带:宽度约为25 mm,其黏结强度为11N/25 mm±1N/25 mm宽。

(三)试样制备和试验环境

(1)试样尺寸为宽度不小于100 mm,长度约为宽度的两倍,试样应平整、无油污、无损伤、边缘无毛刺。

(2)试验在试验室环境下进行。如有争议时,应将待测试样在温度为23 ℃±2 ℃,相对湿度为50%±5%的环境中至少放置24小时后再进行试验。

(四)试验步骤

(1)把试样的一端插入弯曲试验机中约10 mm,压紧试样,转动手柄将试样弯曲到锐角,然后取出试样插入压平机,将试样的弯曲部分压紧,即为"0T"弯曲,如图7-4所示。

(2)用目视检查弯曲部分的涂层上是否出现开裂。离边缘10 mm内的涂层损伤不计。

(3)沿着弯曲面贴上透明胶带,边去除气泡边将胶带粘贴平整,然后沿弯曲面以60°方向迅速用力撕下胶带,检查胶带上是否有脱落的涂层。离边缘10 mm内的涂层脱落不计。

(4)试样绕"0T"弯曲部分继续作180°弯曲,折叠中央有一个试样厚度则为"1T"弯曲,如图7-3所示。同样用肉眼和胶带检查涂层是否有开裂或脱落。离边缘10 mm内的涂层损伤不计。

OT　　　　　　　　　　　　　　　　　1T

图7-3　T弯示意图

(5)重复步骤(4),进行2T、3T……弯曲,直到涂层未出现开裂或脱落为止。试样经弯曲后，重叠部分不应有明显的空隙存在。

（五）结果表示

使涂层不产生开裂或脱落的试样厚度的最小倍数为 T 弯值。

二、反冲击试验

（一）原理

让自由落体的重锤冲击试样，使试样快速变形，形成凸形区域，检查凸形区域的涂层是否有开裂或脱落，从而评定涂层抗开裂或脱落的能力。

（二）主要仪器与材料

（1）冲击试验仪：通常由基座，垂直导管、重锤和端部为半球形的冲头组成。冲头直径为 15.87 mm 或采用其他直径的冲头。

（2）透明胶带：宽度约为 25 mm，其黏结强度为 11N/25 mm±1N/25 mm 宽。

（3）硫酸铜溶液：10 g 硫酸铜（$CuSO_4 \cdot 5H_2O$）溶于 75 mL、1.0 mol/L 的盐酸中。

（4）白色法兰绒布或滤纸。

（三）试样制备和试验环境

（1）试样尺寸不小于 75 mm×150 mm，试样应平整、无油污、无损伤、边缘无毛刺。

（2）试验在试验室环境下进行。如有争议时，应将待测试样在温度为 23 ℃±2 ℃，相对湿度为 50%±5%的环境中至少放置 24 小时后再进行试验。

（四）试验步骤

（1）将试样的被检测面向下（反冲）放在冲模上。

（2）将重锤升到所需的高度，并从此高度自由落下，使冲头打在试样上形成凹陷。

（3）将胶带贴于被冲击后的凸形区域，用手指将其压紧，边去除气泡边将胶带粘贴平整，然后与试样面成 60°角迅速撕下胶带，检查胶带上是否有脱落的涂层。

（4）可用目视直接观察被冲击后的凸形区域是否有开裂。如果观察开裂有困难，也可用硫酸铜溶液检查。把浸透硫酸铜溶液的白色法兰绒布或滤纸贴于凸形区域，15 分钟后，揭开白色法兰绒布或滤纸，检查试验区、绒布或滤纸上有无铜析出，有铜析出说明涂层有开裂。

（5）在试样的另两个部位重复上述试验。若其中至少两次试验均不产生开裂或涂层脱落，则试样通过了该规定冲击功试验。

（6）涂层如无开裂或脱落，则固定重锤重量，适当增加重锤落下的高度，重复步骤（1）～（5）的试验过程，直到找出涂层不产生开裂或脱落的最大落下高度，此时该高度和锤重的乘积则为最大冲击功，以焦耳（J）表示。

（7）涂层如无开裂或脱落，也可固定落下高度，适当增加锤重，重复步骤（1）～（5）的试验过程，直到找出涂层不产生开裂或脱落的最大锤重，此时该高度和锤重的乘积则最大冲击功，以焦耳（J）表示。

（五）结果表示

（1）在规定冲击功试验步骤（1）～（5）时，结果应表示为规定冲击功试验下试样涂层是否有开裂或脱落。

（2）在测定涂层不产生开裂或脱落的最大冲击功试验时，结果应表示为高度和重锤重量的乘积（J）。

三、耐磨性试验

（一）原理

采用 Taber 磨耗仪，用标准橡胶砂轮在一定的重力负荷下对试样经规定的磨转次数后，以涂层磨耗的质量大小来评定其耐磨性能。

（二）主要仪器与材料

（1）Taber 磨耗仪，由带砝码可安装磨轮的臂杆和磨轮转数计数器以及一套真空吸尘装置组成。

（2）磨耗轮：一般为弹性橡胶校准轮 CS—10 或 CS—17，磨耗轮应在有效期内使用，磨耗轮使用至直径小于 45 mm 时应停止使用。

（3）修磨表面工具：S—11 磨盘砂纸，用于磨耗轮表面的整新。

（4）分析天平：分析精度不低于 0.1 mg。

（三）试样制备和试验环境

（1）试样为直径 100 mm 的圆片或边长 100 mm×100 mm 的正方形板，中心钻一个直径约为 6.3 mm 的圆孔。至少制作两块平行试样，试样表面应平整、无油污、无损伤。

（2）试样在试验室环境下至少放置 24 小时后进行试验。如有争议时，应将待测试样在温度为 23 ℃±2 ℃，相对湿度为 50%±5% 的环境中，至少放置 24 小时后再进行试验。

（四）试验步骤

（1）用分析天平准确测定每块试样的质量，称量精确到 0.1 mg。

（2）将试样待测面朝上放在样板支架上，用螺丝将其固定。将一对已修磨的磨耗轮安装在磨耗仪两个臂杆上，附加质量使臂杆总载荷一般为 500 g 或 1 000 g。将此臂杆放在试样上，开启磨耗仪。磨耗轮转速一般为 60 r/min，最大为 100 r/min。

（3）试验至所规定的磨耗转数或直至露出基板即可停止试验。磨耗仪开启过程中吸尘装置应不断地吸除试样表面磨出的碎屑。

（4）将试样取下，清洁后用分析天平再次准确测定经耐磨性试验后试样的质量。

（5）在磨耗轮连续 500～1 000 次旋转后或使用新磨耗轮前，应用 S—11 磨盘砂纸对磨耗轮进行 25～50 次旋转的修磨。

（五）结果的表示

结果以经所规定的磨耗转数后试样的失重（试验前后的质量差）来表示，单位为毫克（mg），或用刚好露出基板时的磨耗转数来表示。试验结果取两个平行试样试验结果的算术平均值。

四、耐划伤试验

（一）原理

负荷一定重量的钢针在彩涂板涂层表面缓慢移动，若钢针犁破涂层，则钢针或钢带之间会显示有导电。以一定重量下钢针是否犁破涂层或钢针未犁破涂层的最大负重来评定彩涂板层的耐划伤性能。

（二）主要仪器与材料

（1）划伤仪，由马达驱动的可不平移动试样的底座，带负重砝码的钢针支架和导电指示装置组成。

（2）钢针，针尖为半球形，直径为 1 mm，材质为高强度钢或钨碳化合物。

（三）试样制备和试验环境

（1）试样尺寸应满足划伤仪的要求，试样表面应平整、无油污、无损伤。

（2）试样在试验室环境下至少放置 24 小时后进行试验。如有争议时，应将待测试样在温度为 23 ℃±2 ℃，相对湿度为 50%±5%的环境中至少放置 24 小时后再进行试验。

（四）试验步骤

（1）将试样待测面朝上固定在划伤仪上。检查钢针针尖，确保针尖无缺损。将钢针在支架上固定好，确保针尖与试样接触。

（2）将负重砝码设置到试验要求的重量，即可开启划伤仪开始试验。钢针针尖行程不小于50 mm。若钢针犁破涂层，则划伤仪显示导电，表明试样未通过该负重下的耐划伤性试验；若钢针未犁破涂层，则划伤仪显示不导电，表明试样通过该负重下的耐划伤性试验。

（3）在试样表面 3 个不同部位进行测定，分别记录试验结果。

（4）按照步骤（1）～（3），逐步增加负重砝码的重量进行重复试验。起始砝码负重应小于预计划破涂层的砝码负重。直至找出未犁破涂层的最大砝码重量。

（3）在试样表面 3 个不同部位进行试验。

（五）结果表示

（1）固定负重下判断通过/不通过试验步骤（1）～（3）。3 次试验中至少有两次试验通过，则试样通过了该固定负重下的耐划伤试验。

（2）测定划破涂层的最大负重试验。3 次不同测量部位最大砝码负重的算术平均值，即为划破涂层的最大负重值，以克（g）表示。

本 章 小 结

本章主要介绍了建筑装饰件数材料、有色金属材料、新型金属材料和彩色涂层钢板和钢带试验。

1．金属装饰材料分为黑色金属和有色金属。金属装饰材料的分类分为按材料性质分类、按装饰部位分类和按材料形状分类。金属装饰材料的性质包括力学性质和工艺性质。

2．铝是一种银白色的轻金属，熔点为 660 ℃，密度为 2.7 g/cm³，只有钢的密度的 1/3 左右，常作为建筑中各种轻结构的基本材料之一。在纯铝中加入铜、镁、锰、锌、硅、铬等合金元素可制成铝合金。铝合金有防锈铝合金（LF）、硬铝合金（LY）、超硬铝合金（LC）、锻铝合金（LD）、铸铝合金（LI）。

3．铜合金以纯铜为基体加入一种或几种其他元素所构成的合金。纯铜呈紫红色，又称紫铜。纯铜密度为 8.96，熔点为 1 083 ℃，具有优良的导电性、导热性、延展性和耐蚀性。主要用于制作发电机、母线、电缆、开关装置、变压器等电工器材和热交换器、管道、太阳能加热装置的平板集热器等导热器材。常用的铜合金分为白铜、黄铜、青铜和纯铜四大类。

4．新型金属材料包括钛金属版和钛锌金属板。

5．彩色涂层钢板及钢带试验包括弯曲试验、反冲击试验、耐磨性试验和耐划伤试验。

复习思考题

1．金属装饰材料是如何分类的？
2．简述金属装饰材料的性质。
3．简述铜和铜合金的种类和应用。
4．简述铝和铝合金的种类和应用。
5．钛锌金属板的主要优点有哪些？
6．反冲击试验的主要仪器与材料有哪些？
7．简述弯曲试验的实验步骤。
8．简述耐划伤试验的实验步骤。

第八章　建筑装饰涂料

第一节　建筑装饰涂料的基本知识

涂料通常是以树脂或油为主，并加或不加颜、填料，用有机溶剂或水调制而成的黏稠液体，近年来市场上还出现了以固体形态存在的涂料新品种，如粉末涂料。各类涂料不论涂料品种的形态（液体或固体）如何，至少应由两种或三种基本成分组成，分为主要成膜物质、次要成膜物质和辅助成膜物质。涂料能涂敷于底材表面并形成坚韧连续涂膜（涂料膜）的液体或固体高分子材料，旧称油涂料。涂饰于物体表面能与基体材料很好粘结并形成完整而坚韧保护膜的物料，称为涂料。涂料与油涂料是同一概念。油涂料是人们沿用已久的习惯名称。

涂料的作用可以概括为三个方面：保护作用、装饰作用、特殊功能作用。涂料主要用来对被涂表面起到装饰与保护作用。有些涂料还具有特定的功能，如耐高温、耐寒、防辐射等。涂料广泛应用于建筑、船舶、车辆、金属制品等方面。

一、涂料的组成

一般涂料主要包含成膜物质、颜填料、次要成膜物质、辅助成膜物质、溶剂、助剂和颜料等七类成分。

（一）成膜物质

成膜物质是组成涂料的基础，它对涂料的性质起着决定作用。可作为涂料成膜物质的品种很多，主要可分为转化型和非转化型两大类。转化型涂料成膜物主要有干性油和半干性油，双组分的氨基树脂、聚氨酯树脂、醇酸树脂、热固型丙烯酸树脂、酚醛树脂等。

非转化型涂料成膜物主要有硝化棉、氯化橡胶、沥青、改性松香树脂、热塑型丙烯酸树脂、乙酸乙烯树脂等。

（二）颜填料

颜料可以使涂料呈现出丰富的颜色，使涂料具有一定的遮盖力，并且具有增强涂膜机械性能和耐久性的作用。颜料的品种很多，在配制涂料时应注意根据所要求的不同性能和用途仔细选用。填料也可称为体质颜料，特点是基本不具有遮盖力，在涂料中主要起填充作用。填料可以降低涂料成本，增加涂膜的厚度，增强涂膜的机械性能和耐久性。

常用填料品种有滑石粉、碳酸钙、硫酸钡、二氧化硅等。

（三）次要成膜物质

包括增塑剂、催干剂、颜料分散剂、防霉剂、防污剂等。

次要成膜物质是指涂料中使用的颜料、填充料和增塑剂。这些物料本身不能单独成膜。主要用于着色和改善涂膜性能，增强涂膜的保护、装饰和防锈等功能，亦可降低产品的成本，次要成膜物主要有着色颜料（如大红粉、铬黄、华蓝、钛白、碳黑等。防锈颜料（如红丹、铁红、锌粉铝粉、磷酸锌等。其次是体质颜料（又称填充料）常用的有滑石粉、硫酸钡、碳酸钙、二氧化硅等。还有作为增加涂膜的柔韧性的增塑剂如氯化石蜡、邻苯二甲酸二丁酯、邻苯二甲酸二辛酯等。次要成膜物质中颜、填料在涂料中常用在 3%~40% 之间，由于各种颜料的着色力和吸油量不同，故用量波幅很大。而增塑剂用量一般不超过 10%。

（四）辅助成膜物质（也称为分散介质及助剂）

包括烃类溶剂（矿物油精、煤油、汽油、苯、甲苯、二甲苯等）、醇类、醚类、酮类和酯类物质。

辅助成膜物质主要是分散介质（即溶剂或水）它是挥发的物料，成膜后不留存在涂膜中，其作用在于使成膜基料分散而形成粘稠液体，本身不能构成涂层，但在涂料制造和施工中都不可缺少，平时常将成膜基料和分散介质的混合物称为基料或涂料料。常用的辅助成膜物质除水外，溶剂主要有 #200 溶剂油、二甲苯、松节油、甲苯、丁醇、醋酸丁酯、环己酮等。

（五）溶剂

除了少数无溶剂涂料和粉末涂料外，溶剂是涂料不可缺少的组成部分。

一般常用有机溶剂主要有脂肪烃、芳香烃、醇、酯、酮、卤代烃、萜烯等。溶剂在涂料中所占比重大多在 50% 以上。

溶剂的主要作用是溶解和稀释成膜物，使涂料在施工时易于形成比较完美的涂料膜。溶剂在涂料施工结束后，一般都挥发至大气中，很少残留在涂料膜里。从这个意义上来说，涂料中的溶剂既是对环境的极大污染，也是对资源的很大浪费。所以，现代涂料行业正在努力减少溶剂的使用量，开发出了高固体份涂料、水性涂料、乳胶涂料、无溶剂涂料等环保型涂料。

（六）助剂

助剂在涂料中的作用，相当于维生素和微量元素对人体的作用一样。用量很少，作用很大，不可或缺。

（七）颜料

包括铅基颜料、铬颜料、镉颜料和有机颜料等。

二、现代涂料助剂

（一）现代涂料助剂包含的产品

现代涂料助剂主要有以下产品。

（1）对涂料生产过程发生作用的助剂，如消泡剂、润湿剂、分散剂、乳化剂等。

（2）对涂料储存过程发生作用的助剂，如防沉剂、稳定剂，防结皮剂等。

（3）对涂料施工过程起作用的助剂，如流平剂、消泡剂、催干剂、防流挂剂等。

（4）对涂膜性能产生作用的助剂，如增塑剂、消光剂、阻燃剂、防霉剂等。

（二）涂料的名称和编号

涂料的名称由颜料或颜色名称、成膜物质名称加基本名称组成。基本名称采用了部分过去已有的习惯名称叫法。如清涂料、调和涂料、磁涂料、底涂料等。

涂料的编号分三部分，第一部分是成膜物质，用汉语拼音字母表示；第二部分是基本名称，用二位数字表示；第三部分为序号。涂料的名称和编号如图 8-1 所示。

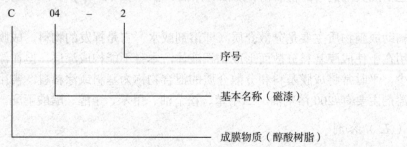

图 8-1　涂料的名称和编号

三、涂料的分类

建筑的装饰和保护有各种途径，但采用涂料是最简便、最经济的方法。具有色彩丰富、质感逼真、施工方便、维修容易、自重轻、环保、节能等特点。现对涂料分类和建筑涂料的分类如下。

（1）按部位不同，油涂料主要分为墙涂料、木器涂料和金属涂料。墙涂料包括了外墙涂料、内墙涂料和顶面涂料，主要是乳胶涂料等品种；木涂料主要有硝基涂料、聚氨脂涂料等，金属涂料主要是磁涂料。

（2）按状态不同分为水性涂料和油性涂料。乳胶涂料是主要的水性涂料，而硝基涂料、聚脂氨涂料等多属于油性涂料。

（3）按功能不同分为防水涂料、防火涂料、防霉涂料、防蚊涂料和具有多种功能的多功能涂料等。

（4）按作用形态分为挥发性涂料和不挥发性涂料。

（5）按表面效果分为透明涂料、半透明涂料和不透明涂料。

（6）根据涂料中使用的主要成膜物质分为油性涂料、纤维涂料、合成涂料和无机涂料。

（7）按涂料或涂料膜性状分为溶液、乳胶、溶胶、粉末、有光、消光和多彩美术涂料等。

（8）家用涂料的种类有地板用涂料、墙壁用涂料、木器家具用涂料、镀锌铁皮用涂料、防锈涂料和模板涂料等。

（9）按施工方法分为刷用涂料、喷涂料、烘涂料和电泳涂料。

（10）按成膜物质用油与树脂的含量分为油性涂料和树脂涂料。

（11）按涂料作用分为打底涂料、防锈涂料、防火涂料、耐高温涂料、头道涂料和二道涂料等。

（12）按产品形态分为有溶剂型、无溶剂型、分散型、水乳型和粉末型。

（13）按是否含有颜料分为透明清涂料和不透明色涂料。

（14）按用途分为有建筑涂料、船舶涂料、电气绝缘涂料和汽车涂料。

（15）按涂膜的光泽分为亮光涂料和亚光涂料。

（16）按形成涂层的工序分为底涂料、面涂料、填孔涂料与腻子等。

中国按涂料组成中成膜物质的种类不同，将涂料及其辅料分为18类，如油脂涂料、天然树脂涂料、酚醛树脂涂料、沥青涂料、醇酸树脂涂料、氨基树脂涂料、硝酸纤维素涂料、纤维素酯涂料、过氯乙烯涂料、乙烯基树脂涂料、丙烯酸酯涂料、聚酯涂料、环氧树脂涂料和聚氨酯涂料等。

常见涂料品种的应用范围如表8-1所示。

表8-1 常见涂料品种的应用范围

品种	主要用途
醇酸涂料	一般金属、木器、家庭装修、农机、汽车、建筑等的涂装
丙烯酸乳胶涂料	内外墙涂装、皮革涂装、木器家具涂装，地坪涂装
溶剂型丙烯酸涂料	汽车、家具、电器、塑料、电子、建筑、地坪涂装
环氧涂料	金属防腐、地坪、汽车底涂料、化学防腐
聚氨酯涂料	汽车、木器家具、装修、金属防腐、化学防腐、绝缘涂料、仪器仪表的涂装
硝基涂料	木器家具、装修、金属装饰
氨基涂料	汽车、电器、仪器仪表、木器家具、金属防护不饱和
聚酯涂料	木器家具、化学防腐、金属防护、地坪
酚醛涂料	绝缘、金属防腐、化学防腐、一般装饰
乙烯基涂料	化学防腐、金属防腐、绝缘、金属底涂料、外用涂料

四、涂料的功能

涂料主要有保护、装饰、标志和其他特殊功能。

（一）保护作用

涂料具有防腐、防水、防油、耐化学品、耐光、耐温等作用。物体暴露在大气之中，受到氧气、水分等的侵蚀，造成金属锈蚀、木材腐朽、水泥风化等破坏情况。由于涂料在物体表面上固化成膜后可形成一层坚韧、耐磨、附着力强的涂膜，能够阻止或延迟这些破坏现象的发生和发展，使各种材料的使用寿命延长。所以，保护作用是涂料的一个主要功能。

（二）装饰作用

最早的油漆主要用于装饰，且常与艺术品相联系，现代涂料更是将这种作用发挥得淋漓尽致。

涂装可以使物体具有色彩、光泽、形象、平滑性、立体性和标志等，使人们对这些物体产生美的、舒适的感觉。在涂料的组分中，加入了红、橙、黄、绿、青、蓝、紫等颜料，使涂料呈现各种色彩，将其涂装在物体表面上，改变了物体表面原来的颜色，形成了五光十色、绚丽多彩的外观，给人们以赏心悦目的感觉。涂料除了能够美化各种物体的形象外，还能美化环境，对人们的物质生活和精神生活有着不容忽视的影响。

（三）标志作用

由于涂料可以使物体表面变成不同颜色，而各种不同颜色又给人们心理带来不同的感觉，因此，人们往往采用不同颜色为标记，将涂料涂装在各种器材或物品的表面上以示区别。涂料主要用于交通道路，工厂各种管道、设备、槽车、容器（以区分其作用和所装物品的性质），电子工业的各种器件（以辨别性能）和对外界条件的响应性（即温致变色、光致变色涂料）。

（四）特殊功能

随着国民经济的发展和科学技术的进步，涂料在更多方面提供和发挥各种更新的特殊功能，以满足不同产品在特定环境下使用。如电绝缘、导电、屏蔽电磁波、防静电产生等作用；防霉、杀菌、杀虫、防海洋生物黏附等生物化学方面的作用；防止延燃、烧蚀隔热等热能方面的作用；反射光、发光、吸收和反射红外线、吸收太阳能、屏蔽射线、标志颜色等光学性能方面的作用；防滑、自润滑、防碎裂飞溅等机械性能方面的作用；还有防噪声、减振、卫生消毒、防结露、防结冰等各种不同作用；军事上的伪装和隐形等作用。

五、装饰涂料的选择

装修选涂料，不仅要选到好质量、品牌信得过的产品，还要环保健康，可不是一件容易的事情。买建材最怕以次充好，在挑选的时候需要注意以下九个细节。

（1）选正规销售点。尽量到重信誉的正规市场或专卖店去购买，从近几年市质量技监局监督抽查结果来看，这些企业销售的内墙涂料抽样合格率较高。

（2）选专业品牌。选涂料不一定买那种名气最大的，但一定要选择最专业的。

（3）看水质溶液。涂料静态下会分层，上层1/4为水溶液，若水溶液无色或微黄，漂浮物少，则涂料品质较好。

（4）看涂料颗粒细度。取少量涂料放入一杯清水中，搅动后水较清澈，颗粒独立无黏合且大小均匀，则涂料质量较好。

（5）看拉丝。取小棍粘点乳胶涂料，能挂丝长而不断均匀下坠的为好。

（6）试手感。以手指粘点涂料揉捻，无砂粒之毛糙感，水冲洗有滑腻感

（7）闻气味。环保涂料应是水性的，无毒无味；最好别购买添加了香精的涂料，添加剂也有是否环保的问题。

（8）实地实验。将涂料涂于水泥地板上，涂层干后用湿布擦拭，正品颜色光亮如新，次品擦拭后会褪色。

（9）看生产日期。注意查看涂料生产日期和保质期，过期涂料决不可购买。

六、涂料的材质

涂料的材质主要包括涂料的细度、硬度、光泽和耐擦洗性。

（一）涂料的细度

涂料的细度是指色涂料或色浆内颜料、体质颜料等颗粒的大小或分散的均匀程度，以微米来表示。涂料细度的好坏将影响涂料膜的光泽、透水性等涂料膜物理机械性能。品种的不同对细度要求不同。

（二）涂料的硬度

硬度是指涂料膜对于外来物体侵入其表面时所具有的阻力。涂料膜硬度是其机械强度的重要性能之一。一般来说，涂料膜的硬度与涂料的组成及干燥程度有关，如涂料膜干燥得越彻底，硬度越高。

（三）涂料膜的光泽

涂料膜的光泽是一种物理性能，就是涂料膜表面把投射其上的光线反射出去的能力，反射的光量越多，则其光泽越高。涂料膜光泽对装饰性涂层来说是一项重要的指标。

（四）耐擦洗性

耐擦洗性是指在指定的耐擦洗仪上用特定的刷子，在按标准制成的乳胶涂料板上往复湿擦次数。它反映涂料膜表面的致密程度和抗粉化性。有的乳胶涂料在正常施工下耐擦洗性很好，但在不正常施工（如兑水过多，或墙体腻子疏松而厚时）情况下，也会造成优质涂料的耐擦洗性下降）。中国环氧树脂行业协会专家表示，耐擦洗性好的涂膜表面受到沾污的情况下正确方法是用软布（或海棉）沾取清洁剂轻轻擦拭后，用清水洗净，即可恢复原状。

七、涂料的检验

各类涂料及辅助材料正常状态时的外观和检验方法如下。

（1）水溶涂料。浆料沉淀后表面有一定厚度的透明黏结剂液体，无浑浊现象，用手捻研带有黏性，搅拌后颜料悬浮均匀，有正常的浆料气息。如出现异常气味、结絮变浑，可取出少许试用，直接观察其效果。

（2）合成树脂涂料。应无硬块，不凝聚、不分离，搅拌后呈均匀状态，自然条件不能干燥、固化，无发霉状态。如出现结块、凝聚、分离状态，搅拌后不能改善，可取出少许试用，直接观察其效果。

（3）辅料。各种辅料正常状态下的外观及检验方法如表 8-2 所示。

表 8-2　各种辅料正常状态下的外观及检验方法

种类	正常外观	检验方法
滑石粉	颗粒较细、颜色不是很白	用手指捻研有光滑细腻感，用水洗即掉

（续表）

种类	正常外观	检验方法
大白粉	颗粒比滑石粉粗，颜色比滑石粉白	捻研时也有光滑细腻感，但不如滑石粉，用水可洗掉
石膏粉	颗粒较粗，有的呈灰白色	捻研时感觉有颗粒，但着水可化开
锌白类	色白，有刺眼的感觉，颗粒细度在大白粉和石膏粉之间	捻研时有细、涩感觉，用汽油容易擦掉

八、涂料的贮存与保管

（1）油漆涂料搬运或堆放要轻装、轻卸，保持包装容器的完好和密封，切勿将油桶任意滚扔。

（2）油漆涂料不要露天存放，应存放在干燥、阴凉、通风、隔热、无阳光直射、附近无直接火源的库房内。温度最好保持在 5 ℃～32 ℃之间。

（3）漆桶应放置在木架上，如必须放在地面时，应抬高 10 cm 以上，以利通风。

（4）油漆涂料存放前应分类登记，填写厂名、出厂日期、批号、进库日期，严格按照先生产先使用的原则发料，对多组分油漆涂料必须按原有的规格、数量配套存放，不可弄乱。对易燃的有毒物品应贴有标记和中毒后的解救方法。

（5）不同品种的颜料最好分别存放，与酸碱隔离，以免互相沾染或反应，尤其是炭黑一定要单独存放。

（6）对超过贮存期限，已有变质状态迹象的油漆涂料应尽快检验，取样试用，查看效果。如无质量问题须尽快使用，以防浪费。

（7）对易沉淀的色漆、防锈漆，应每隔一段时间就将漆桶倒置一次，对已配制好的油漆涂料要标明名称、用途、颜色等，以免拿错。

（8）库房内及近库房处应无火源，并备有必要的消防设备。

九、涂料的变质鉴别与处理

（一）沉淀

当涂料开桶后，用一搅拌棒插入涂料桶中，提起时若所黏附的涂料颜色、稠度均一，则无沉淀现象。若上稀下稠，底部有难以挑动的现象，即出现沉淀现象。当搅拌棒无法插到桶底，底部沉淀硬结，无法搅拌均匀时，即出现结块。常见的易出现沉淀的涂料品种有：红丹漆、防污漆、防锈漆（如云母氧化铁防锈漆）、低性能乳胶漆等。

为防止出现沉淀现象，清漆类应过滤除去杂质；色漆类定期反复倒置，使用时充分搅拌，结块后重新研碎调配或用在不重要的部位。

（二）浑浊

多见清漆或清油。一般情况为轻微浑浊，也有变稠现象严重的为白糊浆状。轻微浑浊时，可加入松节油、丁醇或苯类环烃溶剂，用隔水加温至 60 ℃～65 ℃，室温控制在 18 ℃～25 ℃、相对湿度在 65%＋5%。

（三）结皮

对于油性调合漆和磁性调合漆，一般是油脂类和醇酸树脂类的以氧化干燥型的涂料为主，开罐后在表面覆盖一层黏稠胶皮类物质，下面漆液仍然均匀。使用前将涂料重新过滤，涂料用剩后在漆面上洒上稀释剂。催干剂中配用部分锌、钙催干剂。

（四）发胀

呈硬胶状胶凝，粗度增高或结成冻胶。一旦硬化即无法使用。这类涂料不宜存放过久，经机械搅拌加入少量有机酸可恢复正常。经搅拌后会恢复原状，停止搅拌后仍呈假厚状，但仍可使用。

十、涂料的毒性

涂料及各种有机溶剂里都含有苯。苯是一种无色具有特殊芳香气味的液体，所以专家们把它称为"芳香杀手"。

苯化合物已经被世界卫生组织确定为强烈致癌物质。人在短时间内吸收高浓度的甲苯、二甲苯时，会出现中枢神经系统麻醉的症状，轻者头晕、头痛、恶心、胸闷、乏力、意识模糊，严重的会出现昏迷，以致呼吸、循环衰竭而死亡。苯主要对皮肤、眼睛和上呼吸道有刺激作用，经常接触苯，皮肤可因脱脂而变干燥，脱屑，有的出现过敏性湿疹。

室内用涂料主要分为水性涂料和溶剂性涂料两种。产生污染的主要是溶剂性涂料，而使用环保的水性涂料便可以完全免除对涂料污染的担忧。

中国涂料工业协会专家认为，任何溶剂性涂料都会含有 50%或以上的有机溶剂。墙面涂料大多数都采用了水性乳胶涂料，但用于家具的木器涂料仍大量使用溶剂性涂料。环保标志成为涂料市场上最有力的"通行证"。"假环保"涂料的盛行，给消费者辨别带来较大难度。一个简单的判断就是选用水性涂料。

人们在装修房屋时，对建材的毒性，特别是涂料的毒性认识有误区，主要表现在以下几个方面。

（1）认为涂料的毒性在一段短时间内就挥发完了，只要过几周就没有危害了，这是不科学的。在常温下，这些有毒物质的挥发，散逸是一个很长的过程，而长期低剂量的接触有毒物质会产生严重的非急性（由于是非急性，往往不被人察觉）危害，这已被大量的毒理学研究结果证实。

（2）认为涂料中的挥发性有机物（VOC）的多少可以代表毒性的大小，其实是不科学的。VOC 只是涂料毒性大小的一个来源，而且也不是所有的 VOC 都有很高的毒性，有些挥发性有机物并没有很大的毒性，这是开发新一代低毒产品的基础。作为一类化学指标 VOC 并不等于毒性。

（3）涂料的毒性只能通过生物检测才能表达，理、化检验是不能完整表达毒性的。

（4）涂料的毒性控制是指同类产品中的相互比较而言，是一个随着技术进步而动态发展的过程。因此它不能和蒸馏水的无毒相提并论，好的涂料产品，科学地表达应是低毒，而不是无毒。

第二节 外墙涂料

外墙涂料是用于涂刷建筑外立墙面的，所以最重要的一项指标就是抗紫外线照射，要求达到长时间照射不变色。外墙涂料还要求有抗水性能，要求有自涤性。涂料膜要硬而平整，脏污一冲就掉。外墙涂料能用于内墙涂刷使用是因为它也具有抗水性能；而内墙涂料却不具备抗晒功能，所以不能把内墙涂料当外墙涂料用。

一、外墙涂料的基本知识

外墙涂料保护积年累月处于风吹日晒雨淋之中的建筑外墙，必须具有足够好的耐水性、耐候性、耐沾污性和耐冻融性，才能保证有较好的装饰性效果和耐久性。

外墙涂料的功能主要是装饰和保护建筑物的外墙面，使建筑物外貌整洁美观，从而达到美化城市环境的目的。同时能够起到保护建筑物外墙壁的作用，延长使用时间，从而获得良好的装饰和保护效果。

（一）外墙涂料的分类

外墙装饰直接暴露在自然界中，经受风、雨、日晒的侵袭，故要求涂料有耐水、保色、耐污染、耐老化以及良好的附着力，同时还具有抗冻融性好、成膜温度低的特点。外墙涂料按照装饰质感主要分为薄质类、厚质类、复层彩纹类和彩砂类四类。

1. 薄质类

大部分彩色丙烯酸有光乳胶涂料，均系薄质涂料。它是有机高分子材料为主要成膜物质，加上不同的颜料、填料和骨料而制成的薄涂料。特点是耐水、耐酸、耐碱、抗冻融等特点。

使用注意事项：施工后 4～8 小时避免雨淋，预计有雨则停止施工；风力在 4 级以上时不宜施工；气温在 5 ℃以上方可施工；施工器具不能沾上水泥、石灰等。

2. 厚质类

厚质类外墙涂料是丙烯酸凹凸乳胶底涂料，它是以有机高分子材料——苯乙烯、丙烯酸、乳胶液为主要成膜物质，加上不同的颜料、填料和骨料而制成的厚涂料。厚质类的特点是耐水性好、耐碱性、耐污染、耐候性好，施工维修容易。

3. 复层彩纹类

复层花纹类外墙涂料是以丙烯酸脂乳液和高分子材料为主要成膜物质的有骨料的新型建筑涂料。分为底釉涂料、骨架涂料和面釉涂料三种。

（1）底釉涂料，起对底材表面进行封闭的作用，同时增加骨料和基材之间的结合力。

（2）骨架材料，是涂料特有的一层成型层，是主要构成部分，它增加了喷塑涂层的耐久性、耐水性及强度。

（3）面釉材料，是喷塑涂层的表面层，其内加入各种耐晒彩色颜料，使其面层带柔和的色彩。按不同的需要深层分为有光和平光两种，面釉材料起美化喷塑深层和增加耐久性的作用。其优点是：耐候能力好，对墙面有很好的渗透作用，结合牢固；使用不受温度限制，零度以下也可施工；施工方便，可采用多种喷涂工艺；可以按照要求配置成各种颜色。

4. 彩砂类

彩砂涂料是以丙烯酸共聚乳液为胶粘剂，由高温燃结的彩色陶瓷粒或以天然带色的石屑作为骨料，外加添加剂等多种助剂配置而成。

该涂料无毒，无溶剂污染，快干，不燃，耐强光，不褪色，耐污染性能好。利用骨料的不同组配可以使深层色彩形成不同层次，取得类似天然石材的丰富色彩的质感。

彩砂涂料的品种有单色和复色两种。单色：粉红、铁红、紫色咖啡、棕色、黄色、绿色、棕黄色、黑色等系列；复色：由单色组成，形成一种基色，还可附以其他颜色的斑点，质感更加丰富。彩砂涂料主要用于各种板材及水泥砂浆抹面的外墙面装饰。

（二）外墙涂料的常见类型

外墙涂料的种类很多，可以分为强力抗酸碱外墙涂料、有机硅自洁抗水外墙涂料、钢化防水腻子粉、纯丙烯酸弹性外墙涂料、有机硅自洁弹性外墙涂料、高级丙烯酸外墙涂料、氟碳涂料、瓷砖专用底涂料、瓷砖面涂料、高耐候憎水面涂料、环保外墙乳胶涂料、丙烯酸油性面涂料、外墙油霸、金属涂料、内外墙多功能涂料等。外墙涂料常见类型主要有以下几个。

（1）聚乙烯醇缩丁醛外墙涂料。

（2）改性聚乙烯醇外墙涂料。

（3）过氯乙烯外墙涂料。

（4）丙烯酸酯外墙涂料。

（5）有机硅改性丙烯酸树脂外墙涂料。

（6）硅丙树脂外墙涂料。

（7）醇酸树脂外墙涂料。

（8）氯化橡胶外墙涂料。

（9）高耐候性外墙乳胶涂料。

（10）氟碳外墙涂料。

外墙涂料由高弹性硅丙烯酸乳液、钛白粉助剂等制成。外墙涂料除了具有常规高级外墙乳胶涂料的高性能之外，更具有极好的弹性，故能赋予涂层的连续性装饰性和防水功能。由于采用了新技术，故涂层具有卓越的抗沾污性、呼吸能力和附着力。

二、外墙涂料的性能要求

外墙涂料的性能要求主要有以下几个。

（1）装饰性好。要求外墙涂料色彩丰富且保色性优良，能较长时间保持原有的装饰性能。

（2）耐水性好。外墙涂料饰面暴露在大气中，会经常受到雨水的冲刷。因此，外墙涂料涂层应具有较好的耐水性。

（3）耐沾污性好。由于我国不同地区环境条件差异较大，对于一些重工业、矿业发达的城市，由于大气中灰尘及其他悬浮物质较多，会使易沾污涂层失去原有的装饰效果，从而影响建筑物外貌。因此，外墙涂料应具有较好的耐沾污性，使涂层不易被污染或污染后容易清洗掉。

（4）耐候性好。外墙涂料，因涂层暴露于大气中，要经受风吹、日晒、盐雾腐蚀、雨淋、冷热变化等作用，在这些外界自然环境的长期反复作用下，涂层易发生开裂、粉化、剥落、变色等现象，使涂层失去原有的装饰保护功能。因此，要求外墙在规定的使用年限内，涂层应不发生上述破坏现象。

（5）耐霉变性好。外墙涂料饰面在潮湿环境中易长霉。因此，要求涂膜抑制霉菌和藻类繁殖生长。

（6）弹性要求高。裸露在外的涂料，受气候、地质等因素影响严重弹性外墙乳胶涂料是一种专为外墙设计的涂料，能更好长久的保持墙面平整光滑。

根据设计功能要求不同，对外墙涂料也提出了更高要求：如在各种外墙外保温系统涂层应用，要求外墙涂层具有较好的弹性延伸率，以更好地适应由于基层的变形而出现面层开裂，对基层的细小裂缝具有遮盖作用；对于防铝塑板装饰效果的外墙涂料还应具有更好金属质感、超长的户外耐久性等。

问题：某大酒店涂完乳胶涂料10天后，漆膜脱粉，7天后下了一场大雨，漆面大面积起泡、脱落，腻子也有相当一部分脱落。天晴10天后，部分漆膜开裂。外墙涂料施工应该注意什么？

答：除少数生产厂家由于技术原因或偷工减料造成涂料性能低劣外，大部分生产厂家的外墙涂料各项指标均达到或超过国家标准。但外墙涂料施工上还没有引起人们的足够重视，施工方法不当、施工程序不规范、外墙腻子质量低劣是经常引起外墙涂料出现问题的原因。

（1）用漆单位应选用优质的外墙涂料（底漆和面漆）和高性能的外墙腻子。

（2）生产厂家应对各种材料及涂料的耐水、耐碱、耐候等性能严格把关，以确保涂料的质量过硬。

（3）外墙涂料选用耐水好、干燥快、碱性不高、不易开裂、附着力好、硬度高的产品。

（4）在雨天、雾天及大风天气不宜施工。因外墙涂料在这些气候下都不能很好成膜，没有应有的机械强度，会造成脱粉、浮色等现象。

（5）确保墙体平整坚实、无松脱物、油脂等。确保墙体及批刮后的腻子 pH 值小于 10，含水率小于 10%。

（6）不要在 5 ℃以下、相对湿度大于 85%的条件下进行施工。

三、溶剂型外墙涂料

溶剂型涂料是以高分子合成树脂为主要成膜物质，有机溶剂为分散介质，加入一定量的着色颜料、体质颜料和助剂，经混合、搅拌溶解、研磨而配制成的涂料。该涂料膜紧密性好，通常具有较好的硬度和光泽，耐水性、耐候性、耐酸碱性、耐污染性能好，特别是近年发展起来的溶剂型丙烯酸酯外墙涂料，不但有突出的装饰性、耐候性，更具有 10 年以上的耐用性，施工周期短，且可在较低温度下（最低可达-20 ℃）使用。由于疏水性强，透气性差，故要求基层含水率应低于 6%（2 小时表干）。溶剂型外墙涂料的技术性能要求如表 8-3 所示。

表 8-3　溶剂型外墙涂料的技术性能要求

项目	指标		
	优等品	一等品	合格品
容器中状态	无硬块、搅拌后呈均匀状态		
施工性	刷涂二道无障碍		
干燥时间（表干）/h≤	2		

（续表）

项目	指标		
	优等品	一等品	合格品
涂膜外观	正常		
对比率（白色和浅色*）	0.93	0.90	0.87
耐水性	168h 无异常		
耐碱性	48h 无异常		
耐洗刷性/次≥	5 000	3 000	2 000
（白色和浅色*）	不剥落、无裂纹	不剥落、无裂纹	不剥落、无裂纹
粉化/级≤	1		
变色/级≤	2		
其他色	商定		
耐沾污性（白色和浅色*）/%≤	10	10	15
涂层耐温变性（5 次循环）	无异常		

注：*浅色是指以白色涂料为主要成分，添加适量色浆后配制成的浅色涂料形成的涂膜所呈现的浅颜色，明度值为 6 到 9 之间（三刺激值中的 YD65≥31.26）

常用的溶剂型外墙涂料有：氯化橡胶外墙涂料、聚氨酯丙烯酸酯外墙涂料、丙烯酸酯有机硅外墙涂料等。其中，聚氨酯丙烯酸酯外墙涂料和丙烯酸酯有机硅外墙涂料的耐候性、装饰性、耐沾污性都很好，涂料的耐用性都在十年以上。

四、硅酸盐无机涂料

（一）碱金属硅酸盐系外墙涂料

碱金属硅酸盐系外墙涂料是以硅酸钠、硅酸钾等为主要成膜物质，加入颜料、填料和助剂后，经过搅拌混合而成的。碱金属硅酸盐系外墙涂料的耐水性、耐老化性较好，涂膜在受到火的作用时不燃，有一定的防火作用。该涂料无毒无味，施工方便，还具有较好的耐酸碱腐蚀性、抗冻性、耐污性。

碱金属硅酸盐系外墙涂料的主要品种有钠水玻璃涂料、钾水玻璃涂料和钾和钠水玻璃涂料等。

（二）硅溶胶外墙涂料

硅溶胶外墙涂料是以二氧化硅胶体为主要成膜物质，加入颜料、填料和助剂后，经过搅拌混合，研磨而成的一种水溶性涂料。

硅溶胶外墙涂料是以水为分散剂，具有无毒无味的特点，施工性能好，遮盖力强，膜层表面的耐污性强，与基层之间有较强的黏结力，涂膜的质感细腻、致密坚硬，耐酸碱腐蚀，有较好的装饰性。

第三节 内墙涂料

内墙涂料也叫内墙涂料包括液态涂料和粉末涂料，常见的乳胶涂料、墙面涂料属于液态涂料。内墙涂料的制作成分中基本上由水、颜料、乳液、填充剂和各种助剂组成，这些原材料是不具有毒性的。作为乳胶涂料而言，可能含毒的主要是：成膜助剂中的乙二醇和防腐剂中的有机汞。

一、内墙涂料的基础

内墙涂料在全国建筑涂料总量中，约占 60%，它是量大面广的建筑装饰材料。内墙涂料要求平整度高，饱满度好，色调柔和新颖，且要求耐湿擦和耐干擦的性能好。涂料必须有很好的耐碱性，防霉。同时外观光洁细腻，颜色丰富多彩，内墙涂料一般都可用于顶棚涂饰，但是不宜用于外墙。

（一）内墙涂料的常见品种

目前市场上内墙涂料品种主要有：合成树脂乳液内墙涂料（俗称乳胶涂料）；水溶性内墙涂料，以聚乙烯醇和水玻璃为主要成膜物质，包括各种改性的经济型涂料；多彩内墙涂料，包括水包油型和水包水型两种；此外还有梦幻涂料、纤维状涂料、仿瓷涂料、绒面涂料、杀虫涂料等。

按照化学成分分为 8 类：聚乙烯醇、氯乙稀、硅酸盐、苯丙、丙烯酸、乙丙、复合类和其他类等。

在众多的内墙装饰涂料中，乳胶涂料以它高雅、清新的装饰效果，无毒、无味的环保特点而倍受青睐，成为当前内墙涂料的主要品种。特别是高档丝面乳胶涂料的问世，更为乳胶涂料的发展增加了活力。

不同的内墙涂料，展示出不同的装饰效果，多彩涂料色彩丰富、造型新颖、立体感强；梦幻涂料显现出高贵、华丽，给人以类似"云雾""大理石"等梦幻感觉；仿瓷涂料饰面光亮如镜；乳胶涂料清新淡雅。

（二）内墙涂料的分类

1. 低档水溶性涂料

低档水溶性涂料是聚乙烯醇溶解在水中，再在其中加入颜料等其他助剂而成。为改进其性能和降低成本采取了多种途径，牌号很多，最常见的是 106、803 涂料。

低档水溶性涂料具有价格便宜、无毒、无臭、施工方便等优点。由于其成膜物是水溶性的，所以用湿布擦洗后总要留下些痕迹，耐久性也不好，易泛黄变色，但价格便宜，施工也十分方便，目前消费量仍最大，多为中低档居室或临时居室室内墙装饰选用。

2. 乳胶涂料

乳胶涂料是一种以水为介质，以丙烯酸酯类、苯乙烯—丙烯酸酯共聚物、醋酸乙烯酯类聚合物的水溶液为成膜物质，加入多种辅助成分制成，其成膜物是不溶于水的，涂膜的耐水性和耐侯性比第一类大大提高,湿擦洗后不留痕迹,并有平光、高光等不同装饰类型。

由于其色彩较少,装饰效果与 106 类相似,再加上宣传力度不够,价格又比 106 类涂料高得多,所以尚未被普遍认识。其实这两类涂料完全不是一个档次,乳胶涂料在国外用得十分普遍,是一种有前途的内墙装饰涂料。

3. 新型的粉末涂料

新型的粉末涂料包括矽藻泥、海藻泥、活性炭墙材等,是目比较环保的涂料。粉末涂料直接兑水,工艺配合专用模具施工,深受消费者和设计师厚爱。

4. 水性仿瓷涂料

水性仿瓷涂料装饰效果细腻、光洁、淡雅,价格不高,施工工艺繁杂,耐湿擦性差。

水性仿瓷涂料(环保配方):包含方解石粉、锌白粉、轻质碳酸钙、双飞粉、灰钙粉,其特征在于它采用水溶性甲基纤维素和乙基纤维素的混合胶体溶液来作为混合粉料的溶剂。该仿瓷材料中各组成物的主要配比为:方解石粉料 20~25 份,锌白粉 5~15 份,轻质碳酸钙 15~25 份,双飞粉 20~35 份,灰钙粉 15~25 份,蒸馏水 70 份,甲基纤维素 0.6 份,乙基纤维素 0.4 份。该水性仿瓷涂料配方中可掺入适量钛白粉。

此类水性仿瓷涂料在调配和施工中不存在刺激性气味和其他有害物质。仿瓷涂料不但在家装和墙艺中使用,而且在工艺品中也可以起到很好的效果,用这种涂料喷涂的产品仿瓷效果,可以到达逼真的程度。

5. 多彩涂料

多彩涂料的成膜物质是硝基纤维素,以水包油形式分散在水相中,一次喷涂可以形成多种颜色花纹。

6. 液体墙纸

液体壁纸,是流行趋势较大的内墙装饰涂料,效果多样,色彩任意调制,而且可以任意订制效果,相比于第四类有超强的耐摩擦,抗污性能,而且工艺配合专用模具施工方便。

(三)内墙涂料的特点

1. 合成树脂乳液内墙涂料

合成树脂乳液内墙涂料涂料的特点是可涂刷、喷涂、施工方便;流平性好、干燥快、无味、无着火危险,并且具有良好的保色性和耐擦洗性。还可以在微湿的基础墙体表面上施工,有利于提高施工进度。因此它适用于较高级的住宅内墙装修。

2. 聚乙烯醇水玻璃内墙涂料

聚乙烯醇水玻璃内墙涂料具有无毒、无味、涂层干燥快、表面光洁平滑,能形成一层类似无光涂料的平光涂膜,具有一定的装饰效果;并能在稍湿的墙面上施工,与墙面有一定的粘结力的优点。但它耐水性差,易起粉脱落,所以属于低档内墙涂料。

3. 卫生灭害虫涂料

卫生灭害虫涂料是以合成高分子化合物为基料,配以多种高效、低毒的杀虫药剂,再添加多种助剂按特定的合成工艺加工而成。它具有色泽鲜艳、遮盖力强、耐湿擦性能好等优点,同时对蚊、蝇、白蚁、蟑螂等害虫有很好的触杀作用,而对人体无害。除可作为居室内墙装修外,特别适于厨房、食品贮藏室等处的涂饰。

这类涂料在中国已有多个厂家生产，从国外引进专利技术制成的"杀虫乳液涂料"，杀虫有效期可达 3～5 年，并对人畜无害。

4. 芳香内墙涂料

芳香内墙涂料是以聚乙烯醇为基础原料，经过一系列化学反应制成基料，添加特种合成香料，颜料及其他助剂加工而成的。它具有色泽鲜艳、气味芬芳、清香持久、无毒、清新空气、驱虫灭菌的特点。有茉莉、玫瑰、松针等香型。

5. 隔声防火涂料

隔声防火涂料是以合成树脂和无机粘结剂的共聚物为成膜物，配以高效、隔声和阻燃材料及化学助剂复合成的水溶性涂料。它具有隔声、防火、耐老化、耐腐蚀、耐磨、耐水、装饰效果好的特点。

6. 木结构防火涂料

木结构防火涂料用于室内装修的木结构材料及电线等火灾隐患的表面防火涂料处理。常用的防火涂料有很多种类，下面仅介绍其中的几种。

（1）有机、无机复合发泡型防火涂料是以无机高分子材料和有机高分子材料复合物为基料配制而成。它具有质轻、防火、隔热、坚韧不脆、装饰性好、施工方便等特点。

（2）有机聚合物膨胀防火涂料是以有机聚合物为成膜基料，加入防火添加剂和化学助剂，在一定的工艺条件下合成为一种单组分水基膨胀型防火涂料。具有无毒、阻燃性好、耐潮湿、耐老化、保色性好、粘结强度高等特点。特别是膨胀发泡倍数高，具有较好的防火效果。

（3）丙烯酸乳胶膨胀防火涂料是以丙烯酸乳液为粘合剂，与多种防火添加剂配合，以水为介质加上颜料和助剂配制而成的。具有不燃、不爆、无毒、施工干燥快、阻火阻燃性能突出、颜色多样、可以罩光、耐水、耐油、耐老化等特点。

（4）无机高分子防火涂料是以改性无机高分子粘结剂为基料，加入防火剂，具有硬度高、装饰性能好等特点。

7. 防霉涂料

防霉涂料是以高分子共聚乳液或钾水玻璃为主要成膜物，加入颜料、填料、低毒高效防霉剂等原料，经加工配制而成。具有无毒、无味、不燃、耐水、耐酸碱、涂膜致密、耐擦洗、装饰效果好、施工方便的特点，特别是对黄曲霉菌等十种霉菌有十分显著的防治效果，所以非常适用于潮湿易产生霉变的环境中的内墙装修。

8. 瓷釉涂料

瓷釉涂料是以多种高分子化合物为基料，配以各种助剂、颜料、填料经加工而成的有光涂料。它具有耐磨、耐沸水、耐老化及硬度高等特点。

涂膜光亮平整，表面沾污后，可用刷子等工具使用肥皂、洗衣粉、去污粉等擦除。由于它有瓷釉的特点，所以可以涂在卫生间、厨房的内墙上替代磁砖。还可以涂在水泥制成的卫生洁具（如水泥浴缸）上，使其表面像搪瓷一样光滑。

（四）内墙涂料的使用方法

内墙涂料的使用方法如下。

（1）在涂装前确认底材达到涂装要求。

（2）应在 5 ℃～35 ℃之间涂装，涂装要求的空气湿度应小于85%。

（3）选择合适的施工方法和适合的施工工具，按推荐的施工工艺进行施工作业。

（4）控制涂装间隔，在达到重涂时间后，方可进行下一道的涂刷。过短的重涂时间会造成底层干燥缓慢，出现起皱等现象；一次性涂刷不宜过厚。

（5）勿与有机溶剂、酸碱、油等化学品混合。

（6）施工时应保持空气流通，涂料应远离阳光直射及热源。

（7）为避免沾染皮肤及眼睛或吸入过量涂料雾，应使用面罩、手套等防护用具。

（8）如沾染眼睛，立即用大量清水清洗，并送医治疗。

（9）放置在儿童取不到的地方。

问题：某综合楼进行装修改造，该工程共六层，层高 3.6 m。施工内容包括铺设地面、抹灰、饰面砖、门窗、吊顶、轻质隔墙、涂刷乳料型涂料、细部工程施工等，墙涂料必须符合国家GB18582—2001《室内装饰装修材料内墙涂料中有害物质限量》中的各项安全指标。在进行内墙涂料涂刷时，内墙涂料的使用方法有哪些？

答：（1）在涂装前确认底材达到涂装要求。

（2）应在 5 ℃～35 ℃之间涂装，涂装要求的空气湿度应小于85%。

（3）选择合适的施工方法和适合的施工工具，按推荐的施工工艺进行施工作业。

（4）控制涂装间隔，在达到重涂时间后，方可进行下一道的涂刷。过短的重涂时间会造成底层干燥缓慢，出现起皱等现象；一次性涂刷不宜过厚。

（5）请勿与有机溶剂、酸碱、油等化学品混合。

（6）施工时应保持空气流通，涂料应远离阳光直射及热源。

（7）为避免沾染皮肤及眼睛或吸入过量涂料雾，应使用面罩、手套等防护用具。

（8）如沾染眼睛，立即用大量清水清洗，并送医治疗。

（9）放置在儿童取不到的地方。

二、内墙涂料的选购

（一）内墙涂料的选购常识

（1）尽量到正规商店或专卖店购买。

（2）选购时认清商品包装上的标识，特别是厂名、厂址、产品标准号、生产日期、有效期及产品使用说明书等。最好选购通过 ISO14001 和 ISO9000 体系认证企业的产品，这些生产企业的产品质量比较稳定。

（3）购买符合《GB18582—2001 室内装饰装修材料内墙涂料中有害物质限量》标准和获得环境认证标志的产品。

（4）选购时要注意观察商品包装容器是否有破损和胀气现象。购买时可以摇晃一下检查是否有胶结现象，出现这些现象的涂料不能购买。

（5）通常多数商店不能当场开罐检查产品的内在质量，所以消费者购买时一定要索取购货的发票等有效凭证和说明书。

（6）在使用前，先开罐检查涂料是否有分层、沉底结块和胶结现象。如果经搅拌后仍呈不均匀状态的涂料，不能使用。应立即向与购买商店进行交涉。

（7）涂料施工也是很重要的环节，要严格按产品施工说明书的要求进行施工，要注意涂料底、中、面的配套性。

（8）施工环境要通风，产品对施工环境有要求的必须按要求进行。

（二）内墙涂料的选购误区

1．重包装而忽视内在

消费者选购乳胶涂料时总会看它的包装，这是十分必要的。但是要注意包装好看的涂料不一定内在质量优。有的厂商为了吸引顾客，在产品的包装上大作文章，故意夸大产品性能功效。因此建议消费者除了看产品包装的同时，也要注意其他方面，比如查看产品的详细检测单等。

2．色卡与墙面颜色完全一致

很多消费者以为色卡上的涂料颜色和刷上墙的颜色完全一致，这是一个误区。因为光线反射等原因，房间四面墙都涂上涂料之后，墙面颜色看起来会比色卡上深。消费者在色卡上看到的颜色与涂料上墙后的实际颜色通常会有差异。消费者在色卡中选色时，最好挑选自己喜欢的颜色稍微浅一号的色号。

3．无气味就是环保的

许多人通过闻气味来判断墙面涂料的安全性，认为低气味或无气味的墙面涂料就是环保的。这是一个大误区。因为通过添加香精或使用低味材料就能实现无气味，所以无气味的涂料并非都是环保无毒的。判断墙面涂料的环保性最专业的方法是看其环保指标是否符合标准。墙面涂料的关键环保指标有 VOC、游离甲醛和重金属三项。

4．重价格而忽视质量

许多人在选购墙面涂料的时候，很容易走入重价格而忽视质量的误区。有的认为涂料价格越高越好，所以挑选的时候找最贵的买，但是实验结果显示并非如此。另一种相反情况是，消费者为了省钱，购买的时候价格越低越好，这样钱省了不少，但是以后的墙面质量和室内环境就堪忧了。在考虑价格之余注重墙面涂料的质量，一般选择有信誉的大品牌。

5．不提前估算用涂料量

许多消费者没有提前估算用涂料量，怕少买了涂料，选购的时候总是多多益善。这样就可能造成了材料的浪费，增加了家装的费用，同时堆积过多的涂料对施工安全也造成一定的影响。因此建议消费者在施工之前，一定要看施工区域的面积，从而估算购买材料的多少。估算用涂料量比较简单的方法是：涂一道所需的涂料量（L）＝（墙面面积×2.5）/每升涂料可涂刷面积。

三、合成树脂乳液内墙涂料

合成树脂乳液内墙涂料是以合成树脂乳液为黏结剂的薄型内墙建筑涂料。一般用于室内墙面装饰，但不宜用于厨房、卫生间、浴室等潮湿的墙面。可用水稀释，不含有机溶剂，安全、无毒、无味、不燃，附着力较好，并有一定的耐水、耐碱作用。根据各种使用要求不同，有很多产品种类可供选择，其中以丙烯酸酯乳液含量高的涂料质量较好。

（一）合成树脂乳液内墙涂料的技术性能要求

合成树脂乳液内墙涂料的主要品种有：聚醋酸乙烯乳胶漆、乙丙乳胶漆、苯丙乳胶漆、氟—偏乳胶漆等。合成树脂乳液内墙涂料的技术性能应符合如表 8-4 所示的要求。

表 8-4　合成树脂乳液内墙涂料的技术性能要求

项目	指标		
	优等品	一等品	合格品
容器中状态	无硬块，搅拌后呈均匀状态		
施工性	刷涂二道无障碍		
低温稳定性	不变质		
干燥时间（表干）/小时≤	2		
涂膜外观	正常		
对比率（白色和浅色*）≥	0.95	0.93	0.90
耐碱性	24 小时无异常		
耐洗刷性/次≥	1000	500	200

注：*浅色是指以白色涂料为主要成分，添加适量色浆后配成的浅色涂料形成的涂膜所呈现的浅颜色，明度值为 6 到 9 之间（三刺激值中的 $Y_{D65} \geq 31.26$）。

（二）聚醋酸乙烯乳胶漆

聚醋酸乙烯乳胶漆的主要成膜物质是由醋酸乙烯单体通过乳液聚得到的均聚乳液，在乳液中加入着色颜料、填料和各种助剂，经研磨或分散处理而制成的一种乳液涂料。

聚醋酸乙烯乳胶漆由于用水作为分散剂，所以它无毒、不燃，它的涂膜细腻平滑、色彩鲜艳、透气性好，价格较低，但其耐水性、耐碱性和耐候性比其他共聚乳液差，比较适合内墙的装饰，不宜用作外墙的装饰。

（三）乙丙乳胶漆

乙丙乳胶漆是以乙丙共聚乳液为主要成膜物质，掺入适量的颜料、填料和辅助材料后，经过研磨或分散后配置而成的半光或有光内墙涂料。乙丙乳胶漆的耐碱性、耐水性和耐候性优于聚醋酸乙烯乳胶漆，并具有光泽，是一种中高档的内墙涂料。

（四）苯丙乳胶漆

苯丙乳胶漆是以苯乙烯、丙烯酸酯、甲基丙烯酸酯等三元共聚乳液为主要成膜物质，掺入适量的填料、少量的颜料和助剂，经研磨、分散后配制而成的一种各色无光的内墙涂料。其着色颜料中的白色原料常用耐光性、耐碱性较好的金红石型钛白粉，配以沉淀硫酸钡、硅灰石粉等体质颜料，以提高遮盖力和着色性。这种涂料的耐碱性、耐水性、耐洗刷性及耐久性稍低于纯丙烯酸酯乳液涂料，但优于其他品种的内墙涂料。

（五）氯—偏乳胶漆

氯—偏乳胶漆属于水乳型涂料，它是以氯乙烯—偏氯乙烯共聚乳液为主要成膜物质，添加少量其他合成树脂水溶液（如聚乙烯醇树脂水溶液等）共聚液体为基料，掺入不同品种的颜料、填料及助剂等配制而成。氯—偏乳胶漆具有无味、无毒、不燃、快干、施工方便、黏结力强、涂层坚牢光洁、不脱粉，有良好的耐水、防潮、耐磨、耐酸、耐碱、耐一般化学药品侵蚀、涂层寿命较长等优点，且价格低廉。

四、水溶性内墙涂料

水溶性内墙涂料是以水溶性化合物为基料，加入一定量的填料、颜料和助剂，经过研磨、分散后而制成的。这种涂料的成膜机理是以开放型颗粒成膜，因此有一定的透气性，用于室内装饰较好，对基层的湿度要求不高。此种涂料不含有机溶剂，安全、无毒、无味、不燃、不污染环境，产品分Ⅰ类与Ⅱ类两种。Ⅰ类适用于浴室和厨房内墙的涂饰，Ⅱ类适用于一般房间内墙涂饰。

各类水溶性内墙涂料的技术性能要求应符合如表 8-5 所示的规定。常用的有聚乙烯醇水玻璃内墙涂料（俗称"106 内墙涂料"）、聚乙烯醇缩甲醛内墙涂料（俗称"803 内墙涂料"）和改性聚乙烯醇系内墙涂料等。

表 8-5　水溶性内墙涂料的技术性能要求

	项目	技术指标
涂料性能	在容器中的状态	经搅拌后均匀，无硬块
	储存稳定性（0 ℃～30 ℃）	6 个月
	不挥发物含量/%	≥19
	粘度（25 ℃）KU 值	80～100
	施工性	喷涂无困难
涂层性能	实干燥时间/小时	≤24
	外观	与标准样本基本相同
	耐水性（96 小时）	不起泡、不掉粉、允许轻微失光和变色
	耐碱性（48 小时）	不起泡、不掉粉、允许轻微失光和变色
	耐洗刷性（次）	≥300

五、其他内墙涂料

（一）聚乙烯醇水玻璃内墙涂料

聚乙烯醇水玻璃内墙涂料是以聚乙烯树脂水溶液及水玻璃为基料，加入一定数量的填料、颜料和助剂，经混合研磨、分散而成的一种水溶性涂料。聚乙烯醇水玻璃内墙涂料颜色鲜艳多样，刷、滚、喷施工均可，可用做建筑内墙耐擦洗装饰涂料。

（二）纳米涂料

在普通涂料中按一定比例添加纳米颗粒，并充分地搅拌均匀，可使涂料的性能大幅度提高。纳米内墙涂料具有三大优越性：卓越的伸缩性，能弥盖墙体的细小裂缝；优异的防霉、防水、抗菌、抗黄变及耐洗刷（6 000 次以上）性能；漆膜平滑，手感细腻，色泽鲜亮柔和，温馨宜人。纳米涂料属高档装修材料。

（三）杀菌涂料

由英国研制的杀菌涂料可用于所有物体表面涂层，特别适用于医院、制药厂、食品厂、厨房和空调房间，能杀灭目前已知的有害细菌，还具有很强的耐腐蚀性。

（四）净化空气涂料

由瑞典研制的净化空气的涂料，可有效地吸收多种对人体有害的气体，而本身没有任何气味。涂料喷涂后，其表面立即形成亿万个微孔，这些微孔不仅善于吸收各种气味，而且通过氧化分解和蒸发，还可释放出能灭菌消毒的物质。同时，该涂料还能稳定空气的温度，使之洁净宜人。

第四节　地面涂料

地面涂料的主要功能就是装饰和保护地面，同时结合内墙、顶棚及其他装饰，创造优雅的环境。对地面涂料的主要要求为：耐冲击性好、较高的耐磨性、耐水性好、黏结强度高、硬度高、施工方便、重涂容易等。

一、过氯乙烯地面涂料

过氯乙烯地面涂料是以过氯乙烯树脂（含氯量 61%～65%）与其他少量树脂（如松香改性酚醛树脂）为主要成膜物质，加入一定量的增塑剂、颜料、填料和其他助剂，经过捏合、混炼、塑化、切粒、溶解、过滤等一系列工艺过程制备而成的一种溶剂地面涂料，是我国将合成树脂用做建筑物室内水泥地面装饰较早的品种之一。

过氯乙烯地面涂料具有以下特点。

（1）干燥速度快，施工方便，在常温下 2 小时完全干燥，在冬季晴天也能施工。

（2）具有很好的耐水性。

（3）具有较好的耐磨性及耐化学药品的药品性能。

（4）在破损的旧涂料表面容易重涂施工。

（5）含有大量的易挥发、易燃易爆的有机溶剂（如二甲苯），因而在涂料的制备和施工中存在污染环境和燃烧的危险。

过氯乙烯地面涂料的主要技术性能应符合如表 8-6 所示的规定。

表 8-6 过氯乙烯地面涂料的主要技术性能要求

序号	项目	指标
1	色泽外观	稍有光，漆膜平整，无刷痕，无粗粒
2	黏度（涂－4 黏度计）/s	150～200
3	干燥时间（20±2 ℃；相对湿度＜70%）/分钟	表干 30～50；实干 50～180
4	流平性	无刷痕
5	遮盖力（黑白格）/（g/m²）	＜130
6	附着力（白铁皮，1 mm 格）/%	100
7	抗冲击功/（N·m）	3.5

二、环氧树脂耐磨地面涂料

环氧树脂耐磨地面涂料是以环氧树脂为主要成膜物质的双组分溶剂型常温固化涂料，国内于 20 世纪 70 年代开始研制与试用，80 年代起在各地普遍采用。

环氧树脂厚质地面涂料是以环氧树脂为主要成膜物质的双组分常温固化型涂料。这种涂料是由甲、乙两种组分组成。甲组分是以环氧树脂为主要成膜物质，加入填料、颜料、增塑剂和其他助剂等组成。乙组分是以胺类为主的固化剂组成。环氧树脂厚质地面涂料的特点如下。

（1）涂层坚硬，耐磨，并具有一定韧性。

（2）具有良好的耐化学腐蚀、耐油、耐水等性能。

（3）涂层与水泥基层的黏结力强，耐久性好。

（4）可涂刷成各种图案，装饰性好。

（5）双组分固化型涂料，施工操作较复杂，且施工时应注意通风。

环氧树脂地面涂料的技术性能要求应符合如表 8-7 所示的规定。

表 8-7 环氧树脂地面涂料技术性能要求

序号	项目	指标	
		清漆	色漆
1	色泽外观	浅黄色	各色，漆膜平整
2	粘度（涂-4 粘度计，25 ℃）/s	14～26	16～40
3	细度/μm	—	≤30
4	干燥时间（25±2 ℃，相对湿度≤65%）/小时	表干 2－4；实干 24；全干 72	表干 2－4；实干 24；全干 72
5	冲击强度/（N·m）	490	490
6	随着力（画圈法）/级	1	1
7	柔韧性/mm	1	1
8	耐磨系数/（磨耗量/试件量）	0.0132	

三、聚氨酯地面涂料

聚氨酯地面涂料又称聚氨酯弹性涂料，是一种以聚氨酯为主要成膜物质的双组分溶剂型常温固化涂料。由以聚氨酯预聚物为主体的甲组分和以固化剂、颜料、填料和助剂的混合物为基本组成的乙组分组成。

聚氨酯地面涂料有薄质罩面涂料与厚质弹性地面涂料两类，前者主要用于木质地板或其他地面的罩面上光，后者涂刷于水泥地面，能在地面上形成无缝弹性塑料状涂层。聚氨酯地面涂料具有以下主要特点。

（1）涂膜的弹性良好，步感舒适，适用于高级住宅地面装饰。

（2）水泥地面的黏结性好，不会因基层产生微裂纹而导致涂层开裂。

（3）涂层整体性好，便于清扫，装饰性好。

（4）涂层耐磨性好，并且具有良好的耐油、耐水、耐酸、耐碱性能。

（5）双组分涂料，施工操作较复杂。原材料具有较大毒性，施工时应注意通风、防火及劳动保护。

聚氨酯地面涂料可用于会议室、放映厅、图书馆等的弹性装饰地面，地下室、卫生间等的防水装饰地面以及工厂车间的耐磨、耐腐蚀等地面，是一种优良的地面装饰涂料。其主要技术性能要求如表 8-8 所示。

表 8-8 聚氨酯地面涂料的主要技术性能要求

序号	项目	指标
1	BP 硬度	74～91
2	断裂强度/ MPa	3.8～19.2
3	伸长率/%	103～272
4	永久变形/%	0～12
5	阿克隆磨耗/（cm³/1.61km）	0.108～0.160

第五节 防 水 涂 料

一、防水涂料的分类

防水涂料是指涂料形成的涂膜能够防止雨水或地下水渗漏的一种涂料。防水涂料可按涂料状态和形式分为溶剂型、乳液型、反应型和改性沥青。

（一）溶剂型涂料

这类涂料种类繁多，质量也好，但是成本高，安全性差，使用不是很普遍。

（二）水乳型及反应型高分子涂料

这类涂料在工艺上很难将各种补强剂、填充剂、高分子弹性体均匀分散于胶体中，只能用研磨法加入少量配合剂，反应型聚氨酯为双组分，易变质，成本高。

（三）塑料型改性沥青

这类产品能抗紫外线，耐高温性好，但断裂延伸性略差。沥青防水涂料品种如下。

（1）防水乳化沥青涂料，主要用于建筑物的防水。

（2）有色乳化沥青涂料，用于屋面的防水。

（3）阳离子乳化沥青防水涂料，主要用于水泥板、石膏板和纤维板的防水。

（4）非离子型乳化沥青防水涂料，主要用于屋面防水、地下防潮、管道防腐、渠道防渗、地下防水等。

（5）沥青基厚质防水涂料，主要用于屋面的防水。

（6）沥青油膏稀释防水涂料，用于屋面的防水。

（7）脂肪酸乳化沥青，用于屋面的防水。

（8）沥青防潮涂料，用于屋面的防水。

（9）厚质沥青防潮涂料，可做灌封材料。

（10）膨润土乳化沥青防水涂料，用于屋面防水、房层的修补漏水处、地下工程、种子库地面防潮。

（11）石灰乳化沥青防水涂料，主要用于屋面防水和建筑路面防水。

（12）氨基聚乙烯醇乳化沥青防水涂料，主要用于防水涂层。

（13）丙烯酸树脂乳化沥青，可用于修补和变质的沥青表面，如道路路面的防水层。

（14）沥青酚醛防水涂料，主要用于屋面、地下防水。

（15）沥青氯丁橡胶涂料，用于屋面的防水。

二、防水涂料的性能

防水涂料的性能主要有以下几个。

（1）固体含量。固体含量指防水涂料中所含固体比例。由于涂料涂刷后靠其中的固体成分形成涂膜，因此固体含量多少与成膜厚度及涂膜质量密切相关。

（2）耐热度。耐热度指防水涂料成膜后的防水薄膜在高温下不发生软化变形，不流淌的性能，即耐高温性能。

（3）柔性。柔性指防水涂料成膜后的膜层在低温下保持柔韧的性能。它反应防水涂料在低温下的施工和使用性能。

（4）不透水性。不透水性指防水涂料一定水压（静水压或动水压）和一定时间内不出现渗漏的性能。它是防水涂料满足防水功能要求的主要质量指标。

（5）延伸性。延伸性质防水涂膜适应基层变形的能力。防水涂料成膜后必须具有一定的延伸性，以适应由于温差、干湿等因素造成的基层变形，保证防水效果。

三、防水涂料的特点

防水涂料的特点主要有以下几个。

（1）防水涂料在固化前呈粘稠状液态，因此，施工时不仅能在水平面，而且能在立面、阴阳角及各种复杂表面，形成无接缝的完整的防水膜。

（2）使用时无需加热，既减少环境污染，又便于操作，改善劳动条件。

（3）形成的防水层自重小，特别适用于轻型屋面等防水。

（4）形成的防水膜有较大延伸性、耐水性和耐候性，能适应基层裂缝的微小变化。

（5）涂布的防水涂料，既是防水层的主体材料，又是胶粘剂，故粘结质量容易保证，维修也比较简便。尤其是对于基层裂缝、施工缝、雨水斗及贯穿管周围等一些容易造成渗漏的部位，极易进行增强涂刷、贴布等作业的实施。

四、防水涂料的选用

防水涂料的使用应考虑建筑的特点、环境条件和使用条件等因素，结合防水涂料的特点和性能指标选择。

（一）沥青基防水涂料

沥青基防水涂料指以沥青为基料配制而成的水乳型或溶剂型防水涂料。这类涂料对沥青基本没有改性或改性作用不大，有石灰乳化沥青、膨润土沥青乳液和水性石棉沥青防水涂料等。它主要适用于Ⅲ级和Ⅳ级防水等级的工业与民用建筑屋面、混凝土地下室和卫生间防水。

（二）高聚物改性沥青防水涂料

高聚物改性沥青防水涂料指以沥青为基料，用合成高分子聚合物进行改性，制成的水乳型或溶剂型防水涂料。这类涂料在柔韧性、抗裂性、拉伸强度、耐高低温性能和使用寿命等方面比沥青基涂料有很大改善。品种有再生橡胶改性沥青防水涂料、水乳型氯丁橡胶沥青防水涂料和 SBS 橡胶改性沥青防水涂料等。它适用于Ⅱ级、Ⅲ级、Ⅳ级防水等级的屋面、地面、混凝土地下室和卫生间等的防水工程。涂膜厚度选用如表 8-9 所示。

表 8-9　涂膜厚度选用

屋面防水等级	设防道数	高聚物改性沥青防水涂料	合成高分子防水涂料
Ⅰ级	三道或三道以上设防	—	不应小于 1.5 mm
Ⅱ级	二道设防	不应小于 3 mm	不应小于 1.5 mm
Ⅲ级	一道设防	不应小于 3 mm	不应小于 2 mm
Ⅳ级	一道设防	不应小于 2 mm	—

（三）合成高分子防水涂料

合成高分子防水涂料指以合成橡胶或合成树脂为主要成膜物质制成的单组分或多组分的防水涂料。

这类涂料具有高弹性、高耐久性及优良的耐高低温性能，品种有聚氨酯防水涂料、丙烯酸酯防水涂料、聚合物水泥涂料和有机硅防水涂料等。它适用于Ⅰ级、Ⅱ级和Ⅲ级防水等级的屋面、地下室、水池及卫生间等的防水工程。

五、防水涂料的施工

涂刷前处理好基层。防水涂料的涂刷与地面基层状况有很大关系，基层越不平整，使用的涂料就越多。因此，在涂刷防水涂料之前，最好将基层进行简单处理，尽量将基层处理平整。其次，应保证地面无尘、无土、无油，可拿墩布仔细拖地，把灰尘全部清除掉，否则会引起防水涂料的开裂掉皮，影响防水效果。

防水涂料施工要点主要有以下几个。

（1）应在 5 ℃以上的温度条件下施工，预计 24 小时内降水不宜施工。

（2）涂刷应横竖交叉进行，间隔时间为 4 小时。

（3）涂层如有特殊要求，可考虑增加面层涂刷遍数。

（4）施工时，空气湿度特别大，气温低，干燥时间应适当延长。

（5）如施工工地温度较高，拌料时可适当增加水量，以降低施工粘度。

第六节　防火涂料

防火涂料是用于可燃性基材表面，能降低被涂材料表面的可燃性、阻滞火灾的迅速蔓延，用以提高被涂材料耐火极限的一种特种涂料。防火涂料是涂刷在被保护物表面的被动防火材料，任何被保护的物体都有承受大火考验的极限值，无论什么结构的建筑遇火时间久了，都是会倒塌的。

防火涂料的作用是能在被保护物体表面起到隔离的作用，延缓建筑坍塌的时间，为营救和灭火争取到宝贵的时间。确切地说，防火涂料也有它的耐火极限，超过耐火极限以后，被保护的物体表面还是会着火的。

一、防火涂料的种类

防火涂料种类很多，但是按照防火涂料的使用对象以及防火涂料的涂层厚度来看，一般分为饰面型涂料和钢结构防火涂料。

饰面型防火涂料一般用作可燃基材的保护性材料，具有一定的装饰性和防火性，又分为水性和溶剂型两大类。而钢结构防火涂料主要是用作不燃烧体构件的保护性材料，这类防火涂料的涂层比较厚，而且密度小、导热系数低，所以具有优良的隔热性能，又分为有机防火涂料和无机防火涂料。

二、防火涂料的分类

按用途和使用对象的不同可分为饰面型防火涂料、电缆防火涂料、钢结构防火涂料、预应力混凝土楼板防火涂料等。我国防火涂料的发展，较国外工业发达国家晚 15～20 年，虽然起步晚，但发展速度较快。尤其是钢结构防火涂料，从品种类型、技术性能、应用效果和标准化程度上看，已接近或达到国际先进水平。近几年，其需求量成倍增长，这与钢结构建筑的迅速增加是分不开的。

（一）钢结构

钢结构作为高层建筑结构的一种形式，以其强度高、质量轻，并有良好的延伸性、抗震性和施工周期短等特点，在建筑业中得到广泛应用，尤其在超高层及大跨度建筑等方面显示出强大的生命力。但是钢结构建筑的耐火性能较砖石结构和钢筋混凝土结构差，钢材的机械强度随温度的升高而降低，在 500 ℃左右，其强度下降到 40%～50%，钢材的力学性能，如屈服点、抗压强度、弹性模量以及荷载能力等都迅速下降，很快失去支撑能力，导致建筑物垮塌。钢结构防火涂料刷涂或喷涂在钢结构表面，起防火隔热作用，防止钢材在火灾中迅速升温而降低强度，避免钢结构失去支撑能力而导致建筑物垮塌。

1. 厚涂型钢结构防火涂料

厚涂型钢结构防火涂料是指涂层厚度在 8～50 mm 的涂料，这类防火涂料的耐火极限可达 0.5～3 小时。在火灾中涂层不膨胀，依靠材料的不燃性、低导热性或涂层中材料的吸热性，延缓钢材的升温，保护钢件。这类钢结构防火涂料采用合适的粘结剂，再配以无机轻质材料、增强材料。与其他类型的钢结构防火涂料相比，除了具有水溶性防火涂料的优点之外，由于它从基料到大多数添加剂都是无机物，因此成本低廉。该类钢结构防火涂料施工一般采用喷涂，多应用在耐火极限要求 2 小时以上的室内钢结构上。但这类产品由于涂层厚，外观装饰性相对较差。

2. 薄涂型钢结构防火涂料

涂层厚度在 3～7 mm 的钢结构防火涂料称为薄涂型钢结构防火涂料。该类涂料受火时能膨胀发泡，以膨胀发泡所形成的耐火隔热层延缓钢材的升温，保护钢构件。这类钢结构涂料一般是用合适的乳胶聚合物作基料，再配以阻燃剂、添加剂等组成。对这类防火涂料，要求选用的乳液聚合物必须对钢基材具有良好附着力、耐久性和耐水性。

常用作这类防火涂料基料的乳液聚合物有苯乙烯改性的丙烯酸乳液、聚醋酸乙烯乳液、偏氯乙烯乳液等。对于用水性乳液作基料的防火涂料，阻燃添加剂、颜料及填料是分散到水中的，因而水实际上起分散载体的作用，为了使粒状的各种添加剂能更好地分散，还加入分散剂，如常用的六偏磷酸钠等。

该类钢结构防火涂料在生产过程中分为三步：第一步先将各种阻燃添加剂分散在水中，然后研磨成规定细度的浆料；第二步再用基料（乳液）进行配漆；第三步在浆料中配以无机轻质材料、增强材料等搅拌均匀。该涂料分为底层（隔热层）和面层（装饰层），装饰性比厚涂型好，施工采用喷涂，使用在耐火极限要求不超过 2 小时的建筑钢结构上。

3. 超薄型钢结构防火涂料

超薄型钢结构防火涂料是指涂层厚度不超过 3 mm 的钢结构防火涂料，这类防火涂料受火时膨胀发泡，形成致密的防火隔热层，是近几年发展起来的新品种。它可采用喷涂、刷涂或辊涂施工，一般使用在要求耐火极限 2 小时以内的建筑钢结构上。

与厚涂型和薄涂型钢结构防火涂料相比，超薄型膨胀钢结构防火涂料黏度更细、涂层更薄、施工方便、装饰性更好。在满足防火要求的同时又能满足高装饰性要求，特别是对裸露的钢结构，这类涂料是备受用户青睐的钢结构防火涂料。

（二）饰面型

饰面型防火涂料是一种集装饰和防火为一体的新型涂料品种，当它涂覆于可燃基材上时，平时可起一定的装饰作用；一旦火灾发生时，则可阻止火势蔓延，从而达到保护可燃基材的目的。饰面型膨胀防火涂料，可分为溶剂型和水性两类。其选用的溶剂以采用的成膜物质而定。

溶剂型防火涂料的成膜物质一般选用氯化橡胶、过氯乙烯、氨基树脂、酚醛树脂等，采用的溶剂为 200 号溶剂汽油、喷漆稀料、醋酸丁酯等。水性防火涂料的成膜物质一般选用氯乙烯-偏二氯乙烯乳液、苯丙乳液、纯丙烯酸乳液、聚醋酸乙烯乳液等，这些材料均以水为溶剂。这两类涂料性能上的差别主要在于涂料的理化性能以及耐候性能，溶剂型防火涂料这两方面的性能都优于水性防火涂料。

（三）电缆

电缆防火涂料是在饰面型防火涂料基础上结合自身要求发展起来的，其理化性能及耐候性能较好，涂层较薄，遇火能生成均匀致密的海绵状泡沫隔热层，有显著的隔热防火效果，从而达到保护电缆、阻止火焰蔓延、防止火灾的发生和发展的目的。目前使用情况较好的是溶剂型防火涂料，但由于这类涂料本身易燃，使用的火灾隐患也相当大，加之溶剂对人体会有不同程度的伤害，因此特别是在电缆竖井、电缆沟、电缆隧道等空间狭窄或不易通风的场所使用时应加强安全防护措施。

防火涂料除应具有普通油漆的装饰作用和对电缆基材提供物理维护外，电缆防火涂料作为特种涂料，还需要具有阻燃耐火的特殊功能，这就要求它在一定温度下能发泡形成防火隔热层。电缆橡胶类材料是高弹性体，并且电缆需要经常移动，这就要求涂层应具有足够的耐伸缩变化的机能，还要求防火涂料对橡胶电缆类材料无侵蚀性能、附着力好、室温固化性好、涂膜装饰性好。这些要求决定了选择的重点之一是解决涂料与基材有良好的黏结性。

对电缆防火涂料的防火隔热机能影响极大的是阻燃剂的选用，阻燃剂是电缆防火涂料的另一重要组分。选择的阻燃剂必须与电缆防火涂料中的其他组分相互配合，使电缆防火涂料具有上述优良的理化性能，而且在受火时膨胀发泡形成坚固致密的隔热层。

电缆防火涂料所选用的树脂不只使防火涂料有很好的防火效果，还需要从应用的角度出发，要求防火涂料具有抗酸性、碱性、抗水性、防霉性和电缆防侵蚀性及对电缆基材有较强的黏结性。电缆防火涂料的基料一般选用氯化橡胶、酚醛树脂、过氯乙烯、丙烯酸树脂、氨基树脂、醇酸树脂等溶剂型树脂和乳白胶、丙烯酸乳液、苯丙乳液等水溶型树脂。

（四）预应力混凝土

预应力混凝土结构，使混凝土在荷载作用前预先受压的一种结构。预应力用张拉高强度钢筋或钢丝的方法产生。张拉方法主要有先张法和后张法两种：先张法，即先张拉钢筋，后浇灌混凝土，待混凝土达到规定强度时，放松钢筋两端；后张法，即先浇灌混凝土，达到规定强度时，再张拉穿过混凝土内预留孔道中的钢筋，并在两端锚固。预应力能提高混凝土承受荷载时的抗拉能力，防止或延迟裂缝的出现并增加结构的刚度，节省钢材和水泥。

借鉴钢结构防火涂料用于保护钢结构的原理，我国从 20 世纪 80 年代中期起，逐步研究和生产预应力混凝土楼板防火涂料，较广泛地用于保护预应力楼板，喷涂在预应力楼板配筋一面。遭遇火时涂层有效地阻隔火焰和热量，降低热量向混凝土及其内部预应力钢筋的传递速度，以推迟其升温时间，从而提高预应力楼板的耐火极限，达到防火保护的目的。

三、防火涂料的防火原理

防火涂料的防火原理为以下五点。

（1）防火涂料本身具有难燃性或不燃性，使被保护基材不直接与空气接触，延迟物体着火和减少燃烧的速度。

（2）防火涂料除本身具有难燃性或不燃性外，它还具有较低的导热系数，可以延迟火焰温度向被保护基材的传递。

（3）防火涂料受热分解出不燃惰性气体，冲淡被保护物体受热分解出的可燃性气体，使之不易燃烧或燃烧速度减慢。

（4）含氮的防火涂料受热分解出 NO、NH_3 等基团，与有机游离基化合，中断连锁反应，降低温度。

（5）膨胀型防火涂料受热膨胀发泡，形成碳质泡沫隔热层封闭被保护的物体，延迟热量与基材的传递，阻止物体着火燃烧或因温度升高而造成的强度下降。

四、防火涂料的质量检查

（1）可在现场对产品的质量作一初步的检查：在已施工好的基材上切取 2～3 块小样，或取少量样品涂在 2～3 块 150 mm×150 mm 胶合板上，按实际施工的情况涂刷。待干透后，用酒精灯的火焰检查。火焰高度 40 mm 左右，施加火焰的时间一般为 20 分钟，检查涂层发泡情况。正常的情况下，按规定的用量（一般为 500 克/平方米）施工，一级防火涂料的泡层厚度为 20 mm 以上，二级防火涂料的泡层厚度为 10 mm 以上，泡层应均匀致密。

（2）合格防火涂料在受到喷灯等强火灼烧时，会大量发泡膨胀，表面聚集凸起，数分钟内不会出现烧损现象，而假冒伪劣防火涂料则基本不发泡，会出现大量散落掉渣的情况，木质基材也会很快发生燃烧破损的现象。

（3）查验该产品是否具有国家级消防质检中心出具的合格检验报告，也可上网查询。防火涂料实行消防产品型式认可制度，市场上销售的防火涂料应具备国家消防产品型式认可证书和型式检验合格报告。

（4）在实际使用中，为了保证防火涂料的防火及其他使用性能，一般需要采用透明的罩面涂层。防火涂料的用量一般为 350～500 g/m^2，罩面涂层的用量一般为 50 g/m^2。

（5）根据国家标准，除满足阻火性要求外，防火涂料的燃烧性能分为一级和二级。在规定的实验条件下，一级防火涂料的耐燃时间不小于 20 分钟，二级防火涂料的耐热时间不小于 10 分钟。用户在选择时应注意加以区别，避免企业以次充好，达不到防火保护效果。

五、防火涂料的选购误区

避免误区选合适防火涂料：不同空间不用材质对防火涂料的性能要求有所区别，因此选购涂料时可询问有经验的店铺销售员，在适合的地方使用适合的地方采用适合的防火涂料，才能起到最佳的防火效果。

（1）把木结构防火涂料用在钢结构上，由于木结构防火涂料和钢结构防火涂料用肉眼是无法识别，消费者选购时必须了解的防火涂料的详细属性。如果钢结构使用木结构的防火涂料，其附着力大大下降，而且容易脱落，无法保证防火安全。

（2）未区分溶剂型和水性防火涂料。钢结构防火涂料有两种，溶剂型防火涂料和水性防火涂料。从附着力角度比较，溶剂型大于水性，因此，对用于室外的钢结构应采用溶剂型防火涂料，室内钢结构可使用溶剂型或水性防火涂料。

防火涂料施工的好坏对材料的防火性能也有影响，因此，需重视防火涂料的涂装质量。不同的防火涂料的涂装方法稍有差别，但基本施工要点是相同的。

本 章 小 结

本章主要介绍了建筑装饰涂料的基本知识、外墙涂料、内墙涂料、地面涂料、防水涂料和防火涂料。

1. 涂料的作用可以概括为三个方面：保护作用、装饰作用、特殊功能作用。涂料主要用来对被涂表面起到装饰与保护作用。有些涂料还具有特定的功能，如耐高温、耐寒、防辐射等。涂料广泛应用于建筑、船舶、车辆、金属制品等方面。

2. 外墙涂料可保护积年累月处于风吹日晒雨淋之中的建筑外墙，必须具有足够好的耐水性、耐候性、耐沾污性和耐冻融性，才能保证有较好的装饰性效果和耐久性。

3. 内墙涂料的制作成分中基本上由水、颜料、乳液、填充剂和各种助剂组成，这些原材料是不具有毒性的。作为乳胶涂料而言，可能含毒的主要是成膜助剂中的乙二醇和防霉剂中的有机汞。内墙涂料包括合成树脂乳液内墙涂料、水溶性内墙涂料和其他内墙涂料。

4. 地面涂料的主要功能就是装饰和保护地面，同时结合内墙、顶棚及其他装饰，创造优雅的环境。对地面涂料的主要要求为：耐冲击性好、较高的耐磨性、耐水性好、黏结强度高、硬度高、施工方便、重涂容易等。主要包括过氯乙烯地面涂料、环氧树脂耐磨地面涂料和聚氨酯地面涂料。

5. 防水涂料是指涂料形成的涂膜能够防止雨水或地下水渗漏的一种涂料。

6. 防火涂料是涂刷在被保护物表面的被动防火材料，任何被保护的物体都有承受大火考验的极限值，无论什么结构的建筑遇火时间久了都是会倒塌的。防火涂料的作用是能在被保护物体表面起到隔离的作用，延缓建筑坍塌的时间，为营救和灭火争取到宝贵的时间。确切地说，防火涂料也有它的耐火极限，超过耐火极限以后，被保护的物体表面还是会着火的。

复习思考题

1. 一般涂料包括哪些成分？

2．简述涂料的分类和功能。

3．如何选择装饰涂料？

4．简述涂料的材质和如何检验。

5．简述涂料的贮存与保管，涂料的变质鉴别与处理。

6．外墙涂料常见的类型有哪些？

7．简述内墙涂料的使用方法及外墙涂料的分类。

8．过氯乙烯地面涂料具有哪些特点？

9．简述防水材料的分类和性能。

10．简述防火涂料的材料组成。

第九章　建筑装饰木材

【学习目标】

➢ 能够掌握建筑装饰木材的构造、分类和性能
➢ 能够掌握木地板、木饰面板和木装饰线条的应用
➢ 能够熟悉木材的防腐及防火的原因和处理办法

第一节　木材的基本构造

木材是人类最早使用的一种建筑材料，时至今日，在建筑工程中仍占有一定的地位，桁架、屋架、梁柱、模板、门窗、地板、家具、装饰等都要用到木材。

一、木材的微观构造

在显微镜下所见到的木材组织称为微观构造。针叶树和阔叶树的微观构造不同，如图 9-1 和图 9-2 所示。

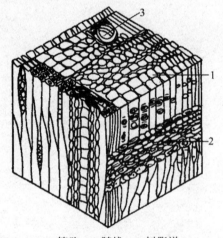

1-管胞；2-髓线；3-树脂道

图 9-1　针叶树马尾松微观构造

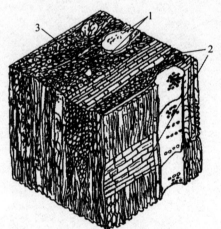

1-导管；2-髓线；3-木纤维

图 9-2　阔叶树柞木微观构造

从显微镜下可以看到，木材是由无数个小空腔的长形细胞紧密结合组成的，每个细胞都有细胞壁和细胞腔。细胞壁是由若干层细胞纤维组成的，其连接纵向较横向牢固，因而造成细胞壁纵向的强度高，而横向的强度低，在组成细胞壁的纤维之间存在极小的空隙，能吸附和渗透水分。

细胞本身的组织构造在很大程度上决定了木材的性质，如细胞壁越厚，细胞腔越小，木材组织越均匀，则木材越密实，表观密度与强度越大，同时收缩变形也越小。

木材细胞因功能不同主要分为管胞、导管、木纤维、髓线等。针叶树显微结构较为简单而规则，由管胞、树脂道和髓线组成，管胞主要为纵向排列的厚壁细胞，约占木材总体积的 90%。针叶树的髓线较细小而不明显。某些树种，如松树在管胞间尚有树脂道，富含树脂。阔叶树的显微结构较复杂，主要由导管、木纤维及髓线等组成，导管是壁薄而腔大的细胞，约占木材总体积的 20%，木纤维是一种厚壁细长的细胞，它是阔叶树的主要成分之一，占木材总体积的 50% 以上。阔叶树的髓线发达而明显。导管和髓线是鉴别阔叶树的显著特征。

二、木材的宏观构造

宏观构造是指肉眼或放大镜能观察到的木材组织。由于木材具有各向异性，可通过横切面、径切面、弦切面了解其构造，如图 9-3 所示。

图 9-3 中横切面是与树纵轴相垂直的横向切面；径切面是通过树轴的纵切面，弦切面是与材心有一定距离、与树轴平行的纵向切面。从图 9-3 中可知，树木主要由树皮、髓心和木质部组成。木材主要是使用木质部。木质部就是髓心和树皮之间的部分，是木材的主体。在木质部中，靠近髓心的部分颜色较深，称为心材；靠近树皮的部分颜色较浅，称为边材。心材含水量较小，不易翘曲变形，耐蚀性较强；边材含水量较大，易翘曲变形，耐蚀性也不如心材。从横切面可以看到深浅相间的同心圆，称为年轮。每一年轮中，色浅而质软的部分是春季长成的，称为春材或早材；色深而质硬的部分是夏秋季长成的，称为夏材或晚材。夏材越多木材质量越好；年轮越密且均匀，木材质量较好。在木材横切面上，有许多径向的，从髓心向树皮呈辐射状的细线条，或断或续地穿过数个年轮，称为髓线，是木材较脆弱的部位，干燥时常沿髓线发生裂纹。在木材的利用上，它是构成木材美丽花纹的因素之一。

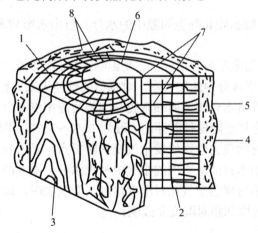

1-横切面；2-径切面；3-弦切面；4-树皮；5-木质部；6-髓心；7-髓线；8-年轮

图 9-3 木材的宏观构造

问题：某装饰公司要对一别墅进行地面装饰工作，用户对地面要求较高，装饰公司还负责地面的设计工作和对材料的选择。简述木材的特性。

答：（1）木材轻质高强，具有弹性和韧性，抗震、抗冲击性能好。

（2）木材导热系数小，所以也做保温绝热材料使用。

（3）木材具有天然花纹，易于加工涂饰，装饰效果好，无毒无放射性。

（4）木材长期处于干燥环境中，不易导电、耐久性好。

（5）木材具有较强的吸湿性。

（6）木材具有湿胀干缩的性能。

（7）木材的物理力学性能与木材构造有关，由于木材构造不均匀各向异性，吸湿后膨胀可能易起木制品变形与开裂，木材易被虫蛀，易燃，在干湿交替中会腐朽，具有天然疵病。

第二节　木材的性质

木材作为建筑装饰材料，具有许多优良性能，如轻质高强，即比强度高，有较高的弹性和韧性，耐冲击和振动；易于加工；保温性好；大部分木材都具有美丽的纹理，装饰性好等。但木材也有缺点，如内部结构不均匀，对电、热的传导极小，易随周围环境湿度变化而改变含水量，引起膨胀或收缩；易腐朽及虫蛀；易燃烧；天然疵病较多等。

一、木材的物理性质

木材的物理性质对木材的选用和加工有很重要的现实意义。

（一）含水率

木材的含水率是指木材中所含水的质量占干燥木材质量的百分比。木材内部所含水分，可以分为以下三种。

（1）自由水。存在于细胞腔和细胞间隙中的水分。自由水影响木材的表观密度、保存性、燃烧性、干燥性和渗透性。

（2）吸附水。吸附在细胞壁内的水分。它是影响木材强度和胀缩的主要因素。

（3）化合水。木材化学成分中的结合水，对木材的性能无太大影响。

当木材中细胞壁内被吸附水充满，而细胞腔与细胞间隙中没有自由水时，该木材的含水率被称为纤维饱和点。纤维饱和点随树种而异，一般为 25%～35%，平均值约为 30%。纤维饱和点的重要意义在于它是木材物理力学性质发生改变的转折点，是木材含水率是否影响其强度和湿胀干缩的临界值。干燥的木材能从周围的空气中吸收水分，潮湿的木材也能在干燥的空气中失去水分。当木材的含水率与周围空气相对湿度达到平衡状态时，此含水率称为平衡含水率。平衡含水率随周围环境的温度和相对湿度而改变。

（二）湿胀干缩

木材具有显著的湿胀干缩特征。当木材的含水率在纤维饱和点以上时，含水率的变化并不改变木材的体积和尺寸，因为只是自由水在发生变化。当木材的含水率在纤维饱和点以内时，含水率的变化会由于吸附水而发生变化。当吸附水增加时，细胞壁纤维间距离增大，细胞壁厚度增加，木材体积膨胀，尺寸增加，直到含水率达到纤维饱和点时为止。此后，木材含水率继续提高，也不再膨胀。当吸附水蒸发时，细胞壁厚度减小，体积收缩，尺寸减小。也就是说，只有吸附水的变化，才能引起木材的变形，即湿胀干缩。木材的湿胀干缩随树种不同而有差异，一般来讲，表观密度大、夏材含量高的木材胀缩性较大。

由于木材构造不均匀，各方向的胀缩也不一致，同一木材弦向胀缩最大，径向其次，纤维方向最小。木材干燥时，弦向收缩为6%～12%，径向收缩为3%～6%，顺纤维方向收缩仅为0.1%～0.35%。弦向胀缩最大，主要是受髓线影响所致。

木材的湿胀干缩对其使用影响较大，湿胀会造成木材凸起，干缩会导致木材结构连接处松动。如长期湿胀干缩交替作用，则会使木材产生翘曲开裂。为了避免这种情况，通常在加工使用前将木材进行干燥处理，使木材的含水率达到使用环境湿度下的平衡含水率。

二、木材的力学性能

木材的力学性能是指木材抵抗外力的能力。木构件在外力作用下，其内部单位截面积上所产生的内力，称为应力。木材抵抗外力破坏时的应力，称为木材的极限强度。根据外力在木构件上作用的方向、位置不同，木构件的受力状态分为受拉、受压、受弯和受剪，如图9-4所示。

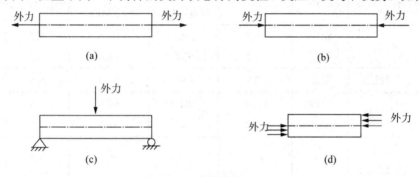

图9-4 木构件受力状态

（一）木材的抗拉强度

木材的抗拉强度有顺纹抗拉强度和横纹抗拉强度两种。

（1）顺纹抗拉强度即外力与木材纤维方向相平行的抗拉强度。由木材标准小试件测得的顺纹抗拉强度，是所有强度中最大的。但节子、斜纹、裂缝等木材缺陷对抗拉强度的影响很大。因此，在实际应用中，木材的顺纹抗拉强度反而比顺纹抗压强度低。木屋架中的下弦杆、竖杆均为顺纹受拉构件。工程中，对于受拉构件应采用选材标准中的I等材。

（2）横纹抗拉强度即外力与木材纤维方向相垂直的抗拉强度。木材的横纹抗拉强度远小于顺纹抗拉强度。对于一般木材，其横纹抗拉强度为顺纹抗拉强度的1/10～1/4。所以在承重结构中不允许木材横纹承受拉力。

（二）木材的抗压强度

木材的抗压强度有顺纹抗压强度和横纹抗压强度两种。

（1）顺纹抗压强度即外力与木材纤维方向相平行的抗压强度。由木材标准小试件测得的顺纹抗压强度，为顺纹抗拉强度的40%～50%。由于木材的缺陷对顺纹抗压强度的影响很小，因此，木构件的受压工作要比受拉工作可靠得多。屋架中的斜腹杆、木柱、木桩等均为顺纹受压构件。

（2）横纹抗压强度即外力与木材纤维方向相垂直的抗压强度。木材的横纹抗压强度远小于顺纹抗压强度。

（三）木材的抗弯强度

木材的抗弯强度介于横纹抗压强度和顺纹抗压强度之间。木材受弯时，在木材的横截面上有受拉区和受压区。

梁在工作状态时，截面上部产生顺纹压应力，截面下部产生顺纹拉应力，且越靠近截面边缘，所受的压应力或拉应力也越大。由于木材的缺陷对受拉区影响大，对受压区影响小，因此，对大梁、搁栅、檩条等受弯构件，不允许在其受拉区内存在节子或斜纹等缺陷。

常用树种的木材主要力学性能如表 9-1 所示。

表 9-1　常用树种的木材主要力学性能

树种名称		产地	顺纹抗压强度/ MPa	顺纹抗拉强度/ MPa	抗弯强度（弦向）/ MPa	顺纹抗剪强度/ MPa	
						径　面	弦　面
针叶树	杉木	湖南	38.8	77.2	63.8	4.2	4.9
		四川	39.1	93.5	68.4	6.0	5.9
	红松	东北	32.8	98.1	65.3	6.3	6.9
	马尾松	湖南	46.5	104.9	91.0	7.5	6.7
		江西	32.9	—	76.3	7.5	7.4
	兴安落叶松	东北	55.7	129.9	109.4	8.5	6.8
	鱼鳞云杉	东北	42.4	100.9	75.1	6.2	6.5
	冷杉	四川	38.8	97.5	70.0	5.0	5.5
	臭冷杉	东北	36.4	78.8	65.1	5.7	6.3
	柏木	四川	45.1	117.8	98.0	9.4	12.2
阔叶树	柞栎	东北	55.6	155.4	124.0	11.8	12.9
	麻栎	安徽	52.1	—	114.2	13.4	15.5
	水曲柳	东北	52.5	138.7	118.6	11.3	10.5
	槲榆	浙江	49.1	149.4	103.8	16.4	18.4
	辽杨	东北	30.5	—	54.3	4.9	6.5

（四）木材的抗剪强度

外力作用于木材，使其一部分脱离邻近部分而滑动时，在滑动面上单位面积所能承受的外力，称为木材的抗剪强度。木材的抗剪强度有顺纹抗剪强度、横纹抗剪强度和剪断强度三种。其受力状态如图 9-5 所示。

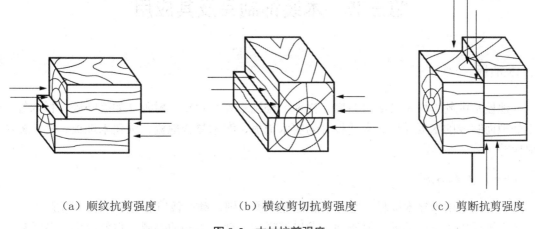

（a）顺纹抗剪强度　　　　（b）横纹剪切抗剪强度　　　　（c）剪断抗剪强度

图 9-5　木材抗剪强度

（1）顺纹抗剪强度即剪力方向和剪切面均与木材纤维方向平行时的抗剪强度。木材顺纹受剪时，绝大部分是破坏在受剪面中纤维的连接部分，因此，木材顺纹抗剪强度是较小的。

（2）横纹抗剪强度即剪力方向与木材纤维方向相垂直，而剪切面与木材纤维方向平行时的抗剪强度。木材的横纹抗剪强度只有顺纹抗剪强度的 1/2 左右。

（3）剪断强度即剪力方向和剪切面都与木材纤维方向相垂直时的抗剪强度。木材的剪断强度约为顺纹抗剪强度的 3 倍。

问题：应县木塔位于山西省朔州市应县县城内西北角的佛宫寺院内。建于辽清宁二年（公元 1056 年），金明昌六年（公元 1195 年）增修完毕，塔高 67.31m。据考证，在近千年的岁月中，应县木塔除经受日夜和四季变化、风霜雨雪侵蚀外，还遭受了多次强地震袭击，仅烈度在五度以上的地震就有十几次。它是我国现存最古老、最高大的纯木结构楼阁式建筑，是我国古建筑中的瑰宝、世界木结构建筑的典范。（1）木结构有哪些特点？（2）如何增强木材的抗剪承载能力？

答：（1）木结构建筑由于自身重量轻，地震使其吸收的地震力也相对较少；由于木质构件之间的稳固性和可逆性能相互作用，以至于它们在地震时大多纹丝不动，或整体稍有变形却不会散架，具有较强的抵抗重力、风和地震能力。在 1995 年日本神户大地震中，木结构房屋基本毫发未损。在美国，已有百年历史的木屋随处可见，年代最久远的木结构房屋的历史可以追溯到 18 世纪。如果使用得当，木材本身就是一种非常稳定、寿命长、耐久性强的天然建筑材料。

（2）外力作用于木材，使其一部分脱离邻近部分而滑动时，在滑动面上单位面积所能承受的外力，称为木材的抗剪强度。木材的抗剪强度有顺纹抗剪强度、横纹抗剪强度和剪断强度三种。顺纹抗剪强度即剪力方向和剪切面均与木材纤维方向平行时的抗剪强度。木材顺纹受剪时，绝大部分是破坏在受剪面中纤维的连接部分，因此，木材顺纹抗剪强度是较小的。横纹抗剪强度即剪力方向与木材纤维方向相垂直，而剪切面与木材纤维方向平行时的抗剪强度。木材的横纹抗剪强度只有顺纹抗剪强度的 1/2 左右。剪断强度即剪力方向和剪切面都与木材纤维方向相垂直时的抗剪强度。木材的剪断强度约为顺纹抗剪强度的 3 倍。木材的裂缝如果与受剪面重合，将会大大降低木材的抗剪承载能力，常为构件结合破坏的主要原因。这种情况在工程中必须避免。为了增强木材的抗剪承载能力，可以增大剪切面的长度或在剪切面上施加足够的压紧力。

第三节　木装饰制品及其应用

一、木地板

木地板是由硬木树种（如水曲柳、柞木、樱桃木等）和软木树种（如落叶松、杉木等）经加工处理而制成的木板面层。木地板分为实木地板、实木复合地板、强化木地板、竹地板和软木地板等。

（一）实木地板

实木地板是由天然木板材，通过干燥处理，锯、刨、磨、裁口等工序精加工而成。

实木地板由于其天然的木材质地，尤以润泽的质感、柔和的触感、自然温馨、冬暖夏凉、脚感舒适、高贵典雅而深受人们的喜欢。但一般木地板亦存在天然缺陷：易虫蛀、易燃，由于取材部位不同而造成木地板的各向异性、构造不均、胀缩变形，因此使用木地板要注意采取防蛀、防腐、防火和通风措施。

常用国产的材料有桦木、水曲柳、枫木、柞木等；进口常用的材料有甘巴豆、印茄木、香脂木豆、重蚁木、古夷苏木、李叶苏木、二翅豆、四籽木、鲍迪豆、铁线子等。珍贵稀少的材料有香脂木豆、柚木、花梨等；稳定性较好的材料有重蚁木、李叶苏木、印茄木、柚木等；色差较大的材料有重蚁木、二翅豆等；物美价廉的有印茄木、甘巴豆等。实木地板可分为平口实木地板、企口实木地板、拼花实木地板和竖木地板等，如图9-6所示。

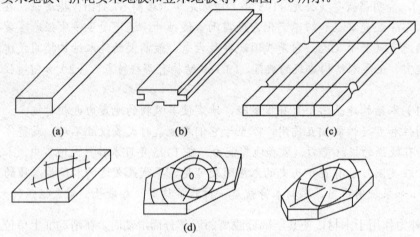

（a）平口实木地板；（b）企口实木地板；（c）拼花实木地板；（d）竖木地板

图9-6　木地板块

根据国家标准《实木地板第1部分：技术要求》（GB/T15036 1-2009）的技术要求，实木地板按产品的外观质量、物理力学性能分为优等品、一等品和合格品3个质量等级。

（1）实木地板的外观质量要求，主要包括木板有无疵病及疵病的数量、尺寸；实木地板的主要尺寸及偏差；实木地板的形状位置偏差，包括翘曲度和拼装高度差。

（2）实木地板的物理力学性能指标，主要指含水率、涂膜的附着力及耐磨程度。

实木地板的规格如表 9-2 所示。

表 9-2　实木地板的规格

类别	规格/ mm		
	长	宽	厚
平口实木地板	300	50、60	12、15、18、20
企口实木地板	250～600	50、60	12、15、18、20
拼方、拼花实木地板	120、150、200	120、150、200	5～8
复合木地板	1 500～1 700	190	10、12、15

（二）强化木地板

强化木地板是以一层或多层专用纸浸渍热固性氨基树脂，铺装在刨花板、中密度纤维板、高密度纤维板等人造板基材表面，背面加平衡层，正面加耐磨层，经热压而成的地板。强化木地板起源于欧洲，学名浸渍纸层压木质地板。

由于强化木地板是采用高密度底板做基材，其材料取自速生林，用 2～3 年生的木材被打碎成木屑制成板材使用，从这个意义上说，强化木地板是最环保的地板。另外，强化木地板的耐磨层，可以使用于较恶劣的环境，如客厅、过道等经常有人走动的地方。

强化木地板的规格尺寸：长板 285 mm×195 mm×8 mm，短板 1 212 mm×195 mm×8.3 mm。依据其产品的不同分为两个组、六个使用级别，分别为 21、22、23、31、32、33 级。其中，21级为最低级别，适用于家庭，耐用度低；22 级适用于家庭，耐用度居中；23 级适用于家庭、耐用度较高；31 级适用于公共场所，耐用度低；32 级适用于公共场所，耐用度居中；33 级为最高级别，适用于公共场所，耐用度较高。

（三）实木复合地板

实木复合地板是利用优质阔叶材或其他装饰性很强的合适材料作表层，以材质软的速生材或人造材作基材，经高温高压制成多层结构。

实木复合地板可分为三层实木复合地板、多层实木复合地板、细木工复合地板三大类。其中三层结构实木复合地板，由三层实木交错压制而成。表层由优质硬木规格板条拼成，常用的树种为水曲柳、桦木、山毛榉、柞木、枫木、樱桃木等；中间为软木板条，底层为旋切单板，排列成纵横交错状。

以多层胶合板或细木工板或基材的层压实木复合地板，饰面层常用树种为水曲柳、桦木、山毛榉、栎木（柞木）、榉木、枫木、楸木、樱桃木等，厚度通常在 0.2～1.2 mm。

实木复合地板与传统的实木地板相比，由于结构的改变，其使用性能和抗变形能力有所提高。实木复合地板既有实木地板的美观自然、舒适、保温性能好的长处，又克服了实木地板因单体收缩、容易起翘变形的不足，且安装简便、不需打龙骨。当然实木复合地板也存在缺点：胶粘剂中含有一定的甲醛，必须严格控制，严禁超标。《室内装饰装修材料人造板及其制品甲醛释放限量》（GB18580—2001）规定实木复合地板必须达到 E1 级的要求（甲醛释放量为不大于1.5 mg/L），并在产品标志上明示。由于实木复合地板结构不对称，生产工艺比较复杂，所以成本相对较高。实木复合地板的技术性能要求如表 9-3 所示。

表 9-3　实木复合地板技术要求

序号	项目	技术要求
1	甲醛释放量	A 级产品为 9 mg/100 g；B 级产品为 40 mg/100 g
2	浸渍剥离	水浸不得出现剥离现象
3	表面耐磨	产品耐磨耗损值在 0.08 以下为优质产品；0.15 以下为合格产品
4	漆膜附着力	合格级以上产品的漆膜应不得脱离
5	静曲强度	静曲强度的最低值为 30 MPa
6	弹性模量	弹性模量的最低值为 4 000 MPa
7	含水率	国际标准规定在 5%～14%范围内
8	表面耐污染	表面不得出现污染和腐蚀

（四）竹地板

竹地板是经选料粗加工、碳化、蒸煮漂白、粗材胶合、板材成型等工艺过程制成。具有防腐、防水、防蛀、防火、不霉、不变形、弹性好、表面光洁等特点，一般呈竹材天然色泽。竹地板的分类：按结构可分为多层胶合竹地板、单层侧拼竹地板，如图 9-7 所示；按表面有无涂饰可分为涂饰竹地板（包括有光竹地板和柔光竹地板）、未涂饰竹地板；按表面颜色分为本色竹地板、漂白竹地板和深炭竹地板（俗称炭化竹地板）。

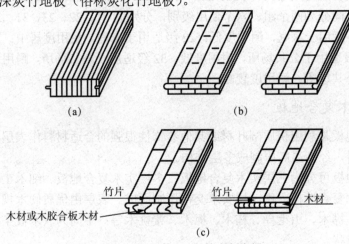

（a）径面式；（b）弦面式；（c）竹木复合板

图 9-7　竹地板类型与结构

竹地板的常见规格尺寸为：

930 mm×146 mm×21 mm；930 mm×130 mm×21 mm；

930 mm×146 mm×18 mm；930 mm×130 mm×18 mm；

930 mm×112 mm×18 mm；930 mm×112 mm×15 mm；

930 mm×114 mm×9 mm。

竹地板具有质地坚硬、色泽鲜亮、竹纹清晰、清新高雅、冬暖夏凉、防虫防霉、无毒无害、光而不滑、耐磨、耐腐蚀、不变形、不干裂等优秀品质。

（五）软木地板

软木（葡萄酒瓶塞的原料）起源于欧洲，软木产品广泛应用于图书馆、幼儿园、卧室中。我国在 20 世纪 30 年代在首都图书馆曾使用过，至今已有 70 余年，后来新建的首都图书馆仍然选用了软木地板。

软木地板是以软木为原料，经压缩烘焙等加工而成。所谓的软，其实是指其柔韧性非常好。由于软木是由成千上万个犹如蜂窝状的死细胞组成，细胞内充满了空气，形成了一个一个密闭气囊，在受到外来压力时，细胞会收缩变小，细胞内的压力升高；当压力失去时，细胞内的空气压力会将细胞恢复原状。正是这种特殊性的内在结构，使得软木产品有着特有的性能。例如：密度小、热导率低、密封性好、回弹性强、无毒无臭、不易燃烧、耐腐蚀不霉变，并具有一定的耐强酸、耐强碱、耐油、隔音、减振等性能。软木地板的特点如下。

（1）吸音。软木具有良好的弹性及吸声效果，每个软木细胞都是最小的声音隔绝器。许多音响爱好者都用软木做吸音墙板。

（2）隔热。软木蜂窝式的结构还能起到隔热防水的作用，每个软木细胞都是最小的热量隔绝器。

（3）舒适、耐磨。每个软木细胞都是最小的震动（压力）吸收器。如果光脚走在软木地板上，会比走在实木地或复合地板上的感觉温暖得多。

（4）环保。软木地板是实实在在的环保产品，不但产品本身是绿色无污染的，而且由于软木的原料具有再生性，因此对森林资源没有破坏。

（5）施工简便。施工安装方法有悬浮式和粘贴式。软木地板表面的刷漆保养同实木地板一样，一般半年保养一次即可。

目前市场上有三种软木地板：第一种为纯软木地板，厚度仅有 4 mm～5 mm；第二种软木地板，从剖面上看有三层，表层与底层为软木，中间层夹了块带锁扣的中密度板，厚度可达 10 mm 左右；第三种被称为软木静音地板，它是软木与复合地板的结合体，中间层同样夹了一层中密度板，厚度达 13.4 mm，有吸声降噪的作用，保温性能也较好。

二、木饰面板

（一）细木工板

细木工板属于特种胶合板的一种，是芯板用木板条拼接而成，两个表面为胶贴木质单板的实心板材。它是综合利用木材的一种制品，又称大芯板。

细木工板按其结构可分为芯板条不胶拼型和芯板条胶拼型两种。按所使用的黏结剂可分为Ⅰ类胶型和Ⅱ类胶型两种。按表面加工状况分为一面砂光、两面砂光和不砂光。

细木工板按面板材质和加工工艺质量分为一、二、三等。幅面尺寸为 915 mm×915 mm、1 830 mm×915 mm、2 135 mm×915 mm、1 220 mm×1 220 mm、1 830 mm×1 220 mm、2 135 mm×1 220 mm、2 440 mm×1 220 mm，其长度方向为细木工板的芯板条顺纹理方向。各类细木工板的厚度为 16 mm、19 mm、22 mm、25 mm。

细木工板的尺寸规格和技术性能如表 9-4 所示。

表 9-4　细木工板的尺寸规格和技术性能

长度/ mm					宽度/ mm	技术性嫩
915	—	1 830	2 135	—	915	含水率：6.0%～14.0%；横向静曲强度：平均值≥15 MPa，最小值≥12 MPa；表面胶合强度≥0.60 MPa
—	1 220	1 830	2 135	2 440	1 220	

细木工板具有质硬、吸声、隔热等特点，适用于隔墙、墙裙基层与造型层及家具制作。

（二）胶合板

胶合板是用原木旋切成薄片，再用胶粘剂按奇数层数，以各层纤维互相垂直的方向，黏合热压而成的人造板材。我国目前主要采用水曲柳、椴木、桦木、马尾松及部分进口原木制成。胶合板的最高层数为 15 层，建筑装饰工程常用的是三层板和五层板。

普通胶合板的分类、特性和适用范围如表 9-5 所示。

表 9-5　普通胶合板的分类、特性和适用范围

类别	相当于国外产品代号	使用胶料和产品性能	可使用场所	用途
Ⅰ类（NQF）耐气候、耐沸水胶合板	WPB	具有耐久、耐煮沸或蒸汽处理和抗菌等性能。用酚醛类树脂胶或其他性能相当的优质合成树脂胶制成	室外露天	用于航空、船舶、车厢、包装、混凝土模板、水利工程及其他要求耐水性、耐气候性好的地方
Ⅱ类（NS）耐水胶合板	WR	能在冷水中浸渍，能经受短时间热水浸渍，并具有抗菌性能，但不耐煮沸，用脲醛树脂或其他性能相当的胶合剂制成	室内	用于车厢、船舶、家具、建筑内装饰及包装
Ⅲ类（NC）耐潮胶合板	MR	能耐短期冷水浸渍，适于室内常态下使用。用低树脂含量的脲醛树脂、血胶或其他性能相当的胶合剂胶合制成	室内	用于家具、包装及一般建筑用途
Ⅳ类（BNS）不耐潮胶合板	INT	在室内常态下使用，具有一定的胶合强度。用豆胶或其他性能相当的胶合剂胶合制成	室内	主要用于包装及一般用途。茶叶箱需要用豆胶胶合板

注：WPB—耐沸水胶合板；WR—耐水性胶合板；MR—耐潮性胶合板；INT—不耐水性胶合板。

胶合板的特点是：材质均匀，强度高，无明显纤维饱和点存在，吸湿性小，不翘曲开裂，无疵病，幅面大，使用方便，装饰性好。胶合板广泛用作建筑室内隔墙板、护壁板、顶棚、门面板以及各种家具和装修。

（三）纤维板

纤维板是以木材加工中的零料碎屑（树皮、刨花、树枝）或其他植物纤维（稻草、麦秆、玉米秆）为主要原料，经粉碎、水解、打浆、铺膜成型、热压、等温等湿处理而成的，也称密度板。按纤维板的体积密度分为硬质纤维板（体积密度＞800 kg/ m³）、半硬质纤维板（体积密度为 500～800 kg/ m³）和软质纤维板（体积密度＜500 kg/ m³）；按表面分为一面光板和两面光板；按原料分为木材纤维板和非木材纤维板。

1．硬质纤维板

硬质纤维板的强度高、耐磨、不易变形，可用于墙壁、地面、家具等。硬质纤维板的幅面尺寸有 610 mm×1 220 mm、915 mm×1 830 mm、1 000 mm×2 000 mm、915 mm×2 135 mm、1 220 mm×1 830 mm、1 220 mm×2 440 mm，厚度为 2.50 mm、3.00 mm、3.20 mm、4.00 mm、5.00 mm。硬质纤维板按其物理力学性能和外观质量分为特级、一级、二级、三级四个等级。

2．半硬质纤维板

中密度纤维板按密度不同，分为 80 型、70 型、60 型三类；按外观质量和内结合强度指标分为特级、一级、二级三个等级；厚度规格为 6 mm、9 mm、12 mm、15 mm、18 mm 等。其产品质量检测一般可以从尺寸偏差、外观质量、物理力学性能和甲醛释放限量等四个方面来反映。

3．软质纤维板

软质纤维板的结构松软，体积密度小于 50 kg/ m³，故强度低，但吸声性和保温性好，主要用于吊顶等。

（四）刨花板

刨花板是采用木材加工中的刨花、碎片和木屑为原料，使用专用机械切断粉碎呈细丝状纤维，经烘干、施加胶料、拌和铺膜、预压成型，再通过高温、高压压制而成的一种人造板材。刨花板根据技术要求分为 A 类和 B 类，装饰工程中常使用 A 类刨花板。A 类分为优等品、一等品和二等品。幅面尺寸有 1 830 mm×915 mm、2 000 mm×1 000 mm、2 440 mm×1 220 mm、1 220 mm×1 220 mm，厚度为 4 mm、8 mm、10 mm、12 mm、14 mm、16 mm、19 mm、22 mm、25 mm、30 mm 等。刨花板根据生产工艺的不同分为平压板、挤压板和滚压板。

1．平压板

平压板是压制过程中所施加压力与板面垂直，刨花排列位置与板面平行制成的刨花板。按结构形式分为单层、三层和渐变，按用途不同可进行覆面、涂饰等二次加工，也可直接使用。

2．挤压板

挤压板是压制成型过程中所施加压力与板面平行制成的刨花板。按结构形式分为实心和管状空心两种，但均须经覆面加工后才能使用。

3．滚压板

滚压板是采用滚压工艺成型的刨花板，目前很少生产。刨花板板面平整、挺实，物理力学强度高，纵向和横向强度一致，隔声、防霉、经济、保温。刨花板由于内部为交叉错落的颗粒状结构，因此握钉力好，造价比中密度板便宜，并且甲醛含量比大芯板低得多，是最环保的人造板材之一。但是，不同产品间质量差异大，不易辨别，抗弯性和抗拉性较差，密度较低，容易松动。适用于地板、隔墙、墙裙等处装饰用基层（实铺）板。还可采用单板复面、塑料或纸贴面加工成装饰贴面刨花板，用于家具、装饰饰面板材。

（五）木丝板、木屑板

木丝板、木屑板是分别以刨花渣、短小废料刨制的木丝、木屑等为原料，经干燥后拌入胶凝材料，再经热压而制成的人造板材。所用胶凝材料可为合成树脂，也可为水泥、菱苦土等无机胶凝材料。

这类板材一般体积密度小，强度较低，主要用作绝热和吸声材料，也可作隔墙，也可代替龙骨使用，然后在其表面粘贴胶合板作饰面层，这样既增加了板材的强度，又使板材具有装饰性，用作吊顶、隔墙、家具等材料。

三、木装饰线条

木装饰线条简称木线，是选用质硬、结构细密、材质较好的木材，经过干燥处理后，再机械加工或手工加工而成。木线可油漆成各种色彩和木纹本色，又可进行对接、拼接，还可弯曲成各种弧线。木线在室内装饰中主要起着固定、连接、加强装饰饰面的作用。

木线种类繁多，主要有楼梯扶手、压边线、墙腰线、顶棚角线、弯线、挂镜线等。每类木线又有多种断面形状：平线、半圆线、麻花线、鸠尾形线、半圆饰、齿形饰、浮饰、贴附饰、钳齿饰、十字花饰、梅花饰、叶形饰等多样。各种木线的外形如图9-8所示，其品种及规格如表9-6所示。

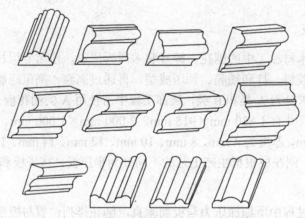

图9-8　木装饰线条外形

表9-6　常用木线条品种及规格

名称	规格/cm				
墙腰线	7.5×2.3	6×3.2	4.5×1.9	4×1.4	4×1.7
	8×1.8	4.5×2.5	5×1.7	4×1.3	3.5×1.8
	8.5×2.5	3.5×2	5.5×1.8	4.5×1.8	4×2
	5×1.9	8×1.2	4×1.5	5×2.1	3×1.5
	6.5×2	7.5×1.7	5×1.7	6×2.4	3.5×1.5
	6.5×1.5	5×1.8	4.5×1.5	4×1.9	3×1.5

（续表）

名称	规格/cm				
压边线	3×1.5 3.5×1.4 4.5×1.8	4×1.6 4×1.2 4×0.9	2.5×1.2 5×1.1 3.5×1.3	3×1.3 3.5×1 3×1.2	2.5×1.4 2×0.8
圆线	3×1.5 3.5×1.7	4×2 4.5×2.2	5×2.5 5.5×2.7	6×3	
门框线	4.5×1	5.2×1.2			
踢脚线	1.0×1.2				
挂镜线	4×2				
扶线	6.5×7.5				
外角线	4×4	3×3	3.5×3.5	2.5×2.5	
弯线	面弯大头向内线 企弯向内线	企弯向外线 外弯角线	内弯角线	山形弯线	面弯大头向外线

　　木线按材质不同可分为硬度杂木线、进口洋杂木线、白元木线、水曲柳木线、山樟木线、核桃木线、柚木线等；按功能可分为压边线、柱角线、压角线、墙角线、墙腰线、上楣线、覆盖线、封边线、镜框线等；按外形可分为半圆线、直角线、斜角线、指甲线等；从款式上可分为外凸式、内凹式、凹凸结合式、嵌槽式等。

　　木线在各种材质中有其独特的优点，因为它是选用木质细、不劈裂、切面光滑、加工性质好、油漆色性好、黏结性好、钉着力强的木材，经干燥处理后，用机械加工或手工加工而成的。同时，木线可油漆成各种色彩和木纹本色，又可进行对接、拼接，还可弯曲成各种弧线。木线具有表面光滑，棱角、棱边、弧面弧线垂直，轮廓分明，耐磨、耐腐蚀，不劈裂，上色性好、黏结性好等特点，在室内装饰中应用广泛，主要用作建筑物室内墙面的腰饰线，墙面洞口装饰线，护壁板和勒脚压条装饰线，门窗的镶边及家具的装饰等，采用木线装饰，可增添高雅、古朴、自然的美感。

第四节　木材的防腐及防火

　　木材有着显著的优点，同时缺点也很明显。其中最主要的两大缺点就是易腐和易燃。这两大缺点不仅影响木材的使用寿命，还关系到使用安全，因此，如建筑工程等需要应用到木材的领域，更应着重考虑木材的防腐和防火。

一、木材的腐朽与防腐

　　木材是一种再生周期漫长的自然资源，它是由无数微小的细胞组成的，细胞壁与细胞腔中还含有水分与空气。水分和空气是滋生菌类与害虫的温床。木材腐朽主要是由于细菌和真菌这两大类微生物侵害的结果。真菌对木材的破坏力和破坏速度要比细菌大得多。在一定的条件下，细菌和蛀虫才能危害木材，如果控制其生存或危害木材的条件，科学地保管木材，木材就可能不发生腐朽。

未经防腐处理的木材、木制品易受虫侵蚀并腐烂，在木材与土壤或与水接触时也许只能延续 1～4 年的寿命。因此，木材防腐有着重要的实际意义。其意义在于：改善木材使用性能，延长使用期限，以达到节约和合理使用木材的目的。经过防腐处理的木材不但外表美观，而且牢固、体重轻、加工性能好。真正的防腐木即使风吹雨淋，使用期限也可达到 30 年之久，将为全球每年节约 2.3 亿株树木，对全球环境保护和生态平衡具有非凡的意义。而且防腐木还是一种环保的建筑材料。因此全世界各国对木材防腐都高度重视。

（一）木材的腐朽

真菌是一种低等植物，引起木材变质腐朽的真菌分为霉菌、变色菌和腐朽菌三种，前两种真菌对木材质量影响较小，但腐朽菌影响很大。霉菌只寄生在木材的表面，使其表面发霉，对木材无破坏作用；变色菌以木材细胞内的成分（淀粉、糖类等）为养分，不破坏木材细胞壁，因此对木材的破坏作用也很小；腐朽菌则是寄生在木材的细胞壁中以细胞壁为养料，并且能分泌一种酵素，把细胞壁分解成简单的养料，供腐朽菌自身摄取，供其生长繁殖。从而致使细胞壁完全被破坏，使木材腐朽。但是真菌在木材中生存和繁殖必须具备三个条件，即适当的水分、适宜的温度和足够的空气。真菌侵害可以导致木材的腐朽。

1. 水分

一般来说，适宜真菌生存繁殖的含水率是 35%～50%。当木材的含水率达到这个数值时，即木材的含水率在纤维饱和点以上时易产生腐朽，当木材的含水率在 20%以下时不会发生腐朽。

2. 温度

25 ℃～35 ℃是真菌生存繁殖的适宜温度。当温度低于 5 ℃时，真菌停止繁殖，当温度高于 60 ℃时，则死亡。

3. 空气

真菌需要一定氧气的存在才能生存，在真空中真菌就会死亡。因此，完全浸入水中的木材，真菌就因缺氧而死亡，因此木材不易腐朽。

此外，木材还易受到白蚁和天牛等昆虫的蛀蚀，使木材形成很多孔眼或沟道，甚至蛀穴，破坏木质结构的完整性从而使其强度严重降低。

（二）木材的防腐

通常防止木材腐朽的措施有以下两种。

1. 破坏真菌生存的条件

破坏真菌生存条件是最常用且最直接的措施。常用的方法是使木制品、术结构和存储的木材保持通风的干燥状态，保证其含水率在 20%以下，并对木制品和木结构表面进行油漆处理。油漆处理是一种极好的破坏真菌生存条件的方法，它可以使木材与空气和水分隔绝，同时又美化了木结构和木制品。

2. 给木材注入防腐剂

木材的防腐处理是通过涂刷或浸渍等方式，将化学防腐剂注入木材内，化学品可提高其抵御腐蚀和虫害的能力，使木材成为对真菌有毒的物质，从而使其无法寄生，达到防腐要求。木材防腐剂的种类很多，一般分为水溶性防腐剂、油质防腐剂和膏状防腐剂三类。

（1）水溶性防腐剂多用于室内木结构的防腐处理，常用的品种有氯化锌、氟化钠、硅氟酸钠、氟砷铬合剂、硼酚合剂、铜铬合剂和硼铬合剂等。

（2）油质防腐剂颜色深、有恶臭味、有毒，常用于室外木材构件的防腐处理，常用的品种有煤焦油、混合防腐油和强化防腐油等。

（3）膏状防腐剂由粉状防腐剂、油质防腐剂、填料和胶结料（煤沥青、水玻璃等）按照一定比例配置而成，用于室外木结构防腐。

木材注入防腐剂的方法很多，通常有表面涂刷法、表面喷涂法、冷热槽浸透法、压力渗透法和常压浸渍法等。

表面涂刷法和表面喷涂法施工最为简单，但由于防腐剂不能渗入木材的内部，故防腐效果较差。冷热槽浸透法是将木材首先浸入 90 ℃的热防腐剂中数小时，再迅速移入冷防腐剂中，以获得更好的防腐效果。压力渗透法是将木材放入密闭罐中，抽部分真空，再将防腐剂加压充满罐中，经一定时间浸泡后，防腐剂可以充满木材内部，取得更好的防腐效果。常压浸渍法是将木材浸入防腐剂中一定时间后取出使用，使防腐剂渗入木材内一定深度，以提高木材的防腐能力。

目前，国际上通行的对木材进行防腐处理的主要方法是压力渗透法。经过压力处理后的木材，稳定性更强，防腐剂可以有效地防止霉菌、白蚁和昆虫对木材的侵害。从而使经过处理的木材具有在户外恶劣环境下长期使用的卓越的防腐性能。防腐处理程序并不改变木材的基本特征，相反可以提高恶劣使用条件下木建筑材料的使用寿命。

二、木材防腐处理

木材防腐处理方法如下。

（1）真空、高压浸渍这个过程是防腐处理的关键步骤。首先实现了将防腐剂打入木材内部的物理过程，同时完成了部分防腐剂有效成分与木材中淀粉、纤维素及糖分的化学反应过程，破坏了造成木材腐烂的细菌及虫类的生存环境。

（2）高温定性在高温下使防腐剂尽量均匀地渗透到木材内部，并继续完成防腐剂有效成分与木材中淀粉、纤维素及糖分的化学反应过程。从而进一步破坏造成木材腐烂的细菌及虫类的生存环境。

（3）自然风干。自然风干要求在木材的实际使用中进行。这个过程是为了适应户外专用木材由于环境变化造成的木材细胞结构的变化，使其在渐变的过程中最大限度地充分固定，从而避免木材在使用过程中发生改变。

（4）浸渍木含水率较高，在使用之前必须风干一段时间。储存的仓库应保持通风，以方便木材的干燥，必须待其出厂后 72 小时以上才能对浸渍木材实施再加工。

（5）加工与安装尽可能使用现有尺寸的浸渍木，建议在连接及安装时使用螺丝或热镀锌的钉子，且在连接时应预先钻孔，这样可以避免开裂，要用防水胶水。

三、木材燃烧及阻燃机理

（一）木材的燃烧机理

当木材遇 100 ℃高温时，木材中的水分开始蒸发；温度达 180 ℃时，可燃气体如一氧化碳、甲烷、甲醇以及高燃点的焦油等成分开始分解产生；随着温度升高，热分解加快，当温度达到 220 ℃以上时，即达到了木材的燃点。

此时，木材边燃烧边释放出大量的可燃气体，其中含有大量高能量的活化基，而活化基燃烧又会释放出新的活化基，形成一种链式燃烧反应，这种链式反应使得火焰迅速传播，于是火就会越烧越旺。

温度达到 250 ℃以上时，木材急剧进行热分解，可燃气体大量放出，就能在空气中氧的作用下着火燃烧；温度达到 400 ℃～500 ℃时，木材成分完全分解，木材由气相燃烧转为固相燃烧，燃烧更为炽烈。燃烧产生的温度最高可达 900 ℃～1 100 ℃。

（二）阻燃剂的阻燃机理

1. 抑制木材的热分解

这是阻止或延缓木材燃烧的最基本途径。实践证明，某些磷化合物可以降低木材的稳定性，使其在较低的温度下发生分解，从而减少可燃气体的生成，抑制气相燃烧，达到阻燃目的。

2. 阻滞热传递

设法阻滞木材燃烧过程中的热传递，也是阻止或延缓木材燃烧的有效途径之一。某些含有结晶水的盐类（含水硼化物、氧化铝和氢氧化镁等）遇热后，可吸收热量而放出水蒸气，从而可以减少热量传递，具有阻燃作用。

3. 形成覆盖层

卤化物遇热分解生成卤化氢，可以作为气体溶剂稀释可燃气体，还可以与活化基发生作用，切断燃烧链，阻止气相燃烧。另外，硼化物和磷酸盐等可以在高温下形成玻璃状覆盖层，以阻止木材的固相燃烧，同样也起到阻燃作用。

4. 常用的阻燃剂

常用的阻燃剂主要有以下几个。

（1）卤系阻燃剂：溴化铵和氯化铵等。

（2）硼系阻燃剂：硼砂和硼酸等。

（3）磷氮系阻燃剂：磷酸二氢铵和磷酸铵等。

（4）镁、铝氧化物或氢氧化物阻燃剂：氢氧化镁和含水氧化铝。

（三）木材防火的化学或物理措施

木材燃烧时，表层逐渐炭化形成导热性比木材低（为木材导热系数的 1/3～1/2）的炭化层。当炭化层达到足够的厚度并保持完整时，即成为绝热层，能有效地限制热量向内部传递的速度，使木材具有良好的耐燃烧性。利用木材的这一特性，再采取适当的化学或物理措施，使之与燃烧源或氧气隔绝，就完全可能使木材不燃、难燃或阻滞火焰的传播，从而取得阻燃效果。根据木材的燃烧机理以及阻燃机理，可以采取化学方法和物理方法阻止或延缓木材的燃烧。

1．木材防火的化学措施

化学方法主要是用化学药剂，即阻燃剂处理木材。阻燃剂的作用机理是在木材表面形成保护层，隔绝或稀释氧气供给；或使木材遇高温分解，放出大量不燃性气体或水蒸气，冲淡木材热解时释放出的可燃性气体；或阻滞木材温度升高，使其难以达到热解所需的温度；或提高木炭的形成能力，降低传热速度；或切断燃烧链，使火迅速熄灭。良好的阻燃剂安全、有效、持久而又经济。阻燃剂分为以下两类。

（1）阻燃浸注剂。用满细胞法注入木材。又可分为无机盐和有机两大类。无机盐类阻燃剂（包括单剂和复剂）主要有磷酸氢二铵、磷酸二氢铵、氯化铵、硫酸铵、磷酸、氯化锌、硼砂、硼酸、硼酸铵以及液体聚磷酸铵等。有机阻燃剂（包括聚合物和树脂型）主要有用甲醛、三聚氰胺、双氰胺和磷酸等成分制得的 HDP 阻燃剂，用尿素、双氰胺、甲醛和磷酸等成分制得的 UDFP 氨基树脂型阻燃剂等。此外，有机卤代烃一类自熄性阻燃剂也在发展中。

（2）阻燃涂料。喷涂在木材表面，也分为无机和有机两类。无机阻燃涂料主要分为硅酸盐类和非硅酸盐类。有机阻燃涂料主要分为膨胀型和非膨胀型。膨胀型包括四氯苯酐醇酸树脂防火漆及丙烯酸乳胶防火涂料等；非膨胀型包括过氯乙烯及氯苯酐醇酸树脂等。

2．木材防火的物理措施

物理方法指从木材结构上采取措施的一种方法，主要是改进结构设计，或增大构件断面尺寸以提高其耐燃性；或加强隔热措施，使木材不直接暴露于高温或火焰下。如用不燃性材料包覆或围护构件，设置防火墙在木框结构中加设挡火隔板，利用交叉结构堵截热空气循环和防止火焰通过，以阻止或延缓木材温度的升高等。

四、木材防火处理

（一）表面涂敷处理

表面涂敷，即在木材表面涂刷或喷淋阻燃物质，从而起到阻燃和防火的作用。该方法成本较低，简便易行，但对木材内部的防火则无能为力，并且成材不宜用阻燃剂进行处理。因为成材较厚，涂刷或喷淋只能在木材表面形成微薄的一层阻燃层，达不到应有的阻燃效果。如果处理单板，通过层积作用，使药剂保持量增加，能起到一定的阻燃作用。例如胶合板和单板层积材的阻燃处理，大多是先处理单板再处理层积材。近年来也有采用混入胶黏剂来达到阻燃目的。阻燃涂料有以下两种。

一种是密封性油漆。这是一种聚合物，耐燃性很强，它能隔断木材与火焰的直接接触，在木材表面形成密封保护层，但它不能阻止木材的温度上升。当木材细胞空隙中的空气被加热膨胀后会破坏漆膜，使其丧失阻燃作用。另外，漆膜在环境因素的作用下会老化，需定期维护才有效。

另一种是膨胀性油漆。这种油漆在木材着火之前很快燃烧，产生一种不燃性气体，而且气体很快膨胀，在木材表面形成保护层，使木材热分解形成的可燃气体难以被外部火源点燃，也就不能形成火焰燃烧，达到良好的阻燃效果。但这种油漆外观性能较差，而且必须经常维护，才能保持有效的阻燃作用。有的膨胀性油漆是以天然或人工合成的高分子聚合物为基料，添加发泡剂、助发泡剂和碳源等阻燃成分构成的，在火焰作用下可形成均匀而致密的蜂窝状或海绵状的泡沫层，这种泡沫层不仅有良好的隔氧作用，而且有较好的隔热效果。这种泡沫层疏软，可塑性强，经高温灼烧不易破裂。这种阻燃油漆造价高，用量少。

（二）深层溶液浸注处理

通过一定手段使阻燃剂或具有阻燃作用的物质，浸注到整个木材中或达到一定深度。该方法可分为常压和加压浸注两种，即浸渍法和浸注法。浸渍法适合于渗透性好的树种，而且要求木材应保持足够的含水率。无机复合材料就是利用这种方法，使具有阻燃作用的物质渗入到木材内，浸渍法的浸透深度一般可达几毫米。

浸注法是用来处理渗透性差的木材的，常用真空加压法注入。加压浸注的阻燃剂浸入量及深度均大于常压浸注。且阻燃效果好，因此，在对木材的防火要求较高的情况下，应采用加压浸注。要想让木材或木质装修材料达到比较高的防火等级，必须经过几道工序的处理，才能让它达到阻燃的效果。加压浸注的施工工序：首先，将木材放进处理罐中；其次，抽真空，保持1.333 kPa的压力；最后，20分钟左右，注入阻燃剂药液，升压至1.5 MPa并保持1～2小时。浸注法的注入深度因木材渗透性而异。但需注意的是，两种浸注方法在浸注处理前，都要尽量使木材达到充分干燥，并初步加工成型，以免在经过处理后再进行大量加工，破坏木料中已有的阻燃剂。另外，在配制木材阻燃剂时，应选用两种以上的成分复合使用，使其互相补充。

（三）贴面处理

贴面处理即在木材表面贴具有阻燃作用的材料。如无机物或金属薄板等非燃性材料，或者经阻燃处理的单板，或者在木材表面注入两层熔化了的金属液体，形成所谓的"金属化木材"。无机材料贴面板用得较多的是石膏镶板。一根15 cm×15 cm×230 cm的木柱，在10吨荷载下包贴1 cm厚石膏板，木材耐燃时间可增加0.5小时；包贴2 cm厚的石膏板可增加1小时。

本 章 小 结

本章主要介绍了木材的基础构造、木材的性质、木材装饰纸品及其应用，木材的防腐及防火。

1. 木材作为建筑装饰材料，具有许多优良性能，如轻质高强，即比强度高，有较高的弹性和韧性，耐冲击和振动；易于加工；保温性好；大部分木材都具有美丽的纹理，装饰性好等。但木材也有缺点，如内部结构不均匀，对电、热的传导极小，易随周围环境湿度变化而改变含水量，引起膨胀或收缩；易腐朽及虫蛀；易燃烧；天然疵病较多等。

2. 木地板是由硬木树种（如水曲柳、柞木、樱桃木等）和软木树种（如落叶松、杉木等）经加工处理而制成的木板面层。木地板可分为实木地板、实木复合地板、强化木地板、竹地板、软木地板等。

3. 木材不仅具有良好的物理和力学性能，而且还易于加工，被广泛用于建筑物室内地面、墙面、顶棚装饰，并可用做骨架材料。常用的木装饰制品有木地板、木饰面板和木装饰线条。

4. 木材燃烧时，表层逐渐炭化形成导热性比木材低（为木材导热系数的1/3～1/2）的炭化层。根据木材的燃烧机理以及阻燃机理，可以采取化学方法和物理方法阻止或延缓木材的燃烧。

复习思考题

1. 木材的宏观构造组成包括哪些?
2. 简述木材的物理性质和力学性能。
3. 简述木装饰制品及其应用。
4. 刨花板根据生产工艺的不同分为哪几种?
5. 防止木材腐朽的措施有哪两种?
6. 简述木材燃烧及阻燃机理。
7. 木材的防火处理方法有哪些?

第十章　建筑装饰塑料

【学习目标】

➤ 能够掌握建筑装饰塑料的特性和组成
➤ 能够掌握塑料门窗、地板、装饰板和壁纸的分类及特点

第一节　装饰塑料的基本知识

装饰塑料是指以合成树脂或天然树脂为主要原料，加入或不加入添加剂，在一定温度、压力下，经混炼、塑化、成型，且在常温下保持制品形状不变的材料。装饰塑料是指用于室内装饰装修工程的各种塑料及其制品。

一、塑料的组成

塑料由合成树脂、填充剂、增塑剂、着色剂、固化剂等组成。

（一）合成树脂

合成树脂按生成时化学反应的不同，可分为聚合（加聚）树脂（如聚氯乙烯、聚苯乙烯）和缩聚（缩合）树脂（如酚醛、环氧、聚酯等）；按受热时性能变化的不同，又可分为热塑性树脂和热固性树脂。由热塑性树脂制成的塑料称为热塑性塑料。热塑性树脂受热软化，温度升高逐渐熔融，冷却时重新硬化，这一过程可以反复进行，对其性能及外观均无重大影响。聚合树脂属于热塑性树脂，其耐热性较低，刚度较小，抗冲击性、韧性较好。

（二）填充剂

填充剂也称填剂，能增强塑料的性能，如纤维填充剂等的加入，也提高强度，石棉的加入可提高塑料的耐热性。云母的加入可提高塑料的电绝缘性等。

（三）增塑剂

具有低蒸气压的低分子量固体或液体有机化合物，主要为酯类和酮类，与树脂混合不发生化学反应。仅能提高混合物弹性、粘性、可塑性、延伸率，改进低温脆性和增加柔性、抗振性等。增塑剂能降低塑料制品的机械性能和耐热性等。

（四）着色剂

一般为有机染色和无机颜料。要求色泽鲜明，着色力强，分散性好，耐热耐晒，与塑料结

合牢靠。在成型加工温度下不变色、不起化学反应，不因加入着色剂而降低塑料性能。

（五）稳定剂

为了稳定塑料制品质量，延长使用寿命，而加入的稳定剂。常用的有硬脂酸盐、铅白、环氧化物。选择稳定剂一定要注意树脂的性质、加工条件和制品的用途等因素。

（1）染料。染料是溶解在溶液中，靠离子或化学反应作用产生着色的化学物质，实际上染料都是有机物，其色泽鲜艳，着色性好，但其耐碱、耐热性差，受紫外线作用后易分解褪色。

（2）颜料。颜料是基本不溶的微细粉末状物质。靠自身的光谱性吸收并反射特定的光谱而显色。塑料中所用的颜料，除具有优良的着色作用外，还可作为稳定剂和填充料，来提高塑料的性能，起到一剂多能的作用，在塑料制品中，常用的无机颜料有灰墨、镉黄等。

（六）润滑油

润滑油分内、外润滑油。内润滑油是减少内摩擦，增加加工时的流动性。外润滑油是为了脱模方便。

（七）固化剂

固化剂又称硬化剂，其作用是在聚化物中生成横跨键，使分子交联，由受热可塑的线型结构，变成体型的热稳定结构。不同的树脂的固化剂不同。

（八）抗静电剂

塑料制品电气性能优良，缺点是在加工和使用过程中由于摩擦而容易带有静电。掺加抗静电剂其根本作用是给予导电剂，就是使塑料表面形成连续性，以提高表面导电度，迅速放电，防止静电的积聚。注意要求电绝缘的塑料制品，不应进行防静电处理。

（九）其他添加剂

在塑料中加入金属微粒如银、铜等就可制成导电塑料。加入一些磁铁粉，就制成磁性塑料。加入特殊的化学发泡剂就可以制成泡沫塑料。掺入放射性物质与发光物质，可制成发光塑料（冷光）。加入香醇类可制成会发出香味的塑料。为了阻止塑料燃烧具有自熄性，还可加入阻燃剂。

二、塑料的分类

塑料的品种很多，分类方法也很多，通常按照树脂的合成方法及树脂在受热作用时的性质不同进行分类塑料的分类。根据建筑塑料使用及成型加工中的需要，有时还加入润滑剂、抗静电剂、发泡剂、阻燃剂及防霉剂等。

（一）按树脂在受热时所发生的变化不同分类

按树脂在受热时所发生的变化不同分类，塑料可分为热固性塑料和热塑性塑料两种。热固性塑料成型后不能再次加热，只能塑制一次，如酚醛塑料、脲醛塑料、有机硅塑料。热塑性塑料成型后可反复加热重新塑制，如聚氯乙烯、聚苯乙烯、聚酰胺。

（二）按胶树脂的合成方法分类

按胶树脂的合成方法分类，塑料可分为缩合物塑料和聚化物塑料两种。缩合物塑料。凡两个或两个以上不同分子化合时，释放出水或其他简单物质，生成一种和原来分子完全不同的生成物，称为缩合物，如：酚醛塑料、有机硅塑料、聚酯塑料。聚化物塑料。凡许多相同的分子连接而成的庞大的分子，并且基本组成不变的生成物，称为聚合物，如聚乙烯塑料、聚苯乙烯塑料、聚苯基丙烯酸甲脂塑料。

（三）按使用性能和用途分类

按使用性能和用途分类，塑料分为通用塑料和工程塑料。通用塑料指一般用途的塑料，用途广泛、产量大、价格较低，是建筑中应用较多的塑料。工程塑料是指具有较高机械强度和其他特殊性能的聚合物。

（四）按塑料的热性能分类

按热性能不同分类，塑料分为热塑性塑料和热固性塑料。两者在受热时所发生的变化不同，耐热性、强度、刚度也不同。

三、塑料的特性

塑料之所以在装饰装修中得到广泛的应用，是因为它具有如下优缺点，如图 10-1 所示。

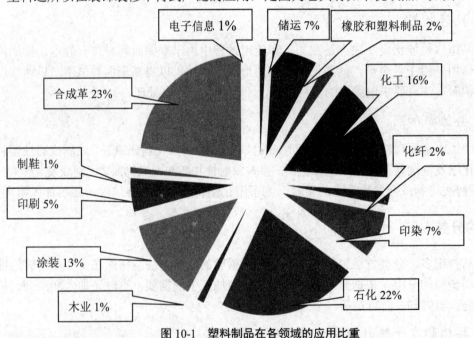

图 10-1　塑料制品在各领域的应用比重

（一）塑料的优点

塑料的优点主要有以下几个。

（1）加工性能好。塑料可以根据使用要求加工成多种形状的产品，且加工工艺简单，宜于机械化大规模生产。

（2）质轻。塑料的密度在 $0.8\sim2.2$ g/cm³ 之间，一般只有钢的 $1/3\sim1/4$，铝的 $1/2$，混凝土的 $1/3$，与木材相近。用于装饰装修工程，可以减轻施工强度和降低建筑物的自重。

（3）比强度大。塑料的比强度远高于水泥混凝土，接近甚至超过了钢材，属于一种轻质高强的材料。

（4）导热系数小。塑料的导热系数很小，约为金属的 $1/500\sim1/600$。泡沫塑料的导热系数只有 $0.02\sim0.046$ W/mk，约为金属的 $1/1\,500$，水泥混凝土的 $1/40$，普通粘土砖的 $1/20$，是理想的绝热材料。

（5）化学稳定性好。塑料对一般的酸、碱、盐及油脂有较好的耐腐蚀性，比金属材料和一些无机材料好得多。特别适合做化工厂的门窗、地面、墙体等。

（6）电绝缘性好。一般塑料都是电的不良导体，其电绝缘性可与陶瓷、橡胶媲美。

（7）性能设计性好。可通过改变配方、加工工艺，制成具有各种特殊性能的工程材料。如高强的碳纤维复合材料，隔音、保温复合板材，密封材料，防水材料等。

（8）富有装饰性。塑料可以制成透明的制品，也可制成各种颜色的制品，而且色泽美观、耐久，还可用先进的印刷、压花、电镀及烫金技术制成具有各种图案、花型和表面立体感、金属感的制品。

（9）有利于建筑工业化。许多建筑塑料制品或配件都可以在工厂生产，然后现场装配，可大大提高施工的效率。

（二）塑料的缺点

塑料的缺点主要有以下几个。

（1）易老化。塑料制品的老化是指制品在阳光、空气、热及环境中如酸、碱、盐等作用下，分子结构产生递变，增塑剂等组分挥发，化合键产生断裂，从而带来机械性能变坏，甚至发生硬脆、破坏等现象。通过配方和加工技术等的改进，塑料制品的使用寿命可以大大延长，例如塑料管至少可使用 $20\sim30$ 年，最高可达 50 年，比铸铁管使用寿命还长。

（2）易燃。塑料不仅可燃，而且在燃烧时发烟量大，甚至产生有毒气体。但通过改进配方，如加入阻燃剂，无机填料等，也可制成自熄、难燃的甚至不燃的产品。不过其防火性能仍比无机材料差，在使用中应予以注意。在建筑物某些容易蔓延火焰的部位可考虑不使用塑料制品。

（3）耐热性差。塑料一般都具有受热变形，甚至产生分解的问题，在使用中要注意其限制温度。

（4）刚度小。塑料是一种粘弹性材料，弹性模量低，只有钢材的 $1/10\sim1/20$，且在荷载的长期作用下易产生蠕变，即随着时间的延续变形增大。而且温度愈高，变形增大愈快。因此，用作承重结构应慎重。但塑料中的纤维增强等复合材料以及某些高性能的工程塑料，其强度大大提高，甚至可超过钢材。

四、塑料的应用

塑料在建筑中的应用十分广泛，几乎遍及每个角落，常用的建筑塑料在建筑中的用途如下。

（一）热塑性塑料

热塑性塑料主要包括以下几个。

（1）聚乙烯塑料（PE）。主要用于防水、防潮材料（管材、水箱、薄膜等）和绝缘材料及化工耐腐蚀材料等。

（2）聚氯乙烯塑料（PVC）。在建筑工程中可用于百叶窗、天窗、屋面采光板、水管和排水管等。

（3）聚苯乙烯塑料（PS）。在建筑中主要用来生产水箱、泡沫隔热材料、灯具、发光平顶板、各种零配件等。

（4）聚丙烯塑料（PP）。常用来生产管材、卫生洁具等。

（5）聚甲基丙烯酸甲酯（P mmA）（有机玻璃）。在建筑工程中可制作板材、管材、室内隔断等。

（二）热固性塑料

热固性塑料主要包括以下几个。

（1）酚醛塑料（PF）。酚醛塑料在建筑上主要用来生产各种层压板、玻璃钢制品、涂料和胶粘剂等。

（2）聚酯树脂。聚酯树脂是一种热固性塑料，常用来生产玻璃钢、涂料和聚酯装饰板等。

（3）线型聚酯。线型聚酯常用来拉制成纤维或制作绝缘薄膜材料、音像制品基材以及机械设备元件和某些精密铸件等。

（4）玻璃纤维增强塑料（俗称玻璃钢）。可同时作为结构和采光材料使用。

五、塑料的成型方法

塑料的成型方法主要有以下几个。

（一）模压成型

模压成型，又称压塑法，是制造热固性塑料主要成型方法之一，有时也用于热塑性塑料。它是把粉状、片状或粒状塑料置于金属模具中加热，在压机压力下充满模具成型。在压制中发生化学反应而固化，脱模即得产品。

（二）注射成型

注射成型，又称注塑，是热塑性塑料的主要成型方法之一。它是将塑料颗粒在注射机的料筒内加热熔化，以较高的压力和较快的速度注入闭合模具内成形。

（三）挤出成型

挤出成型，又称挤压或挤塑法。它是将原料在加压筒内软化后，借加压筒内螺旋杆的挤压，通过不同型孔或者连续地挤出不同形状的型材，如管、棒、条板等。

（四）延压成型

延压成型是将混炼出的片状塑料经辊压逐级延展压制成一定厚度的片材。

（五）层压成型

层压成型是制造增强塑料的主要方法之一。它是将层状填料如纸、布、木片等，在浸渍机内浸渍或涂胶机中涂覆热固性树脂溶液，经干燥后重叠一起或卷成棒材和管材，在层压机上加热加压，固化后成形。

（六）浇铸成型

浇铸成型，又称浇塑法。它是将热态的热固性树脂或热塑性树脂注入模型，在常压或低压下加热固化或冷却凝固而成形。

第二节 塑料门窗

塑料门窗是以聚氯乙烯、改性聚氯乙烯或其他树脂为主要原料，轻质碳酸钙为填料，添加适量助剂和改性剂，经双螺杆挤压机挤出成型形成各种截面的空腹门窗异型材，再根据不同的品种规格选用不同截面异型材组装而成。

一、塑料门窗的特点

塑料门窗线条清晰、挺拔，造型美观，表面光洁细腻，不但具有良好的装饰性，而且有良好的隔热性和密封性。其气密性为木窗的 3 倍，铝窗的 1.5 倍；热损耗为金属门的 0.1%，可节约暖气费 20%左右；其隔声效果亦比铝窗高 30 dB 以上。另外，塑料可不用油漆，节省施工时间及费用。

塑料本身又具有耐腐蚀和耐潮湿等性能，尤其适合化工建筑、地下工程、纺织工业、卫生间及浴室内部使用。

二、塑料门窗的品种

塑料门窗分为全塑门窗、塑料包覆门窗（以木料或金属为主体外包塑料）、复合门窗（一面为塑料，另一面为金属或木料）等。其中以优质 PVC 片材经真空吸塑机成型，浮雕图案再与木或金属真空贴合而成的塑钢雕花门、塑钢雕花木门、塑钢线条装饰系列镭射门、塑贴装饰门等，均具有防潮、耐腐蚀、不变形、阻燃及优异的装饰性能，因此被广泛应用。此外还有全塑折叠门、塑料（及铝塑）百叶窗等。

（一）改性全塑整体门

全塑整体门是以聚氯乙烯树脂为主要原料，配以一定量的抗老化剂、阻燃剂、增塑剂、稳定剂和内润滑剂等多种优良助剂，经机械加工而成的。全塑整体门的门扇是一个整体，在生产中采用一次成型工艺，摆脱了传统组装体的形式。其外观清雅华丽，装饰性强，可制成各种单一颜色，也可同时集三种颜色在一个门扇之上。改性全塑整体门质量坚固，耐冲击性强，结构严密，隔声、隔热性能均优于传统木门，且安装简便，省工省料，使用寿命长，是理想的以塑代木产品。适用于宾馆、饭店、医院、办公楼及民用建筑的内门，也适用于化工建筑的内门。

改性全塑整体门的使用温度在-20 ℃~50 ℃之间。

（二）改性聚氯乙烯塑料夹层门

改性聚氯乙烯塑料夹层门系采用聚氯乙烯塑料中空型材为骨架，内衬芯材，表面用聚氯乙烯装饰板复合而成，其门框由抗冲击聚氯乙烯中空异型材经热熔焊接加工拼装而成。改性聚氯乙烯塑料夹层门具有材质轻、刚度好、防霉、防蛀、耐腐蚀、不易燃、外形美观大方等优点，适用于住宅、学校、办公楼、宾馆的内门及地下工程和化工厂房的内门。

（三）改性聚氯乙烯内门

改性聚氯乙烯内门是以聚氯乙烯为主要原料，添加适量的助剂和改性剂，经挤出机挤出成各种截面的异型材，再根据不同的品种规格选用不同截面异型材组装而成。具有质轻、阻燃、隔热、隔声好、防湿、耐腐、色泽鲜艳、不需油漆、采光性好、装潢别致等优点。可取代木制门，常用于公共建筑、宾馆及民用住宅的内部。

（四）折叠式塑料异型组合屏风

折叠式塑料异型组合屏风是一种无增塑硬聚氯乙烯异型挤出制品，具有良好的耐腐蚀、耐候性、自熄性及轻质、强度高等特点。其表面可装饰花纹，既美观大方又节省油漆，易清洗，安装方便，使用灵活。适用于宾馆会客厅及房间的间隔装饰，也可用作一般公用建筑和民用住宅的室内隔断、浴帘及内门等。

（五）全塑折叠门

全塑折叠门和全塑整体门一样，全塑折叠门是以聚氯乙烯为主要原料配以一定量的防老化剂、阻燃剂、增塑剂、稳定剂等，经机械加工制成。全塑折叠门具有质量小，安装与使用方便，装饰效果豪华、高雅，推拉轨迹顺直，自身体积小而遮蔽面积大，以及适用于多种环境和场合等优点。特别适用于更衣间屏幕、浴室内门和用作大中型厅堂的临时隔断等。全塑折叠门的颜色可根据设计要求定制，如棕色仿木纹及各种印花图案。其附件主要是铝合金导轨及滑轮等。

（六）塑料百叶窗

塑料百叶窗采用硬质改性聚氯乙烯、玻璃纤维增强聚丙烯及尼龙等热塑性塑料加工而成。其品种有活动百叶窗和垂直百叶窗帘等，如垂直百叶窗帘片，就是印有各种颜色和花纹的聚酯薄片。传动系统采用丝杠及涡轮副机构，可以自动启闭及180°转角，实现灵活调节光照，使室内有光影交错的效果。

塑料百叶窗适用于工厂车间通风采光，人防工事、地下室坑道等湿度大的建筑工程；同时也适用于宾馆、饭店、影剧院、图书馆、科研计算中心、民用住宅等遮阳和通风。

（七）玻璃钢门窗

玻璃钢门窗是以合成树脂为基体材料，以玻璃纤维及其制品为增强材料，经一定成型加工工艺制作而成。其结构形式一般有实心窗、空腹窗及隔断门和走廊门扇等。

空腹薄壁玻璃钢窗由于刚度较好，不易变形，使用效果也较好，因此被广泛采用。它是以无碱无捻方格玻璃布为增强材料，以不饱和聚酯树脂为胶粘剂制成空腹薄壁玻璃钢型材，然后再加工拼装成窗。SMC 压制窗由于具有成本低、使用方便、生产效率高和制品表面光洁度好等优点，因而发展较快。

玻璃钢门窗与传统的钢门窗、木门窗相比，具有轻质、高强、耐久、耐热、绝缘、抗冻、成型简单等特点，其耐腐蚀性能更为突出。此类门窗除用于一般建筑之外，特别适用于湿度大、有腐蚀性介质的化工生产车间、火车车厢，以及各种冷库的保温门窗。

三、塑料门窗的性能

塑料门窗的性能主要有以下几个。

（一）密封性（气密、水密、隔音）

塑料门窗在组装过程中角部处理采用焊接工艺。另外，全部缝隙均采用橡胶条和毛条密封，因而水密、气密、隔声性能好，气密性可小于 0.5 m^3/ m.k，气密性大于 250 Pa，隔声性能大于 300 LB，均优于其他材质的门窗。

（二）节能性

门窗占建筑外围结构面积的 30%，其散热量约占 49%。因塑料型材为多腔式断面结构，自身具有良好的隔热保温性能，再加上所有缝隙由胶条、毛条密封，因而隔热保温效果显著。据测试，单玻钢、铝窗的传热系数为 6.4 w/ m^2k，单玻塑料窗的传热系数是 4.7 w/k 左右。普通双玻的钢、铝窗的传热系数是 3.7 w/ m^2k 左右，而双玻塑料窗传热系数约为 2.5 w/ m^2k。

（三）耐腐蚀性

塑料型材因其使用独特配方而具有良好的耐腐蚀性。塑料门窗不锈不朽，不需涂刷油涂料，对酸、碱、盐或其他化学介质的耐腐蚀性甚好，是其他材质的门窗所不能比拟的。

塑料门窗采用特殊配方，提高了其耐候性。经有关部门通过人工加速老化试验表明，塑窗可长期使用于温度变化较大的环境中。

（四）装饰性

塑料型材的配方及挤出方式的多种多样，利用表面印花、贴膜和双色共挤等工艺，可获得多种塑料型材外观，因而使得塑料门窗具有良好的装饰效果。

（五）抗风压性能

关闭着的外门窗在风压作用下，不发生损坏和功能障碍的能力。

（六）水密性

关闭着的外门窗在风雨同时作用下，阻止雨水渗漏的能力。

（七）气密性能

关闭着的外门窗阻止空气渗透的能力。

（八）单位缝长空气渗透量

外门窗在标准状态下，单位时间通过单位缝长的空气量，单位为 m^3/ m·h。

（九）保温性能

在门或窗户两侧存在空气温差条件下，门或窗户阻扰从高温一侧向低温一侧传热的能力。门或窗户保温性能用其传热系数或传热阻表示。

（十）传热系数

在稳定传热条件下，门或窗户两侧空气温差为 1 K（绝对温度），单位时间内，通过单位面积的传热量以 $W/m^2 \cdot K$ 计。

四、塑料门窗的保养

塑料门窗的保养方法如下。

（1）应定期对门窗上的灰尘进行清洗，保持门窗及玻璃、五金件的清洁和光亮。

（2）如果门窗上污染了油渍等难以清洗的东西，可以用洁尔亮擦洗，而最好不要用强酸或强碱溶液进行清洗，这样不仅容易使型材表面光洁度受损，也会破坏五金件表面的保护膜和氧化层而引起五金件的锈蚀，特别是有些客户在用硫酸清洗墙面时，千万注意不要让门窗受污染。

（3）应及时清理框内侧颗粒状等杂物，以免其堵塞排水通道而发生排水不畅和漏水现象。

（4）在开启门窗时，力度要适中，尽量保持开启和关闭时速度均匀。

（5）尽量避免用坚硬的物体撞击门窗或划伤型材表面。

（6）在发现门窗在使用过程中有开启不灵活或其他异常情况时，应及时查找原因，如果客户不能排除故障时，可与门窗生产厂家和供应商联系，以便故障能得到及时排除。

第三节　塑料地板

塑料地板，即用塑料材料铺设的地板。

一、塑料地板的类别

塑料地板按其使用状态可分为块材（或地板砖）和卷材（或地板革）两种。

地板砖的主要优点：在使用过程中，如出现局部破损，可局部更换而不影响整个地面的外观。但接缝较多，施工速度较慢。地板革的主要优点：铺设速度快，接缝少。对于较厚的卷材，可不用粘合剂而直接铺在基层上。但局部破损修复不便，全部更换又浪费大量材料。

（1）按所用的树脂可分为聚氯乙烯（PVC）塑料地板、聚丙烯树脂塑料地板、氯化聚乙烯树脂塑料地板。目前，国内普遍采用的是 PVC 塑料地板，第二、第三类塑料地板较少生产。

（2）按生产工艺可分为压延法、热压法、注射法。我国塑料地板的生产大部分采用压延法。采用热压法生产的较少，注射法则更少。

（3）按其外形可分为块材地板和卷材地板。按其结构特点又可分为单色地板、透底花纹地板和印花压花地板。

（4）塑料地板按其材质可分为硬质、半硬质和软质（弹性）三种。软质地板多为卷材，硬质地板多为块材。

（5）塑料地板按其色彩可分为单色和复色两种。单色地板一般用新法生产，价格略高些，约有 10～15 种颜色。

（6）塑料地板按其基本原料可分为聚氯乙烯（PVC）塑料、聚乙烯（PE）塑料和聚丙烯（PP）塑料等数种。由于 PVC 具有较好的耐燃性和自熄性，加上它的性能可以通过改变增塑剂和填充剂的加入量来变化，所以，目前 PVC 塑料地板使用面最广。

二、塑料地板的性能要求以及特性

（一）塑料地板的性能要求

塑料地板的性能要求主要包括外观质量、脚感舒适、耐水性及其他性能。

（1）外观质量。这包括颜色、花纹、关泽、平整度和开裂等状态。一般在 60 cm 的距离外，目测不可有凹凸不平、关泽和色调不匀、裂痕等现象。

（2）脚感舒适。这要求塑料地板能在长期荷载或疲劳荷载下保持较好的弹性回复率。地面带有弹性，行走感到柔软和舒适。

（3）耐水性。耐冲洗，遇水不变形、失光、褪色等。

（4）尺寸稳定性。对块材地板的尺寸大小有严格的要求。

（5）质量稳定性。控制塑料中低分子挥发物能力。因为挥发不仅影响地板质量，而且对人体健康也有影响。质量稳定性是在试件在 100 ℃±3 ℃的恒温鼓风烘箱内 6 小时的失重控制在 0.5%以下为合格。

（6）耐磨耗性。耐磨耗性是地板的重要性能指标之一。人流量大的环境，必须选择耐磨性优良的材料。目前，耐磨性的技术指标一般以直径 110 mm 的试件在旋转式泰伯磨耗仪上的磨耗失重在 0.5 g/1 000 r 以下和磨耗体积在 0.2 cm³/1 000 r 以下为合格。

（7）耐刻划性。表面刻划性试验时用不同硬度的铅笔，在硬度刻划机中对试件表面做试验，要求达到 4 小时以上。

（8）阻燃性。塑料在空气中加热容易燃烧、发烟、熔融滴落，甚至产生有毒气体。如聚氯乙烯塑料地板虽具有阻燃性，但一旦燃烧，会分解出氯化氢气体和浓烟，危害人体。从消防的要求出发，应选用阻燃、自熄性塑料地板。

（9）耐腐蚀性和耐污染性。质量差的地板遇化学药品会出现斑点、气泡，受污染时会褪色、失去光泽等，所以使用时必须谨慎选择。

（10）耐久性及其他性能。在大气的作用下，塑料地板可能会出现失光、变少、龟裂及破损等老化现象。耐久性必须通过长期使用观测，如人工老化加速试验、碳弧灯紫外光照射试验等方法，从白度值的变化和机械强度的衰减来对比和选择。其他性能，如抗冲击、防滑、导热、抗静电、绝缘等性能也要好。

（二）塑料地板的特性

1. 塑料地板的特点

以高分子化合物（树脂为主要原料）所制成的地板覆盖材料称为塑料地板，具有以下特点。

（1）价格适度。与地毯、木质地板，石材和陶瓷地面材料相比，其价格相对便宜。

（2）装饰效果好。其品种、花样、图案、色彩、质地、形状的多样化，能满足不同人群的爱好和各种用途的需要，如模仿天然材料，十分逼真。

（3）兼具多种功能。足感舒适，有暖感，能隔热、隔音、隔潮。

（4）施工铺设方便。消费者可亲自参与整体构思，选材和铺设。

（5）易于保养。易擦，易洗，易干，耐磨性好，使用寿命长。

问题：某高层办公楼进行装修改造，主要施工项目有：吊顶、地面（石材、地砖、木地板、塑料）、门窗安装，墙面（墙纸、乳胶漆）；卫生间墙面为瓷砖，吊顶、墙面、门窗安装都已施工完成，现进行到地面的铺设工程。实木复合地板和塑料地板各具有什么特性？

答：（1）实木复合地板的特性有：充分利用珍贵木材做面层材料，保留了实木地板的优点，装饰效果好，多层复合结构材质均匀不易翘曲、开裂。既适合普通地面铺设，又适合地热采暖地板铺设。避免了天然木材的疵病，全部工序工厂完成，安装简便、工期缩短、减少施工现场环境污染。

（2）塑料地板的特性有：轻质、耐磨、防滑、耐腐、可自熄等特性，发泡塑料地板还具有优良的弹性，脚感舒适耐水，易于清洁等特点。塑料地板还具有花色品种多，规格多，造价低，施工方便等特点。

2. 塑料地板的优点

塑料地板的优点主要有以下几个。

（1）防水防滑：表面为高密度特殊结构，仿真木纹/大理石纹/地毯纹/花岗岩等纹路，遇水愈涩、不滑，家居铺装可解除老年人及儿童的安全顾虑。其特性是石材、瓷砖等无法比拟的。

（2）超强耐磨：地面材料的耐磨程度，取决于表面耐磨层的材质与厚度，并非单看其地砖的总厚度。PVC 地板表面覆盖 0.2～0.8 mm 厚度高分子特殊材质、耐磨程度高，为同类产品中使用寿命最长的。

（3）质轻：施工后之重量，比木地板施工后重量轻 10 倍，比瓷砖施工后重量轻 20 倍，比石材施工后重量轻 25 倍，最适合三层以上之高建筑物、办公大楼等使用。减低其大楼的承重量，安全有保证，且搬运方便。

（4）施工方便：无需水泥沙子，不需要兴木动土，专用胶浆铺贴、快速简便。产品花样繁多，有版岩、碎石、大理石及木纹等多种系列，自由拼配、省时省力，一次即可完成。

（5）柔韧性好：特殊的弹性结构、抗冲击、脚感合适、为家人提供日常生活的最高保证。

（6）导热保暖性好：导热只需几分钟，散热均匀，绝无石材、瓷砖的冰冷感觉，冬天光着脚亦不怕。

（7）保养方便：平常用清水擦洗即可，遇有污渍，用橡皮擦或稀料擦试，即可干净。

（8）绿色环保：无毒无害、对人体、环境绝无副作用，且不含放射性元素，为最佳的地面建材。

（9）防火阻燃：通过防火测试，离开火源即自动熄灭，生命安全有保障。

（10）耐酸碱：通过各项专业指示测试。防潮、防虫蛀、不怕腐蚀。

三、塑料地板的选购

（一）塑料地板的选购标准

1. 塑料地板的分类

第一类是块材地板。大部分为半硬质地板，质量可靠，颜色有单色或拉花两个品种，其厚度为 1.5 mm 或大于 1.5 mm，属于低档地板，可以解决混凝土地面冷、硬、灰、潮、响的缺点，使环境能得到一定程度的美化。

第二类是软质卷材地板。目前市场的软质印花卷材地板大部分只有 0.8 mm 厚，它解决不了"冷、硬、响"的问题，还由于强度低，使用一段时间后，绝大部分会发生起鼓现象及边角破裂现象。

第三类是弹性卷材地板。弹性地板是指地板在外力作用下发生变形，当外力解除后，能完全恢复到变形前形状的地板。该地板使用寿命长达 30～50 年，具有卓越的耐磨性、耐污性和防滑性，富有弹性的足感令行走十分舒适。弹性地板因其优越的特性而倍受用户青睐，它们被广泛应用于医院、学校、写字楼、商场、交通、工业、家居、体育馆等场所。

2. 塑料地板的类型

A 型产品为通用型，是由表面耐磨层、装饰发泡层和浸渍层三层结构组成，主要适用于卧室；B 型产品为防卷翘型，它在 A 型的基础上增加了一层紧密背衬，主要适用于卧室、起居室；C 型产品具有机械发泡背衬的四层结构产品，比 A、B 型更耐磨，且有隔音性能，主要适用于起居室和公共场所；D 型产品为舒适、隔音型，有近似织物地毯的舒适脚感，适用于儿童场所、高级客房等需要舒适隔音的房间；E 型为防潮、防霉的薄型产品，适用于卫生间和厨房的地面及墙壁；F 型产品为高强度、高载重、高耐磨型，适用于高人流的公共场所。

（二）塑料地板选购注意事项

1. 看环保

对强化木地板而言，地板环保的最主要标准在于甲醛释放量。对甲醛释放量标准的限定上，地板行业的环保总共经历了 E1、E0、FCF 三次技术革命。

在较早阶段，人造板的甲醛释放量标准为 E2 级（甲醛释放量≤30 mg/100g），其甲醛释放限量很宽松，即使是符合这个标准的产品，其甲醛含量也可能要超过 E1 级人造板的三倍多，严重危害人体健康，所以绝对不能用于家庭装饰装修。于是有了第一次环保革命，在这次环保革命中，地板行业推行 E1 级环保标准，即甲醛释放量为≤1.5 mg/L，虽然对人体基本上不构成威胁，但地板中仍残留着许多游离甲醛。

地板行业第二次环保革命推出了 E0 级环保标准，使地板甲醛释放量降低到了 0.5 mg/L。

FCF 第三代环保健康标准，使地板甲醛释放量降到了几乎不可再降的水准。经过国家环保产品质量监督检验中心、国家人造板检测中心检测：通过"FCF 猎醛因子"处理后的地板甲醛释放量仅仅为 0.1 mg/L，远远优于 E0 级甲醛释放限量的标准，使地板真正成为了对人体无危害的产品。

2. 看品质

好地板要选择好材料，好材料要天然、密度高而适中。

3．看服务

服务关系到产品质量的保证，也是企业形象的表现

地板产品在安装不久后出现一些变形、起翘、开裂的现象，很多是由于安装不当造成的。因此服务是否专业化，也影响到产品性能的发挥。现在地板安装流行无尘安装，家装中粉尘污染不可小觑，如在地板安装工程中，就难免会出现木屑及粉尘，飘浮在空气中，其危害同样是长期而严重的。搬进新房的人们常会得一种"新居综合症"的怪病，例如每天清晨起床时，感到憋闷、恶心，甚至头晕目眩；容易感冒；经常感到嗓子不舒服，呼吸不畅，时间长了易头晕、疲劳等。这是因为呼吸道受到了感染，而最大的诱因就是长期悬浮在空中的粉尘侵扰。为了避免粉尘污染，最好选择无尘安装。

4．看品牌

品牌的含义决不止于企业的知名度。一个成熟且又成功的品牌，最后拥有的并不是强势和知名度，而是与消费者形成牢固的心理联系。

一个得到大家认可的品牌是通过企业、产品与消费者之间长期的互动而建立起来的，它是时间的积累、企业的切实行动、产品与服务的不断提升等诸多因素在消费者心目中培养出来的。企业品牌是企业的一种承诺，一种态度，对消费者来说，是一种保障。因此，消费者选择产品时最好选择大品牌，以得到质量、服务等多方面更好的保障。

第四节　塑料装饰板

塑料装饰板是以树脂材料为基料或浸渍材料经一定工艺制成的具有装饰功能的板材。

一、塑料贴面装饰板

塑料贴面装饰板是一种用于贴面的硬质薄板，具有耐磨、耐热、耐寒、耐溶剂、耐污染、耐腐蚀、抗静电等特点。板面光滑、洁净。印有仿真的各种花纹图案，色调丰富多彩，有高光和亚光之分。质地牢固，表面硬度大，易清洁，使用寿命长，装饰效果好。该类装饰板是一种较好的防火装饰贴面材料。

塑料贴面装饰板可用白胶、立时得等胶粘剂贴于木材面、木墙裙、木格栅、木造型体等木质基层表面，各种橱柜、家具表面、柱子、吊顶等部位的饰面，可以粘贴在各种人造木质板材表面，均能获得较好的装饰效果，为中、高档饰面材料。

二、聚氯乙烯装饰板（PVC 板）

聚氯乙烯装饰板是以 PVC 树脂为基料，加入稳定剂、填料、着色剂、润滑剂等，经捏合、混炼、拉片、切料、挤压或压铸而成。根据增塑剂配量的不同，聚氯乙烯装饰板分为软、硬两种产品。

（1）硬质 PVC 板表面光滑、色泽鲜艳，防水耐腐，化学稳定性好，介电性良好，强度较高，耐用性、抗老化性能好，易熔接黏合，使用温度较低（不超过 60 ℃），线膨胀系数大，加

工成形性好，易于施工。透明 PVC 平板和波形板还具有透光率高的特点，如 3 mm 透明 U－PVC 板透光率为 86%。硬质 PVC 板用于卫生间、浴室、厨房吊顶、内墙罩面板、护墙板。波形板用于外墙装饰。透明平板波形板可用作采光顶棚、采光屋面、高速公路隔声墙、室内隔断、防振玻璃、广告牌、灯箱、橱窗等。

（2）软质 PVC 板适用于建筑物内墙面、吊顶、家具台面的装饰和铺设。

三、聚乙烯塑料装饰板（PE 塑料装饰板）

以聚乙烯树脂为基料加入其他材料及助剂，经捏合、混炼、造粒、挤压定形而成的装饰板材称为聚乙烯塑料装饰板。其表面光洁、高雅华丽、绝缘、隔声、防水、阻燃、耐腐蚀。主要适用于家庭、宾馆、会议室及商店等建筑物的墙面装饰。

四、波音装饰软片

波音装饰软片是用云母珍珠粉及 PVC 为主要原料，经特殊精制加工而成的装饰材料。波音装饰软片的主要特点如下。

（1）色泽艳丽、色彩丰富、华丽美观、经久耐用且不褪色。

（2）具有较好的弯曲性能，可承受各种弯曲。

（3）耐冲击性好，为木材的 40 倍，耐磨性优越。

（4）耐温性好，在 20 ℃～70 ℃温度范围内，尺寸稳定性极佳。

（5）抗酸碱，耐腐蚀性能好，具有耐一般稀释剂、化学药品腐蚀的能力。

（6）耐污性好，对于咖啡、油、酱油、醋、墨迹等污染易清洁不留痕迹。

（7）具有良好的阻燃性能。

波音装饰软片适用于各种壁材、石膏板、人造板、金属板等基材上的粘贴装饰。

五、有机玻璃板

有机玻璃板简称有机玻璃，它是一种具有极好透光性的热塑性塑料，有各种颜色。透光率较好，机械强度较高，耐热性、耐寒性及耐候性较好，耐腐蚀及绝缘性能良好，在一定条件下尺寸稳定，并容易加工成形。缺点是质地较脆，易溶于有机溶剂中。

有机玻璃板是室内高级装饰材料，用于门窗、玻璃指示灯罩及装饰灯罩、隔板、隔断、吸顶灯具、采光罩、淋浴房等。

六、玻璃卡普隆板

玻璃卡普隆板分为中空板（蜂窝板）、实心板和波纹板三大系列。

玻璃卡普隆板质量小，透光性好、透光率达到 88%，属良好采光材料，安全性、耐候性、弯曲性能好，可热弯、冷弯，抗紫外线，安装方便，阻燃性良好，不产生有毒气体。中空板有保温、绝热、消声的效果。

玻璃卡普隆板主要用于办公楼、商场、娱乐中心及大型公共设施的采光顶，车站、停车站、凉亭等居所雨篷，也可作为飞机场、工厂的安全采光材料，室内游泳池、农业养殖业的天幕、隔断、淋浴房、广告牌等。

七、千思板

千思板是环保绿色建材，由热固性树脂与植物纤维混合而成，面层由特殊树脂经 EBC 双电子束曲线加工而成。抗冲击性极高，易清洁，防潮湿，稳定性和耐用性可与硬木相媲美。抗紫外线，阻燃，耐化学腐蚀性强，装饰效果好，加工安装容易，使用寿命长，符合环保要求。此外，千思板还具有防静电特点。

千思板适用于计算机房内墙装修，各种化学、物理及生物实验室墙面板、台板等要求很高的场所。

第五节　塑　料　壁　纸

塑料壁纸包括涂塑壁纸和压塑壁纸。涂塑壁纸是以木浆原纸为基层，涂布氯乙烯－醋酸乙烯共聚乳液与钛白、瓷土、颜料、助剂等配成的乳胶涂料烘干后再印花而成。聚氯乙烯塑料壁纸是聚氯乙烯树脂与增塑剂、稳定剂、颜料、填料经混练、压延成薄膜，然后与纸基热压复合，再印花、压纹而成。两种均具有耐擦洗、透气好的特点。

塑料壁纸有一定的伸缩性和耐压强度，裱糊时允许基层结构有一定程度的裂缝；花色图案丰富，有凹凸花纹，富有质感及艺术感，装饰效果好；强度高，可以承受一定的拉拽，施工简单，易于粘贴，易于更换；表面不吸水，可用抹布擦洗。

一、塑料壁纸的分类

胶面的壁纸，一般统称为塑料壁纸。以纸为基层，以聚氯乙烯塑料薄膜为面层，经复合、印花、压花等工艺制成。塑料壁纸大致可分为三大类，即普通壁纸（亦称纸基塑料壁纸）、发泡壁纸和特种壁纸。每一类壁纸有三至四个品种，每一品种又有若干种花色。

（一）普通壁纸

普通壁纸是以 $80 \ g/m^2$ 的纸作基材，涂塑 $100 \ g/m^2$ 左右的聚氯乙烯糊状树脂，经印花、压花而成。这种壁纸花色品种多，适用面广，价格低，生产量大，使用最为普遍。

普通壁纸有单色压花壁纸、印花压花壁纸、有光印花壁纸和平光印花壁纸等品种。

（二）发泡壁纸

发泡壁纸是以 $100 \ g/m^2$ 的纸作基材，涂塑 $300\sim400 \ g/m^2$ 的掺有发泡剂的 PVC 糊状剂，印花后再加热发泡而成。

发泡壁纸有高发泡印花壁纸、低发泡印花壁纸、低发泡印花压花壁纸等品种。

（1）高发泡印花壁纸。高发泡印花壁纸发泡倍率大，表面呈现富有弹性的凹凸花纹，是一种集装饰、吸声于一体的多功能壁纸，常用于顶棚饰面。

（2）低发泡印花壁纸。低发泡印花壁纸是在发泡平面上印有图案的、装饰效果非常好的一种壁纸。图案形式多种多样。

（3）低发泡印花压花壁纸。低发泡印花压花壁纸是用有不同抑制发泡作用的油墨印花后再发泡，使表面形成具有不同色彩的凹凸花纹图案，也叫化学浮雕。该品种还有仿木纹、拼花、仿瓷砖等花色图案，图样真，立体感强，装饰效果好，并富有弹性。

（三）特种壁纸

特种壁纸是指具有一种或几种特殊功能的壁纸。国内特种壁纸有耐水壁纸、植绒壁纸、防火壁纸、自粘型壁纸、金属壁纸、风景画壁纸、彩色砂粒壁纸等。

1．耐水壁纸

耐水壁纸不怕水冲、水洗，适用于裱糊有防水要求的部位，如卫生间、盥洗室墙面等。

2．防火壁纸

有防火特殊要求的房间，要求所使用的壁纸具有一定的防火功能，常选用 $100\sim200g/m^2$ 的石棉纸作基材，并在 PVC 涂塑材料中掺有阻燃剂，使壁纸具有一定的阻燃防火功能。也有的在普通塑料壁纸的生产中，于 PVC 浆糊中掺加一定量的阻燃剂，使壁纸具有一定的阻燃能力，虽然可以炭化，但不发生明火。防火壁纸有两种防火处理形式：其一，将基材表面层均做防火处理；其二，在 PVC 浆糊中掺加一定用量的阻燃剂。

3．植绒壁纸

植绒壁纸是用静电植绒的方法将合成纤维短绒粘在纸基上。植绒壁纸有丝绒布的质感和手感，不反光，有一定的吸声性，无气味，不褪色。其缺点是不耐湿、不耐脏、不能擦洗，一般不在大面积的装饰面上使用，常用于点缀性的装饰面上。植绒壁纸的常用规格为：幅宽 $900\sim1\,200\,mm$，30 m 为一卷。

4．自粘型壁纸

为了便于粘贴，可选用自粘型壁纸，使用时将壁纸背面的保护层撕掉即可粘于基层。

5．金属壁纸

金属壁纸是一种类似金属板镜面的壁纸。常用的有金色、银白色、古铜色等，并印有多种图案可供选择。这种金属壁纸常用于酒店的墙面及顶棚、柱面等部位，有时局部用在墙面上。

6．风景画壁纸

风景画壁纸是指塑料壁纸面层印有风景画或将名人的作品印在表面，用几幅拼装而成。这种风景画壁纸往往将一幅作品分成若干小幅，按拼贴顺序排上号码，裱糊时只需按顺序裱贴即可。多用在厅、堂的墙面，看上去好似一幅完整的艺术作品。

7．彩色砂粒壁纸

彩色砂粒壁纸是在基材表面上撒布彩色砂粒，再喷涂胶粘剂，使表面具有砂粒毛面质感。

二、塑料壁纸的规格

塑料壁纸的包装一般用收缩性的塑料薄膜将成卷的壁纸包住，其规格主要是根据壁纸幅宽的大小及一卷的长度划分为小卷、中卷和大卷三个档次。

（一）小卷塑料壁纸

小卷壁纸幅宽 530～600 mm，长 10～12 m，每卷 5～6 m²，质量 1.0～1.5 kg。小卷壁纸在施工方面，适合于家庭自己装饰，操作灵活，比较适合民居使用。

（二）中卷塑料壁纸

中卷壁纸幅宽为 760～900 mm，长 25～50 m，每卷 20～45 m²。中卷裱贴效率高，拼缝少，适合于专业装饰从事大面积的裱糊作业。

（三）大卷塑料壁纸

大卷壁纸幅宽 920～1 200 mm，长 50 m，每卷 46～90 m²。适合于大面积裱糊，拼缝少，效率高，适合于装饰公司裱糊施工。

三、塑料壁纸的技术要求

塑料壁纸的技术要求主要有以下几个。

（1）塑料墙纸的外观，一般不允许有色差、折印、明显的污点。印花墙纸的套色偏差不能大于 1 mm，不允许有漏印，压花墙纸的压花应达到规定深度，不允许有光面。

（2）褪色性试验。将墙纸试样放在老化试验机内，经碳棒光照 20 小时后不应有褪、变色现象。

（3）耐摩擦性。将墙纸用干的白布在摩擦机上干磨 25 次，用湿的白布湿磨 2 次后不应有明显的掉色，即白色布上不应沾色。

（4）湿强度。首先，将墙纸放入水中浸泡 5 分钟后取出；其次，滤纸吸干；最后，测定抗拉强度大于 2.0 N/15 m。

（5）粘贴墙纸的黏结剂附在墙纸正面，在黏结剂未干时，有可能用湿布或海绵擦去而不留下明显痕迹。

本 章 小 结

本章主要介绍了塑料的概述、塑料门窗、塑料地板、塑料装饰板和塑料壁纸。

1. 塑料是由合成树脂、填料、增塑剂、硬化剂、稳定剂、着色剂及其他助剂组成，其中合成树脂决定塑料的主要性能和用途。与传统建筑材料相比，塑料有很多优点，如比强度大、加工性能好、可设计性强、导热性低、装饰可用性高等，但也有不足之处，如弹性模量小、刚度小、变形大、易老化、易燃、热伸缩性大等。

2. 塑料门窗是以聚氯乙烯、改性聚氯乙烯或其他树脂为主要原料，轻质碳酸钙为填料，添加适量助剂和改性剂，经双螺杆挤压机挤出成型形成各种截面的空腹门窗异型材，再根据不同的品种规格选用不同截面异型材组装而成。

3. 塑料地板按其使用状态可分为块材（或地板砖）和卷材（或地板革）两种。塑料地板的性能要求包括外观质量、脚感舒适、耐水性及其他性能。

4. 塑料装饰板材是以树脂材料为基料或浸渍材料经一定工艺制成的具有装饰功能的板材，常见的塑料装饰板材有塑料贴面装饰板、聚氯乙烯装饰板、聚乙烯塑料装饰板、波音装饰软片、有机玻璃板、玻璃卡普隆板和千思板。

5. 塑料壁纸以纸为基层，以聚氯乙烯塑料薄膜为面层，经复合、印花、压花等工艺制成，大致可分为普通壁纸、发泡壁纸和特种壁纸三类。

复习思考题

1. 塑料的主要组成有哪些，各起什么作用？
2. 简述塑料的分类和特性。
3. 塑料门窗有哪些特点，常见的塑料门窗品种有哪些？
4. 简述塑料门窗的性能和保养方法。
5. 塑料地板有哪些品种，主要性能指标是什么？
6. 如何选购塑料地板？
7. 常用的塑料装饰板有哪些？
8. 简述塑料壁纸的分类、规格和技术要求。

第十一章 建筑装饰织物

【学习目标】

➢ 能够掌握墙面装饰织物和墙纸的分类和功能
➢ 能够掌握不同种类地毯的特性
➢ 能够了解窗帘帷幔的品种、选择和功能

第一节 墙面装饰

采用墙面贴饰类织物来装饰墙面，织物本身的厚度以及视觉厚度附于墙上，能给人们增加一种温暖的感觉，为家居增添华丽的气氛。当前流行的墙面贴饰类织物的品种：织锦、棉织、毛织、麻织、簇绒、草编、化纤混纺、提花和印花等。墙面装饰贴饰类织物的色彩花型较多，可以根据室内的家居色彩而协调地选择，达到更好的室内装饰效果。

一、墙面装饰织物

（一）墙面装饰织物的分类

墙面装饰织物主要有织物壁纸、玻璃纤维印花贴墙布、无纺贴墙布、化纤装饰贴墙布、棉纺装饰贴墙布和高级墙面装饰织物等。

1. 织物壁纸

织物壁纸主要有纸基织物壁纸和麻草织物壁纸两种。

（1）纸基织物壁纸。纸基织物壁纸是以棉、麻、毛等天然纤维制成各种色泽、花色和粗细不一的纺线，经特殊工艺处理和巧妙的艺术编排，粘合于纸基上而制成。

（2）麻草壁纸。麻草壁纸是以纸为基底，以编织的麻草为面层，经复合加工而制成的室内墙面装饰材料。

织物壁纸适用于会议室、接待室、影剧院、酒吧、舞厅以及饭店、宾馆的客房等的墙壁贴面装饰，也可用于商店的橱窗装饰。

2. 玻璃纤维印花贴墙布

玻璃纤维印花贴墙布是以中碱玻璃纤维布为基料，表面涂以耐磨树脂，印上彩色图案而成。其特点是：装饰效果好，且色彩鲜艳，花色多样，室内使用不褪色、不老化，防水、耐湿性强，便于清洗，价格低廉，施工简单，粘贴方便。

玻璃纤维印花贴墙布适用于宾馆、饭店、工厂净化车间、民用住宅等室内墙面装饰，尤其适用于室内卫生间、浴室等墙面的装贴。

3. 无纺贴墙布

无纺贴墙布是采用棉、麻等天然纤维或涤、腈等合成纤维，经过无纺成型、上树脂、印刷彩色花纹等工序而制成。无纺贴墙布的特点是挺括、富有弹性、不易折断，纤维不老化、不散失，对皮肤无刺激作用，墙布色彩鲜艳、图案雅致。

无纺贴墙布适用于个各种建筑物的室内墙面装饰，尤其是涤纶无纺墙布。

4. 化纤装饰贴墙布

化纤装饰贴墙布是以化学纤维织成的布（单纶或多纶）为基材，经一定处理后印花而成。常用的化学纤维有粘胶纤维、醋酸纤维、丙纶、腈纶、锦纶、涤纶等。

化学纤维贴墙布具有无毒、无味、透气、防潮、耐磨、不分层等特点。适用于宾馆、饭店、办公室、会议室及民用住宅的内墙面装饰。

5. 棉纺装饰贴墙布

棉纺装饰贴墙布是以纯棉平布为基材经过处理、印花、涂布耐磨树脂等工序制作而成。这种墙布的特点是强度大、静电小、蠕变性小、无光、吸声、无毒、无味，对施工人员和用户均无害，花型色泽美观大方。棉纺装饰贴墙布适用于宾馆、饭店及其他公共建筑和较高级的民用住宅建筑中的内墙装饰。

6. 高级墙面装饰织物

高级墙面装饰织物是指锦缎、丝绒、呢料等织物，这些织物由于纤维材料不同，制造方法不同以及处理工艺不同，所产生的质感和装饰效果也就不同。

高级墙面装饰织物常被用于高档室内墙面的浮挂装饰，也用于室内高级墙面的裱糊。主要用于高级建筑室内窗帘、柔隔断或浮挂，适于高级宾馆等公共厅堂柱面的裱糊装饰。

（二）墙面装饰织物的基本功能

1. 保温功能

墙面织物多由柔软的纤维材料构成。纤维材料具有良好的保温性能，这是其他装饰材料不能比拟的。具有关测试表明，在使用空调的房间里面，贴面墙布使用后能使房间的保温值提高20%，冷房的保温值提高8%，墙布既能保持暖气的有效热量，也能阻止冷气的流溢散失。这种独特的保温被功能是一般尤其或者粉饰所不能达到的。

此外，墙布装饰织物改变了墙壁坚硬平板的形象，纤维酥松柔软的质感和触感能使人置身其中，感受到温馨和舒适。

2. 吸音功能

墙布是极好的吸音材料，墙布纤维的多孔结构具有吸收声波的性能。室内各种声响经墙布吸收，衰减后，又以漫反射的形式进入人耳，使声音变得清晰圆润。

墙面装饰织物具有吸音功能，因此在装饰有墙布的房间不会产生一般硬质墙室内的嘈杂的嗡嗡声响。为了保证居室的安宁舒适，选用墙布作为墙面装饰，可获得良好吸音效果。

3. 调节功能

墙布织物纤维的微孔结构和纤维间的细小缝隙能吸收空气中的水分，也能释放出蓄积的水分，可有效地调节房间内的空气干湿状况，使室内保持适宜的湿度，在一定程度上改变了局部环境的微气候。同时，墙布织物的疏松组织也具备良好的透气性，因此在贴饰墙布的室内，人们感觉舒爽宜人。

4．保洁功能

使用墙布的壁面比一般涂饰的墙壁更易除尘。使用真空吸尘器即可迅速方便的除尘保洁，也可用软刷子刷去灰尘，也有的墙面还可以使用肥皂水进行清洗。这些简单可行的除尘方法保持墙面整洁如新。

5．美化功能

墙布织物将华美的图案与色彩引进室内，造就了舒适的环境气氛，给人以温馨的感官享受。在现代室内装饰设计中，大面积的墙布贴饰形成了立体意蕴的装饰风格，它往往决定了室内其他纺织装饰品配套的基调。古典派花色的墙布使居室具有优雅华贵的风格，现代派花色的墙布又可使居室洋溢着自然清新的气息。

（三）墙面装饰织物的性能要求

墙面装饰织物的性能要求主要有以下几个。

1．平挺性能

墙布织物需要平挺而有一定的弹性，无缩率或者缩率较小，尺寸稳定性好，织物边缘整齐平整，不弯曲变形，花纹拼接准确不走样。这些植物本身品质性能的优劣直接影响到裱贴施工的效果。多幅墙布拼接粘贴于墙面后，需达到平整一致，天衣无缝的视觉效果。墙布还具有相当的密度和适当的厚度，若织物过于疏松单薄，一些水溶性的粘合剂就有可能渗透到织物表面，形成色斑。

2．粘贴性能

墙布必须具有较好的粘贴性能，粘贴后织物表面平整挺括，拼接齐整，无翘起和剥离现象产生。墙布粘贴性除要求有足够的粘福牢度，使织物与墙面结合平服牢固外，还具有重新施工时易于剥离的性能，因为墙布使用一段时间后需更换新的花色品种。

3．耐光性能

墙布虽然装饰于室内，但也经常受到阳光的照射。为了保持织物的牢固和花纹板色彩的鲜艳度，要求纤维具有较好的耐光性，不易老化变质。同时，染料的化学稳定性要好，日光晒后不褪色。

4．阻燃性能

墙布的阻燃防火性能则需根据不同的环境作出规定。这需墙布粘贴在假设的墙壁基材上进行试验，根据墙布的发热量，发烟系数，燃烧所产生的气体毒性进行测试判断，以确定阻燃性能的优劣。

5．耐污易洁性能

墙布大面积暴露于空气中，极易积聚灰尘，并易受霉变、虫蛀等自然污损。因此，要求墙布具有较好的防腐耐污的性能，能经受空气中的细菌、微生物的侵蚀而不霉变。纤维要求较强的抗污染能力，日常去污除尘须方便易行，一般软刷子和真空吸尘器就能有效除尘。有些墙布未达到较好的除尘耐污要求，可做拒水，拒油处理，经处理后不易沾尘，也能进行揩擦清洗，但对墙布的保温性能以及织物的表面风格有一定的影响。

6. 吸音性能

有些特殊需要的墙布还具备良好的吸音性能。需要纤维材料能吸收声波，使噪音得以衰减；同时，利用织物组织及结构使墙布表面具有凹凸效果，增强吸音功能。

二、墙纸

墙纸，也称为壁纸，英文为 Wall paper 或 Wallpaper，是一种应用相当广泛的室内装饰材料。因为墙纸具有色彩多样、图案丰富、豪华气派、安全环保、施工方便、价格适宜等多种其他室内装饰材料所无法比拟的优点，故在欧美、东南亚、日本等发达国家和地区得到相当程度的普及。

壁纸分为很多类，如涂布壁纸、覆膜壁纸、压花壁纸等。通常用漂白化学木浆生产原纸，再经不同工序的加工处理，如涂布、印刷、压纹或表面覆塑，最后经裁切、包装后出厂。因为具有一定的强度、美观的外表和良好的抗水性能，广泛用于住宅、办公室、宾馆的室内装修等。

（一）墙纸的类型

通常，墙纸的主要包括以下几个。

1. 树脂类壁纸

面层用胶构成，也叫高分子材料。世界上 80%以上的产品都属于这一类，是壁纸的一大分类。这类壁纸防水性能非常的好，水分不会渗透到墙体里面去，属于隔离型防水。

2. 纯纸类壁纸

以纸为基材，经印花后压花而成，自然、舒适、无异味、环保性好，透气性能强。因为是纸质，所以有非常好的上色效果，适合印染各种鲜艳颜色甚至工笔画。纸质不好的产品时间久了可能会略显泛黄。

3. 无纺布壁纸

以纯无纺布为基材，表面采用水性油墨印刷后涂上特殊材料，经特殊加工而成，具有吸音、不变形等优点，并且有强大的呼吸性能。因为非常薄，施工起来非常容易，非常适合喜欢 DIY 的年轻人。

4. 织物类壁纸

以丝绸、麻、棉等编织物为原材料，其物理性状非常地稳定，湿水后颜色变化也不大。所以这类产品在市场上也是非常地受欢迎，但相比无纺布类，价格较高。

5. 硅藻土壁纸

以硅藻土为原料制成，表面有无数细孔，可吸附、分解空气中的异味，具有调湿、除臭、隔热、防止细菌生长等功能。有助于净化室内空气，达到改善居家环境，调理身体的效果。

6. 天然材料类壁纸

由天然的草木加工而成，自然古朴，具有保暖通风、吸音防潮的功能，给人带来返璞归真的体验。不足的是由于材料天然，铺装时接缝明显，不够精细平整。

7. 和纸类壁纸

和纸被称为"纸中之王"，与中国的宣纸有点像，非常地耐用，几千年颜色和物理形状都不会发生变化。其给人以清新脱俗之感，并兼具防水防火性能，不过大多价格昂贵。

8. 云母片类壁纸

云母是一种硅酸盐结晶，因此这类产品高雅有光泽感，加上很好的电绝缘性，相对来说导电性弱，安全系数高，既美观又实用，有小孩的家庭非常喜爱。

9. 金银箔类壁纸

金银箔类壁纸主要采用纯正的金、银、丝等高级面料制成表层，手工工艺精湛，贴金工艺考究，价值较高，并且防水防火，易于保养。因为有可能用高纯度的铜、铝来代替金银，因此价格较低的产品很可能会被氧化产生变色。

10. 墙布类壁纸

墙布的概念比较广，特点主要是面层相对厚重，一种是面层比较厚，浓度比较高的树脂类的材料，另外一种就是纯天然的材质。给人感觉结实耐用。要注意的是不宜使用在卧室等休息的场所，以免让人感到压抑紧张。

（二）壁纸的优缺点

1. 墙纸的优点

纸底胶面墙纸是目前应用最为广泛的墙纸品种，它具有色彩多样、图案丰富、价格适宜、耐脏、耐擦洗等优点。

（1）色彩多样、图案丰富。通过不同图案的设计，多版彩色印刷的套印，各种压花纹路的配合，使得墙纸图案多彩多姿，既有适合办公场所稳重大方的素色纸，也有适合年轻人欢快奔放的对比强烈的几何图形；既有不出家门，即可见山水丝竹的花纸，也有迎合儿童口味，带人进入奇妙童话世界的卡通纸。只要设计得体，墙纸可创造随心所欲的家居气氛。

（2）价格适宜。售价加施工费，总价位多在 $10^2 \sim 20$ 元/m²。

（3）周期短。选用油漆或涂料装修，墙面至少需反复施工三至五次，每次间隔一天，即需一周的时间。加之油漆与涂料中含有大量的有机溶剂，吸入体内可能会对人体健康产生影响，所以入住之前需保持室内通风 10 天以上的时间。这样一来，从装修到完工，至少需要半个月。而选用壁纸装修，一套三室一厅的住房，由专业的壁纸施工人员张贴壁纸，只需三个人即可完成，丝毫不影响正常生活。

（4）耐脏耐擦洗。只要用海绵蘸清水或清洁剂擦试，即可除去污渍。胶面墙纸的耐脏、耐擦洗的特性保证即便反复擦试也不会影响家庭墙面的美观大方。

（5）防火、防霉、抗菌。胶面壁纸还能满足防火、防霉、抗菌的特殊需求。

2. 墙纸的缺点

墙纸缺点如下。

（1）造价乳胶漆相对贵些。

（2）施工水平和质量不容易控制。

（3）档次比较低、材质比较差的壁纸环保性差，对室内环境有污染。

（4）一些壁纸色牢度较差，不易擦洗。

（5）印刷工艺低的壁纸时间长了会有褪色现象，尤其是日光经常照的地方。

（6）不透气材质的壁纸容易翘边，墙体潮气大时间久了容易发霉脱层。

（7）大部分壁纸再更换需要撕掉并重新处理墙面，比较麻烦。

（8）收缩度不能控制的纸浆壁纸需要搭边粘贴，会显露出一条条搭边竖条，整体视觉感有影响（仅限复合纸墙纸，英文名 Duplex wallpaper）。

（9）颜色深的纯色壁纸容易显露接缝。

（三）墙纸的搭配

1．墙纸与墙壁颜色搭配

墙纸与墙壁颜色搭配的方法主要有以下几个。

（1）红色配白色、黑色、蓝灰色、米色、灰色。

（2）粉红色配紫红、黑色、灰色、墨绿色、白色、米色、褐色、海军蓝。

（3）橘红色配白色、黑色、蓝色。

（4）黄色配紫色、蓝色、白色、咖啡色、黑色。

（5）咖啡色配米黄色、鹅黄、砖红、蓝绿色、黑色。

（6）绿色配白色、米色、黑色、暗紫色、灰褐色、灰棕色。

（7）墨绿色配粉红色、浅紫色、杏黄色、暗紫红色、蓝绿色。

（8）蓝色配白色、粉蓝色、酱红色、金色、银色、橄榄绿、橘色、黄色。

（9）浅蓝色配白色、酱红色、浅灰、浅紫、灰蓝、粉红色。

（10）紫色配浅粉色、灰蓝色、黄绿色、白色、紫红色、银灰色、黑色。

（11）紫红色配蓝色、粉红色、白色、黑色、紫色、墨绿色。

具体还要根据家具的风格去优化搭配，自己装饰的家居，将倍添生活乐趣。

2．壁纸与居室装饰搭配

（1）色彩搭配。清丽的绿、神秘的紫、欢快的黄、浓艳的红、浪漫的淡粉，不同的色泽能够为居室烘托出不同的氛围，营造出不同的装饰风格，恰当的色彩运用，配合家具的色调进行和谐搭配，便能让壁纸充分展现其色彩的无限魅力。

一般对于朝阳的房间，可以选用趋中偏冷的色调以缓和房间的温度感；而背阴的房间，则可以选择暖色系的壁纸以增加房间的明朗感。对于客厅、餐厅等人们活动较多的空间，宜选用明亮、热烈的色彩以调动人们的情绪。而卧室、书房等需要人静思的空间，则宜选用亮度较低或冷色系的色彩以使人集中精力专注于思考，或平和浮躁的心绪。

（2）图案搭配。色彩浓艳、炫目的大花朵图案往往在远处就能吸引人的视线，这样的壁纸最适合铺装在格局单一的房间，以降低居室的拘束感。而一些具有规则排列的碎花图案的壁纸则可以用作居室的背景，让自己喜爱的沙发、椅子在这个点点星花的背景映衬下尽显其特色。如果居室的层高较低，则可以选择竖条纹状的壁纸来装饰墙面，因为竖条的花纹能够给人造成视线上升的错觉，让居室看起来不显得压抑。

（四）墙纸保养注意事项

墙纸保养时应注意以下几个事项。

（1）在施工时，应选择在空气相对湿度在85%以下，温度不应有剧烈变化的季节，要避免在潮湿的季节和潮湿的墙面上施工。

（2）施工时，白天应打开门窗，保持通风；晚上要关闭门窗，防止潮气进入。刚贴上墙面的墙纸，禁止大风猛吹，会影响其粘接牢度。

（3）粘贴墙纸墙布时溢流出的胶粘剂液，应随时用干净的毛巾擦干净，尤其是接缝处的胶痕，要处理干净。施工人员或监督人员一定要仔细和认真地查看。施工人员要保持手和工具高度的清洁，如沾有污迹，应及时用肥皂水或清洁剂清洗干净。

（4）发泡墙纸墙布容易积灰，影响美观和整洁，每隔3～6个月清扫一次。用吸尘器或毛刷蘸清水擦洗，注意不要将水渗进接缝处。

（5）粘贴好的墙纸要注意防止硬物或尖利的东西刮碰。一段时间后，对有接缝开裂的地方，要及时予以补贴，不能任其发展。

（6）卫生间的墙纸在墙面挂水珠和有水蒸气时要及时开窗和排气扇，或先用干毛巾擦拭干净水珠，否则会使墙纸质量受损，出现白点或起泡。

（7）太干燥的房间，要及时开窗，避免阳光直射时间过长，否则对深色的壁纸色彩有较大影响。

三、墙布类材料

墙布类材料主要有玻璃纤维墙布、无纺贴墙布、化纤装饰贴墙布和棉纺装饰贴墙布。

（一）玻璃纤维墙布

玻璃纤维墙布以石英为原料，经拉丝，织成网格状、人字状的玻璃纤维墙布。将这种墙布贴在墙上后，再涂刷各种色彩的乳胶漆，形成多种色彩和纹理的装饰效果。具有无毒、无味、耐擦洗、抗裂性好、寿命长等特点。

（二）无纺贴墙布

无纺贴墙布是采用棉、麻等天然或涤、腈等合成纤维，经无纺成型、上树脂、印花等工序而制成。其特点是挺括、富有弹性、耐久、无毒、可擦洗不褪色，还具有一定的透气性和防潮性，是一种高级的墙面装饰材料。

（三）化纤装饰贴墙布

化纤装饰贴墙布是以化学纤维织成的布（单纶或多纶）为基材，经一定处理后印花而成。具有无毒、无味、透气、防潮、耐磨、不分层等特点。适用于宾馆、饭店、办公室、会议室及民用住宅的内墙面装饰。

（四）棉纺装饰贴墙布

棉纺装饰墙布是以纯棉平布为基材经过处理、印花、涂布耐磨树脂等工序制作而成。这种墙布的特点是强度大、静电小、蠕变性小、无光、吸声、无毒、无味，对施工人员和用户均无害，花型色泽美观大方。棉纺装饰墙布还常用作窗帘，夏季采用这种薄型的浅色窗帘，能给室内营造出清新舒适的氛围。适合于水泥砂浆墙面、混凝土墙面、白灰墙面、石膏板、胶合条、纤维板、石棉水泥板等墙面基层的黏结或浮挂。

四、高级墙面装饰织物

高级墙面装饰织物是指锦缎、丝绒、呢料等织物，这些织物由于纤维材料不同，制造方法不同以及处理工艺不同，所产生的质感和装饰效果也就不同。锦缎也称织锦缎，常被用于高档室内墙面的浮挂装饰，也可用于室内高级墙面的裱糊。丝绒色彩华丽，主要用于高级建筑室内窗帘、柔隔断或浮挂，适于高级宾馆等公共厅堂柱面的裱糊装饰。呢料具有温暖感，吸声性能好，通常适用于高级宾馆等公共厅堂柱面的裱糊装饰。

第二节　地　毯

地毯，是以棉、麻、毛、丝、草等天然纤维或化学合成纤维类原料，经手工或机械工艺进行编结、栽绒或纺织而成的地面铺敷物。它是世界范围内具有悠久历史传统的工艺美术品类之一。覆盖于住宅、宾馆、体育馆、展览厅、车辆、船舶、飞机等的地面，有减少噪声、隔热和装饰效果。

一、地毯的作用

地毯的作用主要有以下几个。

（1）吸音减噪。地毯和其他地面材料相比，具有优良的吸音效果，是一种最有效的声学建筑材料，能够吸收室内的回声噪音，减少声音通过地面墙壁的反射和传播，创造一个安静的家具环境和办公环境。地毯以其紧密透气的结构，可以吸收及隔绝声波，有良好的隔音效果。

（2）改善空气质量。地毯表面绒毛可以捕捉、吸附漂浮在空气中的尘埃颗粒，有效改善室内空气质量。既防尘又环保，地毯的毯面为密集的绒头结构，因此从空中下落的尘埃被地毯绒头吸附，阻止了尘埃飞逸，相对的降低了空气中的含尘量，并具有平衡室内温度，保持室内空气洁净的作用。

（3）地毯安全性。地毯是一种软性铺装材料，有别于如大理石、瓷砖等硬性地面铺装材料，不易滑倒磕碰，家里有儿童、老人等的建议铺块毯或满铺毯。地毯即安全又防滑，在地毯上行走，不易滑倒，也因为地毯的柔软弹性，会减少由于跌到造成受伤的可能，尤其对老人和儿童，能起到安全保护作用。

（4）装饰环境。地毯具有丰富的图案、绚丽的色彩、多样化的造型，能美化装饰环境，体现个性。地毯属于装饰性实用工艺美术品，又是室内建筑装饰材料，美化生活环境。由于地毯有丰富的图案与色彩，可以依照自己独特的个人爱好和环境整体需要，如与墙壁、家具相协调，选择适合的地毯来营造个性化的艺术空间。

（5）无毒害。地毯不具有辐射性，不散发像甲醛等不利于身体健康的气体，达到各种环保要求。

（6）改善脚感。地毯的脚感舒适，木地板、大理石、瓷砖等地面材料天冷潮湿的环境下脚感会不舒服，地毯可以很好地解决这样的问题。

（7）保温导热。地毯较硬质铺地物材料具有一定的保暖性，对地面采暖的供热形式更具有良好的热传导作用，而增加温暖舒适性。

二、地毯的等级

地毯按其所用场所性能的不同，分为六个等级。

（1）轻度家用级：铺设在不常使用的房间或部位。

（2）中度家用级或轻度专业使用级：用于主卧室或餐室等。

（3）一般家用级或中度专业使用级：用于起居室、交通频繁部 位如楼梯、走廊等。

（4）重度家用级或一般专业用级：用于家中重度磨损的场所。

（5）重度专业使用级：家庭一般不用。

（6）豪华级：地毯的品质好，纤维长，因而豪华气派。

三、地毯的分类

地毯可以按照其材质、图案类型和编织工艺的不同而进行分类。

（一）按材质分类

按材质的不同，地毯分为羊毛地毯、混纺地毯、化纤地毯、塑料地毯和剑麻地毯等。

1. 羊毛地毯

羊毛地毯即纯毛地毯，采用粗绵羊毛为原料编织而成，具有弹性大、拉力强、光泽好等优点，为高档铺装地面材料。

纯毛地毯一般是指纯羊毛地毯，是传统的手工工艺品之一，分手工编织和机械编织两种。具有历史悠久、图案优美、色彩鲜艳、质地厚实、经久耐用的特点。

机织纯毛地毯具有毯面平整、光泽好、富有弹性、抗磨耐用、脚感柔软等特点，与化纤地毯相比，其回弹性、抗静电、抗老化、耐燃性都优于化纤地毯。与纯毛手工地毯相比，其性能相似，但价格低于手工地毯。

纯毛地毯一般由手工编织而成，它是采用中国特产的优质绵羊毛纺纱，自下而上垒织栽绒打结制成，每垒织打结完成一层称为一道，通常以 1 英尺高的毯面垒织的道数多少来表示栽绒密度，道数越多，栽绒密度越大，地毯质量越好，价格也就越贵。再用现代的科学染色技术染出牢固的颜色，用高超和精湛的技巧纺织成瑰丽的图案后，最后以专用机械平整毯面或剪凹花地周边，用化学方法洗出丝光。

手工地毯做工精细，产品名贵，故售价高，一般用于国际性、国家级的大会堂、迎宾馆、高级饭店和高级住宅、会客厅、舞台以及其他重要的、装饰性要求较高的场所。

2. 混纺地毯

混纺地毯是以羊毛纤维与合成纤维混纺后编织而成的地毯。合成纤维的掺入，可明显地改善羊毛的耐磨性，克服其易腐蚀、易虫蛀的缺点，从而提高地毯的使用期限，且装饰性不亚于纯毛地毯，使地毯成本也有所下降。

3. 化纤地毯

化纤地毯也称合成纤维地毯，是完全采用合成纤维制作的地毯，其外观和触感与羊毛地毯相似，为目前用量最大的中、低档的主要品种。现常用的合成纤维主要有丙纶、腈纶、涤纶等。

化纤地毯以化学纤维为主要原料制成，化学纤维原料有丙纶、腈纶、涤纶、锦纶等，经过机织法或簇绒法等加工成面层织物后，再与麻布背衬材料复合处理而成。按其织法不同，化纤地毯可分为簇绒地毯、针刺地毯、机织地毯、黏结地毯、编织地毯、静电植绒地毯等多种，其中，以簇绒地毯产销量最大。

4. 塑料地毯

塑料地毯是采用聚氯乙烯树脂、增塑剂等多种辅助材料，经均匀混炼、塑制而成的一种轻质地毯材料。它质地柔软，色彩鲜艳，自熄不燃，污染后可水洗，经久耐用。也有的可以制作成塑料人工草坪，应用于室内外环境。

5. 剑麻地毯

剑麻地毯是采用植物纤维剑麻（西沙尔麻）为原料，经纺纱、编织、涂胶、硫化等工序而成。产品分素色和染色两种，有斜纹、螺纹、鱼骨纹等多种花色。剑麻地毯具有耐酸、耐碱、无静电现象等特点，但弹性较差、手感粗糙，为一般公共场所的铺装材料。

（二）按图案类型分类

现代地毯按图案类型不同分为仿古式地毯、"京式"地毯、美术式地毯、素凸式地毯和彩花式地毯等。

1. 仿古式地毯

仿古式地毯以古代的古纹图案、风景、花鸟为题材，给人以古色古香、古朴典雅的感觉。

2. "京式"地毯

为北京式传统地毯，它图案工整对称，色调典雅，庄重古朴，常取材于中国传统艺术，如古代绘画、宗教纹样等，且所有图案均具有独特的寓意和象征性。

3. 美术式地毯

此类地毯图案色彩华丽，富有层次感，具有富丽堂皇的艺术风格，它借鉴了西欧装饰艺术的特点，常以盛开的玫瑰花、郁金香、苞蕾卷叶等组成花团锦簇，给人以繁花似锦之感。其特点是有主调颜色，其他颜色和图案都是衬托主调颜色的。

4. 素凸式地毯

素凸式地毯色调较为清淡，图案为单色凸花织作，纹样剪片后清晰美观，犹如浮雕，富有幽静、雅致的情趣。

5. 彩花式地毯

彩花式地毯图案突出清新活泼的艺术格调，以深黑色做主色，配以小花图案，如同工笔花鸟画，色彩绚丽，名贵大方。

（三）按编织工艺分类

地毯按编织工艺的不同分为手工编织地毯、机织地毯和无纺地毯。

1. 手工编织地毯

手工类地毯是采用双经双纬，通过人工打结栽绒，将绒毛层与基底一起织做而成，按其编织方法的不同又可分为手工打结地毯和手工簇绒地毯。

手工打结地毯是经手工将绒头纱线在毯基的经纬线之间拴上绒簇结，形成绒头织成手工地毯。绒头结型有8字结（波斯结）、马蹄结（土耳其结）、双结等。120道以上的手工打结地毯是手工地毯中的高档品。

手工簇绒地毯（胶背地毯）是经手工通过钉枪将绒头纱线刺入底基布在毯面上形成绒头列，在背面涂上胶粘剂固定绒头，同时涂敷一层背衬布（双格布）的手工地毯，绒头可以是割绒头式圈绒头。手工簇绒胶背地毯是中档产品。

2. 机织地毯

机织类地毯是以手工完成毯面加工的地毯。按其编织方法的不同又可分为机织提花地毯、簇绒地毯、针刺地毯等。

机织提花地毯是通过织机经过一道或多道工序生产的使染色绒头纱线与毯基经纬线交织在一起，织造出多种色彩和图案花纹的地毯。

簇绒地毯是通过带有一排往复式穿针的纺机，把毛纺纱穿入第一层基底（初级衬背织布），并在其面上将毛纺纱穿插成毛圈而背面拉紧，然后在初级背衬的背面刷一层胶，使之固定，于是就织成了厚实的圈绒地毯。

3. 无纺地毯

无纺地毯是指无经纬编织的短毛地毯，将绒毛用特殊的勾针扎刺在以合成纤维构成的网布底衬上，然后背面涂胶使之粘牢，故又称针刺地毯或地毯。这种地毯生产工艺简单、成本低廉，其弹性和耐久性较差，为地毯中的低档产品。

四、地毯的主要技术性质

地毯的技术性质主要有以下几个。

（1）剥离强度。剥离强度反映地毯面层与背衬间复合强度的大小，通常以背衬剥离强力表示，化纤簇绒地毯要求剥离强力大于等于25 N。

（2）绒毛黏结力。绒毛黏结力是织物地毯绒毛固着于背衬上的牢度。簇绒地毯以簇绒拔出力来表示，要求平绒毯拔出力大于12 N，圈绒毯拔出力大于20 N。

（3）耐磨性。地毯的耐磨性是耐久性的重要指标，耐磨次数越多，地毯的耐磨性越好。通常是以地毯的固定压力下，磨至露出背衬时所需要的耐磨次数来表示。机织化纤地毯的耐磨性优于机织羊毛地毯（为2 500次）。

（4）弹性。弹性即耐倒伏性，是反映地毯受压后的弹性，通常用动态负荷下（既周期性外加荷载撞击达到规定次数后）地毯厚度减少值及中等静负荷加压后地毯的厚度减少值来表示。

（5）抗静电性。静电性是指地毯带电和放电的性能。有机高分子材料受到摩擦后易产生静电，而其本身又具有绝缘性，使静电不易放出。如果化纤未经抗静电处理，其导电性差，致使化纤地毯静电大，易吸尘，清扫除尘较困难。严重时，会使行走其上的人有触电的感觉。为此，在生产合成纤维时，常掺入一定量的抗静电剂，国外还采用增加导电性处理等措施，以提高地毯的抗静电性。化纤地毯的静电大小，常以其表面电阻和静电压来表示。

（6）抗老化。化纤制品属于有机高分子化合物，有机物在大气环境的长期作用下，经过一定时间后，会逐渐产生老化。化纤地毯老化后，受撞击和摩擦时会产生粉末现象。在生产化学纤维时，加入一定的抗老化剂，可提高地毯的抗老化性能。

（7）耐燃性。耐燃性是指化纤地毯遇到火种时，在一定时间内可燃烧的程度。由于化纤地毯一般属易燃物，故在生产化学纤维时须加入阻燃剂，以使地毯具有自熄性和阻燃性。当化纤地毯在燃烧 12 分钟的时间内，其燃烧直径不大于 17.96 cm 时，则认为其耐燃性合格。

（8）有害物质释放量。地毯、地毯衬垫及地毯胶粘剂有害物质释放限量应分别符合如表 11-1~表 11-3 所示的规定。A 级为环保型产品，B 级为有害物质释放限量合格产品。

表 11-1　地毯有害物质释放限量

单位：mg/（m²·h）

序号	有害物质测试项目	限量	
		A 级	B 级
1	总挥发性有机化合物（TVOC）	≤0.500	≤0.600
2	甲醛	≤0.500	≤0.500
3	苯乙烯	≤0.400	≤0.500
4	4－苯基环己烯	≤0.500	≤0.500

表 11-2　地毯衬垫有害物质释放限量

单位：mg/（m²·h）

序号	有害物质测试项目	限量	
		A 级	B 级
1	总挥发性有机化合物（TVOC）	≤1.000	≤1.200
2	甲醛	≤0.050	≤0.050
3	顶基羟基甲苯	≤0.030	≤0.030
4	4－苯基环己烯	≤0.050	≤0.050

表 11-3　地毯胶粘剂有害物质释放限量

单位：mg/（m²·h）

序号	有害物质测试项目	限量	
		A 级	B 级
1	总挥发性有机化合物（TVOC）	≤10.000	≤12.000
2	甲醛	≤0.050	≤0.050
3	4－乙基己醇	≤3.000	≤3.500

五、地毯的保养技巧

（一）及时清理

每天用吸尘器清理，不要等到大量污渍及污垢渗入地毯纤维后清理，只有经常清理，才易于清洁。在清洗地毯时要注意将地毯下面的地板清扫干净。

（二）均匀使用

地毯铺用几年以后，最好调放一下位置，使之磨损均匀。一旦有些地方出现凹凸不平时要轻轻拍打，或者用蒸气熨斗轻轻熨一下。

（三）去污方法

墨水渍可用柠檬酸擦拭，擦拭过的地方要用清水洗一下，之后再用干毛巾拭去水分；咖啡、可可、茶渍可用甘油除掉；水果汁可用冷水加少量稀氨水溶液除去；油漆污渍可用汽油与洗衣粉一起调成粥状，晚上涂到油漆处，待第二天早晨用温水清洗后再用干毛巾将水分吸干。

（四）清除异物

地毯上落下些绒毛、纸屑等质量轻的物质，吸尘器就可以解决。若不小心在地毯上打破一只玻璃杯，可用宽些的胶带纸将碎玻璃粘起。如碎玻璃呈粉状，可用棉花蘸水粘起，再用吸尘器吸。地毯有焦痕，不严重时，可用硬毛刷子或镍币将烧坏部分的毛刷掉，若是严重的焦痕处，用书本压在上面，等到干后，再进行梳理。

（五）地毯去尘

将扫帚在肥皂水浸泡后扫地毯，保持扫帚湿润，然后撒上细盐，再用扫帚扫，最后用干抹布擦净。清洁地毯时，有条件的可以将化纤地毯水洗，晾干。纯毛地毯只能过一段时间放在日光下晒一会，注意将地毯翻过来晒，挂在绳子上用细棍拍打，将灰尘尽量除去。这样也可以有效杀灭地毯上的螨虫。

（六）醋消除地毯上的宠物异味

在4升温水中加入4杯醋，用毛巾浸湿拧干后擦拭。醋不但可以防止地毯变色或褪色，同时还可消除宠物的异味（苏打水也具有除臭的功效）。擦完之后，再搁在通风的地方风干即可。

地毯灰尘去除法清理地毯时，可以先撒点盐，具有抑制灰尘飞扬的功用。因为盐可以吸附灰尘，即使再小的尘屑，也能清理得干干净净。同时，还能让地毯变得更耐用，常保颜色艳丽。

（七）擦除地毯上的咖啡渍的办法

如果不小心将咖啡洒到地毯上时，可先用干布或面纸吸取水分，再混合等量的白酒和酒精洒在污渍上，用干布拍拭清除。如果没有白酒时，用醋也具有同样的功效。除了咖啡之外，包括红茶等容易沾染颜色的食品污渍，也可用相同的方法清除。

（八）清除粘附在地毯上的口香糖的办法

先用塑料袋装上冰块压覆在口香糖上方，让口香糖凝固，之后用手按压测试，待口香糖完全变硬时，再用刷子或牙刷将之拔除，最后用刷子彻底刷净即可。千万不要使用任意化学稀释药剂，因为如此反而会使地毯受损，得不偿失。

第三节 窗帘帷幔

窗帘具有遮挡光线、装饰室内、平衡色调、吸声排暑、调节室温和隔声等作用，其原料也已从棉、麻等天然纤维纺织品发展为人造纤维纺织物或混纺织品。

一、窗帘帷幔的品种

窗帘帷幔可以跟其材质、悬挂位置不同而进行分类。

（一）按窗帘帷幔的材质分

按窗帘帷幔的材质可分为粗料窗帘、薄料窗帘、绒料窗帘等，如表 11-4 所示。

表 11-4　粗料、薄料、绒料窗帘

分类	特点	举例
粗料窗帘	保温、隔声、遮光性好	毛料、仿毛化纤织物、麻料编织物
薄料窗帘	质地轻、品种多、悬挂效果好，便于清洗，但保暖、遮光、隔声性能较差	花布、府绸、丝绸、的确良、乔其纱、尼龙纱
绒料窗帘	纹理细密，质地柔和，自然下垂，具有保暖、遮光、隔声等特点	平绒、条绒、丝绒、毛巾布

（二）按窗帘的悬挂位置分

窗帘的悬挂方式很多，从层次上分为单层和双层；从开闭方式上分为单幅平拉、双幅平拉、整幅竖拉和上下两段竖拉等；从配件上分有暴露和不暴露窗帘杆等。按照窗帘的悬挂位置可分为外窗帘、中间窗帘和里层窗帘，如表 11-5 所示。

表 11-5　外窗帘、中间窗帘、里层窗帘

分类	内容	面料选用
外窗帘	外窗帘一般指靠近玻璃的一层窗帘，其作用是防止阳光暴晒并起到一定的遮挡室外视线的作用，即从室内看得见室外，而从室外看不清室内	薄型或半透明织物
中间窗帘	中间窗帘放在薄型和厚型窗帘之间，一般采用半透明织物	色线织物、提花织物、提花印花织物、仿麻及麻混纺织物、色织大提花织物等
里层窗帘	里层窗帘在美化室内环境方面起着重要作用，里层窗帘要求不透明且有隔热、遮光、吸声等功能	以粗犷的中厚织物为主

二、窗帘的功能

（一）基本功能

窗帘主要有保护隐私、装饰作用、利用光线和吸音降噪等基本功能。

1. 保护私隐

对于一个家庭来说，不同的室内区域，对于私隐的关注程度又有不同的标准。

客厅是家庭成员公共活动区域，对于私隐的要求就较低，大部分的家庭客厅都是把窗帘拉开，大部分情况下处于装饰状态。而对于卧室、洗手间等区域，人们不但要求看不到，而且要求连影子都看不到。这就造成了不同区域的窗帘选择不同的问题。客厅能会选择偏透明的一款布料，而卧室则选用质地较厚的布料。

2. 装饰作用

装饰墙面窗帘对于很多普通家庭来说，是墙面的最大装饰物。尤其是对于一些"四白落地"的一些简装家庭来说，除了几幅画框，可能墙面上的就只有窗帘了。因此，窗帘的选择漂亮与否，可能往往有着举足轻重的作用。同样，对于精装的家庭来说，合适的窗帘将使得家居更漂亮更有个性。

3. 利用光线

其实保护私隐的原理，还是从阻拦光线方面来处理的。所说的利用光线，是指在保护私隐的情况下，有效地利用光线的问题。例如一层的居室，大家都不喜欢人家走来走去都能看到室内的一举一动。但长期拉着厚厚的窗帘又影响自然采光。

4. 吸音降噪

声音的传播，高音是直线传播的，而窗户玻璃对于高音的反射率也是很高的。所以，有适当厚度的窗帘，将可以改善室内音响的混响效果。同样，厚窗帘也有利于吸收部分来自外面的噪音，改善室内的声音环境。

（二）附加功能

窗帘还有防水、防油、防尘、阻燃、隔热保温、抗菌防霉、单向透视、防静电和防紫外线等附加功能。

1. 防水

经纳米材料和纳米技术处理的窗帘布，泼水不沾。

2. 防油

经纳米材料和纳米技术处理的窗帘布，即使沾上油污，用餐巾纸吸一下就可以了。

3. 防尘

经纳米材料和纳米技术处理的窗帘布，始终不沾灰尘。

4. 阻燃

在发达国家"阻燃"已成为一种生活主张，相关法规已较完备，阻燃面料在家庭与公共场所的使用持续增加，火灾数量显著减少。GB50222—95《建筑内部装饰设计防火规范》规定装饰材料按其燃烧性能分为四级，如表 11-5 所示。

表 11-5　建筑内部装饰设计防火等级

等级	装饰材料燃烧性能
A	不燃性
B1	难燃性
B2	可燃性
B3	易燃性

5. 隔热保温

夏天阻隔室外热量进入，冬天减少室内热量流失，是窗帘使用的一个重要功能。

在近代，出于环境保护的需求，功能性的窗帘有了飞跃的发展。使用易可纺隔热保温窗帘，夏季太阳光向室内辐射的热量，大部分被反射回去，太阳保护指数（IPS）可达到 60.8%。室内温度对比无窗帘要低 6 ℃～12 ℃，比使用普通窗帘要低 4 ℃～6 ℃；冬季，从室内人体和物体辐射到窗帘上的绝大部分热量，都会被窗帘反射回来，有效阻止了热量的散发，提高了室温。

6. 抗菌防霉

纳米多功能窗帘布经国际 SGS 检测，抗菌杀菌率达 99%，防霉达到一级指标，抑菌率 99%，防腐性能良好，特别适合在医院、疗养院、社区保健中心等使用，人口密集的公共场所宜推广使用、减少交叉感染。家庭、办公室使用有利于居住者和使用者的身体健康。

7. 单向透视

根据光学原理，采用独特编织技术，产生了单向透视窗帘，使帘布白天室内能看到室外，室外看不到室内，在有效保证隐私的同时也能欣赏窗外美景。

8. 防静电

经纳米材料和纳米技术处理的窗帘布，具有防静电功效，只要空气流动，防静电功效显著。

9. 防紫外线

太阳辐射中的紫外线，是造成地板、地毯、家具、窗帘、艺术品以及许多织物褪色老化的主要原因，人长时间暴露在阳光直射的环境中会引发皮肤癌，从而防紫外线窗帘成为了家居装修的又一需求。

根据日本化纤制品品质技术中心测定结果，防紫外线窗帘可阻隔 99.8%紫外线入侵，免受紫外线伤害，使居室成为真正安全的工作、休憩港湾。

三、窗帘帷幔的选择

合理选择窗帘的颜色及图案是达到室内装饰目的较为重要的一个环节。一般大空间宜采用大图案织物，小空间宜采用小图案织物。另外窗帘的悬挂长度也影响图案大小的选择。

（一）居室的整体效果

选择时应同居室的墙面、家具、灯光的颜色配合，并与之相协调。

（二）窗帘的花色图案

织物的花色要与居室相协调，根据所在地区的环境和季节而权衡确定。夏季宜选用冷色调薄质的织物，冬季宜选用暖色调质地厚实的织物，春秋两季则应选择中性色调的织物为主。图案是在选择窗帘时要考虑的另一重要因素。

竖向的图案或条纹会使窗户显得窄长，水平方向的图案或条纹使窗户显得短宽，碎花条纹使窗户显得大，大图案窗帘使窗户显得小。

（三）窗帘的式样和尺寸

在式样方面，一般小房间的窗帘应以比较简洁的式样为好，以免使空间因为窗帘的繁杂而显得更为窄小。而对于大居室，则宜采用比较大方、气派、精致的式样。窗帘的宽度尺寸，一般以两侧比窗户各宽出 10 cm 左右为宜，底部应视窗帘式样而定，短式窗帘也应长于窗台底线 20 cm 左右为宜；落地窗帘，一般应距地面 2 cm～3 cm。

本 章 小 结

本章主要介绍了墙面装饰、地毯和窗帘帷幔。

1. 墙面装饰织物是指以纺织和编织物为面料制成的壁纸，是很有发展前途的新型装饰材料。墙面装饰贴饰类织物的色彩花型较多，可以根据室内的家居色彩而协调的选择。能够达到更好的室内装饰效果。当前国际上流行的墙面贴饰类织物的品种：织锦，棉织，毛织，麻织，簇绒、草编，化纤混纺，提花和印花等。

2. 地毯是一种高级的地面装饰材料，其可从材质不同、图案类型不同、编织工艺不同三方面进行分类。纯毛地毯一般指纯羊毛地毯，分手工编织和机械编织两种。纯毛地毯一般由手工编制而成，一般用于装饰性要求较高的场所。化纤地毯以化学纤维为主要原料制成，由面层、防松涂层、背衬三部分组成。应储存在通风、干燥的温度不超过 40 ℃ 的室内，且距热源不得小于 1 m。

3. 窗帘帷幔除了具有调节室内环境色调、遮挡光线、防尘、隔声消声、提供私密性等作用，还可以起到调解室内温度的作用，给室内创造出舒适的环境。

复习思考题

1. 墙面装饰织物通常都有哪些种类？
2. 简述墙面装饰织物的基本功能和性能要求。
3. 墙纸的类型有哪些？
4. 简述墙纸的优缺点。

5. 简述墙纸保养的注意事项。

6. 墙布类材料主要包括哪些？

7. 简述地毯的作用和分类，及其保养技巧。

8. 简述窗帘帷幔的品种、功能，以及如何选择窗帘帷幔。

参考文献

[1] 崔东方，焦涛. 建筑装饰材料[M]. 北京：北京大学出版社，2020.

[2] 杨金铎，李洪岐. 建筑装修材料[M]. 北京：中国建材工业出版社，2020.

[3] 解君. 装修材料与构造[M]. 北京：中国青年出版社，2020.

[4] 夏文杰，孙炜，余晖. 建筑与装饰材料[M]. 北京：北京理工大学出版社，2021.

[5] 杨逍，谢代欣. 建筑装饰材料与施工工艺[M]. 北京：中国建材工业出版社，2020.

[6] 闻荣士. 建筑装饰装修材料与应用[M]. 北京：机械工业出版社，2018.

[7] 张长清. 建筑装饰材料[M]. 武汉：华中科技大学出版社，2019.

[8] 郭啸晨. 绿色建筑装饰材料的选取和应用[M]. 武汉：华中科技大学出版社，2020.

[9] 理想·宅. 材料清单[M]. 北京：兵器工业出版社，2019.

[10] 张晶，张柳. 建筑装饰材料与施工工艺[M]. 合肥：合肥工业大学出版社，2019.